第四次全国中药资源普查（湖北省）系列丛书

湖北中药资源典藏丛书

总 编 委 会

主　　任：涂远超

副 主 任：张定宇　姚　云　黄运虎

总 主 编：王　平　吴和珍

副总主编（按姓氏笔画排序）：

王汉祥　刘合刚　刘学安　李　涛　李建强　李晓东　余　坤

陈家春　黄必胜　詹亚华

委　　员（按姓氏笔画排序）：

万定荣　马　骏　王志平　尹　超　邓　娟　甘啟良　艾中柱

兰　州　邬　姗　刘　迪　刘　渊　刘军锋　芦　妤　杜鸿志

李　平　杨红兵　余　瑶　汪文杰　汪乐原　张志由　张美娅

陈林霖　陈科力　明　晶　罗晓琴　郑　鸣　郑国华　胡志刚

聂　晶　桂　春　徐　雷　郭承初　黄　晓　龚　玲　康四和

森　林　程桃英　游秋云　熊兴军　潘宏林

湖北茅箭

药用植物志

- **组 编**
- 茅箭区卫生健康局　茅箭区人民医院
- **主 审**
- 张捍声　李 琴
- **名誉主编**
- 张捍声　李 琴
- **主 编**
- 杨光明
- **副主编**
- 夏晓俊　孔令顺　柏仲华
- **编 委**
- 张捍声　李 琴　夏晓俊　孔令顺　魏远征　秦 伟
  杨光明　柏仲华　王新辉　王卫东　刘从英　柯尊伟
  顾学军　李 玲　胡小军　郭金波　王仕荣　李梓豪
  陈 森　张定银　张 鹏　周根群　黄豪万　卞晶晶
- **顾 问**
- 甘啟良
- **编写秘书**
- 张 鹏　陈 森　周根群
- **摄 影**
- 王清平　李梓豪

华中科技大学出版社
http://www.hustp.com
中国·武汉

内 容 简 介

本书是十堰市茅箭区第一部资料齐全、内容翔实、分类系统的地方性专著和中药工具书。

本书以通用的植物学分类系统为纲目，共收载十堰市茅箭区现有植物391种，隶属于112科，分别介绍其形态特征，产地、生长环境与分布，药用部位，采集加工，功能主治等，并附原植物彩色图片。本书图文并茂，具有系统性、科学性和科普性等特点。

本书可供中药植物研究、教育、资源开发利用等领域人员参考使用，也可供高等院校师生以及医药卫生、农林资源等领域人员参考使用。

图书在版编目 (CIP) 数据

湖北茅箭药用植物志 / 杨光明主编 . — 武汉 : 华中科技大学出版社 , 2022.5
ISBN 978-7-5680-8136-8

Ⅰ . ①湖⋯　Ⅱ . ①杨⋯　Ⅲ . ①药用植物－植物志－十堰　Ⅳ . ① Q949.95

中国版本图书馆CIP数据核字(2022)第063318号

湖北茅箭药用植物志　　　　　　　　　　　　　　　　　　　　　杨光明　主编
Hubei Maojian Yaoyong Zhiwuzhi

策划编辑：罗　伟

责任编辑：罗　伟　李艳艳

封面设计：廖亚萍

责任校对：刘　竣

责任监印：周治超

出版发行：华中科技大学出版社 (中国·武汉)　　　电话：(027)81321913
　　　　　武汉市东湖新技术开发区华工科技园　　　邮编：430223

录　　排：华中科技大学惠友文印中心

印　　刷：湖北恒泰印务有限公司

开　　本：889mm×1194mm　1/16

印　　张：22　插页：2

字　　数：611 千字

版　　次：2022 年 5 月第 1 版第 1 次印刷

定　　价：299.00 元

\ 序 \

　　湖北省十堰市茅箭区位于十堰市中部，辖区总面积540平方千米，南部山区山峦起伏，沟壑纵横，地质复杂。南水北调中线工程全面实施后，茅箭区大力推行退耕还林的水源保护政策，目前森林覆盖率已达88.3%。适宜的自然生态环境为茅箭区中药资源的生长繁殖创造了得天独厚的条件。得益于秦岭、大巴山天然屏障的庇护和充沛水资源的涵养，茅箭区中药资源丰富多样，前景可期。经整理分析，茅箭区主要的中药材品种有900多种，特别是七叶一枝花、文王一支笔、江边一碗水、连翘、金银花、天麻等名贵中药材分布广泛。

　　随着世界各地对中医药医疗保健服务需求的不断扩大及中医药相关产业的蓬勃发展，中药资源的需求量不断增加，中药资源状况也发生了巨大变化。开展地方中药资源研究不仅是中医药发展的需要，还将对人类健康生活做出重要贡献。

　　2018年国家中医药管理局、湖北省卫生健康委员会把茅箭区纳入湖北省第四批中药资源普查试点县。接到任务后，茅箭区人民医院组建普查队，队员们历时两载，踏遍了茅箭区南部山区的山川、沟谷、村落，基本上摸清了全区中药资源的种类、分布、储量等信息，掌握了珍贵的第一手资料。

　　作为本次中药资源普查的成果，《湖北茅箭药用植物志》收录本地药用植物近400种，详细介绍了各种植物的形态特征，产地、生长环境与分布，药用部位，采集加工，功能主治等，并附原植物彩色图片。该书是本地中药资源研究和中医药产业发展难得的参考书，为区域中药资源保护和可持续利用的长效机制构建做出了有益探索，对区域中药资源的研究、中医药事业的发展也有重要的参考价值。

　　谨向《湖北茅箭药用植物志》的出版问世致以衷心的祝贺。

甘启良

启良生物研究所所长

前 言

茅箭区为十堰市下辖的县级区，下辖 2 个乡、1 个镇、3 个街道办事处、1 个省管经济开发区和 1 个国家级自然保护区，是十堰市政治、经济、文化中心，也是鄂、豫、陕、渝四省市毗邻地区重要的商品流通集散中心。随着中医药文化的传承、创新与推广，"健康中国"战略的实施，中医药文化与应用、中药资源保护与开发利用在茅箭区日益受到各方关注。

茅箭区早在新石器时代就有人类繁衍生息，古属麇（jūn）国，与庸国为近邻。商末，麇率百濮部族（汉水中上游到长江一带的部族）参与伐商有功而受封为周朝麇子国。"麇为百濮长，百濮帅乎麇"，是麇国当时国力强盛的表现。麇、庸国当时是楚国西部、北部的大国，影响力远比楚国大，但后来楚国发展迅速，最终吞并了麇、庸国，"一鸣惊人""庸人自扰"即是楚庄王灭麇、庸国时的典故。

麇、庸国是中华文明发祥地之一，也是中国传统医药文化发源地之一。"庸医"原指庸国的医生，也因庸国的灭亡而逐渐带上贬义。古庸国是我国巫文化发祥地之一，巫文化的另一方面，就是中草药文化。《山海经·大荒西经》中记载：大荒之中有山，名曰丰沮玉门，日月所入。有灵山……十巫从此升降，百药爰在。鄂、渝、陕边境地区民间中草药颇具地方特色，从而积累了宝贵的经验，这与古庸国巫医的延续及后来道医的发展是分不开的。神农尝百草的故事就源于茅箭区南边的神农架地区，赤松子首创辟谷养生法，采百花为食，极山林之乐，也与汉江南岸山区有密切联系。《神农本草经》《本草纲目》中收录的很多中药材出产于此，"六个一""七十二七""七十二还阳"即是流传于茅箭区及南三县、神农架地区的 100 余种有特殊功效的道地药材。

茅箭区中医药文化的积淀除了得益于长期的疾病斗争历史，也与本区独特的地理环境、丰富的动植物资源有关。茅箭区位于武当山的西北麓，属秦岭、大巴山的东延余脉，处于北纬 32°20′～32°40′，东经 110°10′～110°30′；东与丹江口市毗邻，西与张湾区相连，南与房县接壤，北与郧县搭界；东西长 31 千米，南北宽 30 千米。

茅箭区地势总体由西南向东北倾斜，北部、东部为河谷丘陵区，中间为河谷平地，到了南部则是山峦叠嶂、沟壑纵横的中低山区。特别是赛武当西南至茅箭区东南边界，山岭高峻，峡谷深切，绵延而成系列海拔 1000 米以上的高峰。据《茅箭区志（1984—2005）》记载，全区共有海拔 1200 米以上的高峰（如普陀峰、青岩山等）14 座。区内地形复杂，高差大，坡度陡，切割深，最高点在赛武当主峰（普陀峰），海拔 1740 米，比武当山还高 100 余米，最低点在鸳鸯村李家坪，海拔 187 米，相对高差 1553 米。

茅箭区属北亚热带季风气候，四季分明，雨热同季，光热充沛，历年平均降水量为 884.9 毫米，平均无霜期 246 天。因具体位置、海拔、坡向、小地形等不同，呈现出典型的气候垂直层带，小气候丰富多样，具有"高一丈，不一样""阴阳坡，差得多"的立体气候特征。

复杂多变的地形地貌和气候条件为本地动植物资源提供了良好的庇护所。特别是南水北调中线工程全面实施后，茅箭区大力推行退耕还林的水源保护政策，目前森林覆盖率已达 88.3%。适宜的自然生态环境为茅箭区中药资源的生长繁殖创造了得天独厚的条件。在辖区 540 平方千米的土地上，分布着 900 余种药用植物，如七叶一枝花、文王一支笔、江边一碗水、头顶一颗珠、珠子参、连翘、金银花、天麻、细辛、百合、黄精等。本地还分布有多种珍稀濒危植物，初步统计有 24 科 53 种，如麦斛、长叶头蕊兰、绥草、红豆杉、野大豆、鹅掌楸、喜树、领春木、石仙桃、独蒜兰、白及、斑叶兰、杓兰、呆白菜等。

自新中国成立以来，茅箭区丰富的植物资源就引起各方重视，研究人员先后组织了多次调查，并出版了众多专著，如曹志雄 1996 年主编的《十堰药用植物》、龙祥生 1994 年编著的《十堰植物》等都对本区植物资源进行了描述与记录。

值得提出的是，茅箭区动植物资源非常丰富，但由于过去人们缺乏资源保护意识，不懂法律法规，滥捕滥猎滥采，加之对生态环境的过度破坏，许多动植物种群数量大幅下降，有的甚至灭绝或濒临灭绝。随着中医药文化及相关产业的蓬勃发展，世界各地对中药资源的需求量也不断增加，客观上加剧了对野生动植物药用资源过度利用的程度，对中药资源状况也产生了巨大影响。

2018 年国家中医药管理局、湖北省卫生健康委员会把茅箭区纳入湖北省第四批中药资源普查试点县，这为新时期摸清本区药用动植物资源本底提供了契机，可以为后期保护与开发利用政策的制定提供依据，是本区中药资源界的一件大事。因此，接到任务后，承担单位茅箭区人民医院深感责任重大，使命光荣。在茅箭区委区政府、主管部门茅箭区卫生健康局、茅箭区林业局、赛武当管理局和社会各界的大力支持下，2018 年 4 月启动了相关工作，组建茅箭区中药资源普查队。队员们除了考察调研、业务培训和交流外，大多时候攀爬于凶险密林峭壁之中，行走在荆棘丛生的山间小路，按照普查的安排和部署，历时两载踏遍了茅箭区南部山区的山川、沟谷、村落，于 2020 年 6 月完成外业任务，基本摸清了茅箭区中药资源本底。

作为本次资源普查的成果，《湖北茅箭药用植物志》收录本地药用资源植物类 112 科，391 种。本书在参考《中国植物志》《湖北植物志》《湖北竹溪中药资源志》等的基础上，详细介绍了各种药用植物的形态特征，产地、生长环境与分布，药用部位，采收加工，功能主治等，并附原植物彩色图片。

《湖北茅箭药用植物志》是发展本地中医药产业难得的参考书，旨在为区域中药资源保护和可持续利用的长效机制构建做出部分探索，对于区域中药资源的研究、中医药事业的发展具有重要的参考价值。本书可供高等院校师生以及医药卫生、农林资源等领域的人员参考使用。

茅箭区中药资源普查及本书的编撰，在茅箭区委区政府及茅箭区卫生健康局的周密部署和安排下，顺利开展并圆满完成任务。其间得到了湖北中医药大学吴和珍教授的热情帮助与指导，汉江师范学院化学与环境工程学院生物科学教研室柯尊伟博士在物种鉴定上给予了许多支持，启良生物研究所所长甘启良为本书作序，华中科技大学出版社的编辑在书稿加工等方面给予了大力协助，在此一并表示衷心感谢！

　　习近平总书记强调，要遵循中医药发展规律，传承精华，守正创新，加快推进中医药现代化、产业化，坚持中西医并重，推动中医药和西医药相互补充、协调发展，推动中医药事业和产业高质量发展，推动中医药走向世界，充分发挥中医药防病治病的独特优势和作用，为建设健康中国、实现中华民族伟大复兴的中国梦贡献力量。发掘中药资源，为人类健康生活服务。愿此书的出版能为茅箭区中药资源的保护、开发与利用，以及中医药事业的发展尽绵薄之力。

　　由于编者水平有限，书中难免存在一些错误、疏漏之处，恳请广大读者批评指正。

编　者

\ 目录 \

一、胡桃科

1. 野核桃 *Juglans cathayensis* Dode

【别名】山核桃。

【形态特征】乔木或有时呈灌木状，高达 12 ～ 25 米，胸径达 1 ～ 1.5 米；幼枝灰绿色，被腺毛，髓心薄片状分隔；顶芽裸露，锥形，长约 1.5 厘米，黄褐色，密生毛。奇数羽状复叶，通常长 40 ～ 50 厘米，叶柄及叶轴被毛，具 9 ～ 17 枚小叶；小叶近对生，无柄，硬纸质，卵状矩圆形或长卵形，长 8 ～ 15 厘米，宽 3 ～ 7.5 厘米，顶端渐尖，基部斜圆形或稍斜心形，边缘有细锯齿，两面均有星状毛，上面稀疏，下面浓密，中脉和侧脉亦有腺毛，侧脉 11 ～ 17 对。雄性柔荑花序生于去年生枝顶端叶痕腋内，长 18 ～ 25 厘米，花序轴有疏毛；雄花被腺毛，雄蕊约 13 枚，花药黄色，长约 1 毫米，有毛，药隔稍伸出。雌性花序直立，生于当年生枝顶端，花序轴密生棕褐色毛，初时长 2.5 厘米，后来伸长达 8 ～ 15 厘米，雌花排列成穗状。雌花密生棕褐色腺毛，子房卵形，长约 2 毫米，花柱短，柱头 2 深裂。果序常具 6 ～ 10（13）个果，或因雌花不孕而仅有少数，但轴上有花着生的痕迹；果实卵形或卵圆形，长 3 ～ 4.5（6）厘米，外果皮密被腺毛，顶端尖，核卵状或阔卵状，顶端尖，内果皮坚硬，有 6 ～ 8 条纵向棱脊，棱脊之间有不规则排列的尖锐的刺状突起和凹陷，仁小。花期 4—5 月，果期 8—10 月。

【产地、生长环境与分布】产于湖北省十堰市茅箭区，多生于海拔 800 ～ 2000 米的杂木林中。

【药用部位】种仁。

【采集加工】夏、秋季采收未成熟绿色果实或成熟果皮，鲜用或晒干。

【性味】味甘，性平；有毒。归胃经。

【功能主治】野核桃油：润肠通便，杀虫，敛疮；主治肠燥便秘，虫积腹痛，疥疮，冻疮，狐臭。野核桃仁：润肺化痰，温肾助阳，润肤，通便；主治燥咳无痰，虚喘，腰膝酸软，肠燥便秘，皮肤干裂。

【成分】种仁含油脂（40%～50%）、蛋白质（15%～20%）、糖类、维生素 A、B 族维生素、维生素 C 等。树皮及外果皮含大量鞣质。

【用法用量】内服：煎汤，30～50 克；或捣碎嚼，10～30 克；或捣烂冲酒。外用：适量，捣烂涂搽。

2. 化香树 *Platycarya strobilacea* Sieb. et Zucc.

【别名】花木香、还香树、皮杆条。

【形态特征】落叶灌木或小乔木，高 5～15 米。幼枝通常被棕色茸毛。奇数羽状复叶互生；小叶 7～23 枚，对生，无柄；叶片薄革质，卵状披针形至长椭圆状披针形，长 4～12 厘米，宽 2～4 厘米，先端渐成细尖，基部宽楔形，稍偏斜，边缘有重锯齿，上面暗绿色，下面黄绿色，幼时有密毛，或老时光滑，仅脉腋有簇毛。夏、秋季开花，花单性，雌雄同株；花序穗状，直立，伞房状排列在小枝顶端，中央顶端的 1 条常为两性花序，雌花序在下，雄花序在上，开花后脱落，仅留下雌花序部分。雄花苞片披针形，浅黄绿色，无小苞片及花被片；雄蕊 8 枚；雌花具卵状披针形苞片，无小苞片，具 2 花被片，贴生于子房上，雌蕊 1 枚，无花柱，柱头 2 裂。果穗卵状椭圆形至长椭圆状柱形，长 2.5～5 厘米，直径 2～3 厘米，苞片宿存，膜质，褐色；小坚果扁平，圆形，具 3 窄翅。种子卵形，种皮膜质。花期 5—6 月，果期 7—10 月。

【产地、生长环境与分布】产于湖北省十堰市茅箭区，常生于海拔 600～1300 米或 2200 米的向阳山坡及杂木林中。

【药用部位】叶及果实。

【采集加工】夏、秋季采叶，鲜用或晒干。秋季果实近成熟时采收，晒干。

【性味】味辛，性温；有毒。

【功能主治】叶：解毒疗疮，杀虫止痒；主治疮疖痈肿，骨痛流脓，疥癣，阴囊湿疹，癞头疮。果实：活血行气，止痛，杀虫止痒；主治内伤胸胀，腹痛，跌打损伤，筋骨疼痛，痈肿，湿疮，疥癣。

【成分】化香树叶含胡桃叶醌、5-羟基-2-甲氧基-1，4-萘醌等。木材含没食子酸和葡萄糖等。

【用法用量】化香树叶：外用，适量，煎水洗；或研末调敷。化香树果实：内服，煎汤，10～20克。

二、壳斗科

3. 栗 *Castanea mollissima* Bl.

【别名】板栗、栗子。

【形态特征】高达20米的乔木，胸径80厘米，冬芽长约5毫米，小枝灰褐色，托叶长圆形，长10～15毫米，疏被长毛及鳞腺。叶椭圆形至长圆形，长11～17厘米，宽稀达7厘米；叶柄长1～2厘米。雄花序长10～20厘米，花序轴被毛；花3～5朵聚生成簇，雌花1～3（5）朵发育结实，花柱下部被毛。成熟壳斗的锐刺有长有短，有疏有密，壳斗连刺直径4.5～6.5厘米；坚果高1.5～3厘米，宽1.8～3.5厘米。种仁呈半球形或扁圆形，先端短尖，直径2～3厘米。外表面黄白色，光滑，有时具浅纵沟纹。质实稍重，碎断后内部富粉质。气微，味微甜。花期4—6月，果期8—10月。

【产地、生长环境与分布】产于湖北省十堰市茅箭区，生于平地至海拔2800米的山地。

【药用部位】果实、花序、壳斗、树皮、根皮、叶。

【采集加工】总苞由青色转黄色，微裂时采收，放冷凉处散热，搭棚遮阴，棚四周夹墙，地面铺河沙，堆栗高30厘米，覆盖湿沙，经常洒水保湿。10月下旬至11月入窖储藏，或剥出种子晒干。

【性味】果实：味甘，性温。花序：味涩。根皮：味甘、淡，性平。

【功能主治】果实：滋阴补肾；主治肾虚腰痛。花序：止泻；主治腹泻，红白痢疾，久泻不止，小儿消化不良，瘰疬瘿瘤。壳斗：主治丹毒，红肿。树皮：主治疮毒漆疮。根皮：主治疝气。叶：主治百日咳。

【成分】果实含有糖类、淀粉、蛋白质、脂肪、B族维生素等。树皮含有鞣质。

【用法用量】果实：每服2～4两。花序：适量，外敷。树皮、根皮、叶：3～5钱，水煎冲糖服。

三、榆科

4. 紫弹树 *Celtis biondii* Pamp.

【别名】牛筋树、朴树。

【形态特征】落叶乔木，高达 14 米。一年生枝有赤褐色细软毛。叶卵形或卵状椭圆形，长 3.5 ～ 8 厘米，中上部边缘有单锯齿，稀全缘，幼叶两面被散生毛，上面较粗糙，下面脉上的毛较多，老叶无毛；叶柄长 3 ～ 7 毫米。花小，杂性同株；雄花簇生于新枝基部，雌花单生或 2 ～ 3 朵集生于新枝上部；花被片 4；雄蕊 4，花丝淡红色；雌蕊 1，子房卵形，花柱 2 裂，柱头呈毛状。核果通常 2 个腋生，近球形，橙色或带黑色，长 9 ～ 18 毫米，果核有网纹；果柄长于叶柄 2 倍以上，被毛。花期 4—6 月，果期 9—10 月。

【产地、生长环境与分布】产于湖北省十堰市茅箭区，多生于山地灌丛或杂木林中，或生于石灰岩上，海拔 50 ～ 2000 米。

【药用部位】根皮、树枝、叶。

【采集加工】春初、秋末挖取根部，除去须根、泥土，剥皮晒干。树枝全年均可采收。

【性味】味甘，性寒。

【功能主治】紫弹树根皮：解毒消肿，祛痰止咳；主治乳痈肿痛，痰多咳喘。紫弹树枝：通络止痛；主治腰背酸痛。紫弹树叶：清热解毒；主治疮毒溃烂。

【成分】不详。

【用法用量】内服：煎汤，10 ～ 30 克。外用：适量，捣敷。

四、杜仲科

5. 杜仲 *Eucommia ulmoides* Oliver

【别名】思仙、思仲、木绵。

【形态特征】落叶乔木，高达 20 米，树冠圆球形，小枝光滑，具片状髓，叶椭圆状卵形，先端渐尖，基部圆形或广楔形，叶缘具锯齿，翅果狭长椭圆形，扁平。枝、叶、果、皮断裂后均有白色丝状物。花期 4 月，果 10—11 月成熟。

【产地、生长环境与分布】产于湖北省十堰市茅箭区，喜温暖湿润气候和阳光充足的环境，能耐严寒。

【药用部位】树皮。

【采集加工】6—7 月高温湿润季节用半环剥法剥取树皮。除去粗皮，洗净，润透，切成方块或丝条，晒干。

【性味】味甘，性温。归肝、肾经。

【功能主治】补肝肾，强筋骨，安胎；主治腰膝酸痛，阳痿，尿频，小便余沥，风湿痹痛，胎动不安，习惯性流产。

【成分】本品含杜仲胶、杜仲苷、松脂醇二葡萄糖苷、桃叶珊瑚苷、鞣质、黄酮类化合物等。

【用法用量】内服：煎汤，6 ~ 15 克；或浸酒，或入丸、散。阴虚火旺者慎服。

五、桑科

6. 楮 *Broussonetia kazinoki* Sieb.

【别名】褚、榖桑。

【形态特征】落叶乔木，高 14 ~ 16 米，有乳汁。小枝粗壮，密生茸毛。单叶互生；叶柄长 1.5 ~ 10 厘米，密被柔毛；叶片膜质或纸质，阔卵形至长圆状卵形，长 5.5 ~ 15（20）厘米，宽 4 ~ 10（15）厘米，不分裂或 3～5 裂，尤以幼枝或小树叶较明显，先端渐尖，基部圆形或浅心形，略偏斜，边缘有细锯齿或粗锯齿，上面深绿色，被粗伏毛，下面灰绿色，密被柔毛。花单性，雌雄异株；雄花序为柔荑花序，腋生，下垂，长 3～8 厘米，总花梗长 1～2 厘米；雌花序为头状花序，直径 1～1.5 厘米，总花梗长 1～1.5 厘米；雄花具短柄，有 2～3 小苞片，花被 4 裂，基部合生，雄蕊 4；雌花苞片棒状，被毛，花被管状，雌蕊散生于苞片间，花柱细长，线形，被短毛，具黏性。聚花果肉质，呈球形，直径约 2 厘米，成熟时橙红色。花期 4—7 月，果期 7—9 月。

【产地、生长环境与分布】产于湖北省十堰市茅箭区，生于山地林缘或村寨道旁。

【药用部位】果实、根皮、叶或全株。

【采集加工】果实成熟时采收。春、秋季剥取树皮，除去外皮，切段，晒干。

【性味】果实（楮实）：味甘，性寒，无毒。楮皮：味甘，性平。

【功能主治】果实（楮实）：滋肝益阴，清肝明目，健脾利水；主治肾虚腰膝酸软，阳痿，目昏，目翳，水肿，尿少。楮皮：利水，止血；主治小便不利，水肿胀满，便血，崩漏，瘾疹。

【成分】楮树皮层含楮树黄酮醇 A、楮树黄酮醇 B、楮树查耳酮 A、楮树查耳酮 B、小构树醇 A，还含三萜类、链烷烃和链烷醇类化合物。

【用法用量】内服：煎汤，6～10 克；或入丸、散。外用：适量，捣敷。脾胃虚寒、大便溏泻者慎服。

7. 构树 *Broussonetia papyrifera*（L.）L′Heritier ex Ventenat

【别名】九得藤、狗额藤。

【形态特征】枝显著地伸长而呈蔓生状，有乳汁。单叶互生；叶柄长 1～2 厘米；叶片卵形或卵状椭圆形，长 3～13 厘米，宽 2～5 厘米，先端渐尖，基部心形或近心形，有 2～3 个乳头状腺体，不裂或 2～3 深裂，上面绿色，被伏毛或近无毛，下面淡绿色，被细柔毛，边缘有细锯齿；基出脉 3 条。花单性，雌雄同株；雄花序为圆柱状柔荑花序，长 1～1.5 厘米；雄花花被 4 裂；雄蕊 4；雌花序为头状，直径 4～6 毫米；雄花具短梗或近无梗，花被管先端有 2～3 锐齿；子房倒卵形，花柱近侧生，柱头线形。聚花果球形，直径 0.7～1 厘米，肉质，成熟时红色。小核果椭圆形，表面有疣。花期 4—5 月，果期 5—6 月。

【产地、生长环境与分布】产于湖北省十堰市茅箭区，生于海拔 200～1700 米的山坡灌丛、溪边路旁或次生杂木林中。

【药用部位】全株或根、根皮。

【采集加工】全年均可采剥，晒干。

【性味】味甘、淡，性平。归肝、肾、膀胱经。

【功能主治】祛风除湿，散瘀消肿；主治风湿痹痛，泄泻，痢疾，黄疸，浮肿，痈疖，跌打损伤。

【成分】根皮含小构树醇及楮树黄酮醇。

【用法用量】内服：煎汤，30～60 克。外用：适量，捣敷。

8. 无花果 *Ficus carica* L.

【别名】阿驵、阿驿。

【形态特征】干燥的花序托呈倒圆锥形或类球形，长约 2 厘米，直径 1.5～2.5 厘米；表面淡黄棕色至暗棕色、青黑色，有波状弯曲的纵棱线；顶端稍平截，中央有圆形突起，基部渐狭，带有果柄及残存的苞片。质坚硬，横切面黄白色，内壁着生众多细小瘦果，有时壁的上部尚见枯萎的雄花。瘦果卵形或三棱状卵形，长 1～2 毫米，淡黄色，外有宿萼包被。气微，味甜、略酸。以干燥、青黑色或暗棕色、无霉蛀者为佳。

【产地、生长环境与分布】产于湖北省十堰市茅箭区，喜温暖湿润气候，耐瘠，抗旱，不耐寒，不耐涝。以向阳，土层深厚、疏松肥沃，排水良好的沙壤土或黏壤土栽培为宜。

【药用部位】果实。

【采集加工】7—10 月果实呈绿色时，分批采摘；或拾取落地的未成熟果实，鲜果用开水烫后，晒干或烘干。

【性味】味甘，性凉。归肺、胃、大肠经。

【功能主治】清热生津，健脾开胃，解毒消肿；主治咽喉肿痛，燥咳声嘶，乳汁稀少，肠热便秘，食欲不振，消化不良，泄泻，痢疾，痈肿，疥癣。

【成分】果实含有机酸类，其中有大量枸橼酸，并有少量延胡索酸、琥珀酸等类胡萝卜素类化合物，还含天冬氨酸、甘氨酸等氨基酸，并含寡肽如六肽、五肽、三肽，以及蛋白质、脂肪、糖类及钙、铁等元素。

【用法用量】内服：煎汤，9～15克，大剂量可用至30～60克；或生食鲜果1～2枚。外用：适量，煎水洗；或研末调敷；或吹喉。脾胃虚寒者慎服，中寒者忌食。

9. 鸡桑 *Morus australis* Poir.

【别名】小叶桑、集桑、山桑。

【形态特征】灌木或小乔木，树皮灰褐色，冬芽大，圆锥状卵圆形。叶卵形，长5～14厘米，宽3.5～12厘米，先端急尖或尾状，基部楔形或心形，边缘具粗锯齿，不分裂或3～5裂，表面粗糙，密生短刺毛，背面疏被粗毛；叶柄长1～1.5厘米，被毛；托叶线状披针形，早落。雄花序长1～1.5厘米，被柔毛，雄花绿色，具短梗，花被片卵形，花药黄色；雌花序球形，长约1厘米，密被白色柔毛，雌花花被片长圆形，暗绿色，花柱很长，柱头2裂，内面被柔毛。聚花果短椭圆形，直径约1厘米，成熟时红色或暗紫色。花期3—4月，果期4—5月。

【产地、生长环境与分布】产于湖北省十堰市茅箭区，阳性，耐旱，耐寒，怕涝，抗风。生于海拔500～1000米石灰岩山地或林缘及荒地。

【药用部位】根或根皮、叶。

【采集加工】秋、冬季采挖，趁鲜刮去栓皮，洗净；或剥取白皮，晒干。

【性味】味甘、辛，性寒。归肺经。

【功能主治】清肺，凉血，利湿；主治肺热咳嗽，鼻衄，水肿，腹泻，黄疸。

【成分】根皮含挥发油约0.07%，以及胡萝卜苷、α-香树脂醇、β-香树脂醇、谷甾醇、硬脂酸和软脂酸。

【用法用量】内服：煎汤，6～15克。

10. 桑 *Morus alba* L.

【别名】家桑、桑葚。

【形态特征】落叶灌木或小乔木，高3～15米。树皮灰白色，有条状浅裂；根皮黄棕色或红黄色，纤维性强。单叶互生；叶柄长 1 ～ 2.5 厘米；叶片卵形或宽卵形，长 5 ～ 20 厘米，宽 4 ～ 10 厘米，先端锐尖或渐尖，基部圆形或近心形，边缘有粗锯齿或圆齿，有时有不规则的分裂，上面无毛，有光泽，下面脉上有短毛，腋间有毛，基出脉 3 条与细脉交织成网状，背面较明显；托叶披针形，早落。花单性，雌雄异株；雌、雄花序均排列成穗状柔荑花序，腋生；雌花序长 1 ～ 2 厘米，被毛，总花梗长 5 ～ 10 毫米；雄花序长 1 ～ 2.5 厘米，下垂，略被细毛；雄花具花被片 4，雄蕊 4，中央有不育的雌蕊；雌花具花被片 4，基部合生，柱头 2 裂。瘦果，多数密集成卵圆形或长圆形的聚合果，长 1 ～ 2 厘米，初时绿色，成熟后变肉质、黑紫色或红色，种子小。花期 4—5 月，果期 5—6 月。

【产地、生长环境与分布】产于湖北省十堰市茅箭区，生于丘陵、山坡、村庄等地。

【药用部位】叶（桑叶）、果实（桑葚）、根皮（桑白皮）、嫩枝（桑枝）。

【采集加工】桑叶：10—11 月霜降后采收经霜之叶，除去细枝及杂质，晒干。桑葚：果实成熟或变红后采摘，晒干备用。桑白皮：春、秋季采挖根皮，除去粗皮、泥土及杂质，纵向刨开，切丝，晒干备用。桑枝：植物生长旺盛时采取桑树嫩枝，切片备用。

【性味】味苦、甘，性寒。归肺、肝经。

【功能主治】桑叶：疏散风热，清肺，明目；主治风热感冒，风温初起。桑白皮：泻肺平喘，利水消肿；主治肺热咳喘，水饮停肺，胀满喘急，水肿，脚气，小便不利。桑枝：祛风湿，通经络，行水气；主治风湿痹痛，中风半身不遂，水肿脚气，风瘙痒。桑葚：滋阴养血，生津，润肠；主治肝肾不足和血虚精亏引起的头晕目眩，腰酸耳鸣，须发早白，失眠多梦，津伤口渴，肠燥便秘。

【成分】本品含有三萜类、黄酮及其苷类、香豆精及其苷类、挥发油、氨基酸、生物碱、有机酸等。

【用法用量】内服：煎汤，4.5 ～ 9 克；或入丸、散。外用：适量，煎水洗；或捣敷。

六、荨麻科

11. 透茎冷水花 *Pilea pumila*（L.）A. Gray

【别名】美豆、直苎麻。

【形态特征】一年生草本，高 40～100 厘米。茎直立，常分枝，淡绿色，无毛，肉质，有时呈透明状。叶对生；叶柄长 1～4 厘米，相对叶柄不等长；托叶小，早落；叶片菱状卵形或宽卵形，长 2～10 厘米，宽 1～7 厘米，先端渐尖，基部宽楔形，两面均有线状钟乳体，边缘于基部以上有粗锯齿；基出脉 3 条。花雌雄同株、同序，有时异株；聚伞花序蝎尾状，有时呈簇生状，雄花被片 2，舟形，背面近先端有短角，雄蕊 2，与花被对生；雌花被片 3，狭披针形，雌蕊 1。瘦果扁卵形，褐色，光滑。花期 8—10 月，果期 9—11 月。

【产地、生长环境与分布】产于湖北省十堰市茅箭区，生于海拔 400～2200 米的山坡林下或岩石缝的阴湿处。

【药用部位】全草或根茎。

【采集加工】夏、秋季采收，洗净，鲜用或晒干。

【性味】味甘，性寒。

【功能主治】清热，利尿，解毒；主治尿路感染，急性肾炎，子宫内膜炎，子宫脱垂，赤白带下，跌打损伤，痈疽初起，虫蛇咬伤。

【成分】不详。

【用法用量】内服：煎汤，15～30 克。外用：适量，捣敷。

12. 庐山楼梯草 *Elatostema stewardii* Merr.

【别名】接骨草、白龙骨。

【形态特征】多年生草本。茎高 24～40 厘米，不分枝，无毛或近无毛，常具球形或卵球形珠芽。叶具短柄；叶片草质或薄纸质，斜椭圆状倒卵形、斜椭圆形或斜长圆形，长 7～12.5 厘米，宽 2.8～4.5 厘米，顶端骤尖，基部在狭侧楔形或钝，在宽侧耳形或圆形，边缘下部全缘，其上有牙齿状齿，无毛或上面散生短硬毛，钟乳体明显，密，长 0.1～0.4 毫米，叶脉羽状，侧脉在狭侧 4～6 条，在宽侧 5～7 条；叶柄长 1～4 毫米，无毛；托叶狭三角形或钻形，长约 4 毫米，无毛。花序雌雄异株，单生于叶腋。雄花序具短梗，直径 7～10 毫米；花序梗长 1.5～3 毫米；花序托小；苞片 6，外方 2 枚较大，宽卵形，长2毫米，宽3毫米，顶端有长角状突起，其他苞片较小，顶端有短突起；小苞片膜质，宽条形至狭条形，长2～3毫米，有疏毛。雄花：花被片5，椭圆形，长约1.8毫米，下部合生，外面顶端之下有短角状突起，有短毛；雄蕊5；退化雌蕊极小。雌花序无梗；花序托近长方形，长约3毫米；苞片多数，三角形，长约0.5毫米，密被短柔毛，较大的具角状突起；小苞片密集，匙形或狭倒披针形，长0.5～0.8毫米，边缘上部密被短柔毛。瘦果卵球形，长约0.6毫米，纵肋不明显。花期7—9月。

【产地、生长环境与分布】产于湖北省十堰市茅箭区，生于海拔580～1400米的山谷沟边或林下，常生于林边、溪边阴湿处。

【药用部位】全草。

【采集加工】夏、秋季采收全草或根，洗净，鲜用或晒干。

【性味】味淡，性温。

【功能主治】活血祛瘀，消肿解毒，止咳；主治挫伤，扭伤，骨折，流行性腮腺炎，闭经，肺结核发热，咳嗽。

【成分】不详。

【用法用量】内服：煎汤，10～30克。外用：适量，鲜全草捣烂敷患处。

13. 糯米团 *Gonostegia hirta*（Bl.）Miq.

【别名】糯米草、糯米藤。

【形态特征】多年生草本，有时茎基部变木质；茎蔓生、铺地或渐升，长50～100(160)厘米，基部粗1～2.5毫米，不分枝或分枝，上部带四棱形，有短柔毛。叶对生；叶片草质或纸质，宽披针形至狭披针形、狭卵形，稀卵形或椭圆形，长(1.2)3～10厘米，宽(0.7)1.2～2.8厘米，顶端长渐尖至短渐尖，基部浅心形或圆形，边缘全缘，上面稍粗糙，有稀疏短伏毛或近无毛，下面沿脉有疏毛或近无毛，基出脉3～5条；叶柄长1～4毫米；托叶钻形，长约2.5毫米。团伞花序腋生，通常两性，有时单性，雌雄异株，直径2～9毫米；苞片三角形，长约2毫米。雄花：花梗长1～4毫米；花蕾直径约2毫米，在内折线上有稀疏长柔毛；花被片5，分生，倒披针形，长2～2.5毫米，顶端短骤尖；雄蕊5，花丝条形，

长 2 ～ 2.5 毫米，花药长约 1 毫米；退化雌蕊极小，圆锥状。雌花：花被菱状狭卵形，长约 1 毫米，顶端有 2 小齿，有疏毛，果期呈卵形，长约 1.6 毫米，有 10 条纵肋；柱头长约 3 毫米，有密毛。瘦果卵球形，长约 1.5 毫米，白色或黑色，有光泽。花期 5—9 月。

【产地、生长环境与分布】产于湖北省十堰市茅箭区，生于海拔 100 ～ 1000 米的丘陵或低山林中、灌丛中、沟边草地。

【药用部位】带根全草。

【采集加工】全年均可采收，洗净晒干或碾粉；茎叶随时可采。

【性味】味甘、微苦，性凉。

【功能主治】健脾消食，清热利湿，解毒消肿；主治消化不良，食积胃痛，带下，外用治血管神经性水肿，疔疮疖肿，乳腺炎，跌打损伤，外伤出血。

【成分】不详。

【用法用量】内服：煎汤，10 ～ 30 克。外用：适量，鲜全草或根捣烂敷患处。

14. 苎麻 *Boehmeria nivea*（L.）Gaudich.

【别名】野麻、野苎麻。

【形态特征】多年生半灌木，高 1 ～ 2 米。茎直立，圆柱形，多分枝，青褐色，密生粗长毛。叶互生；叶柄长 2 ～ 11 厘米；托叶 2，分离，早落；叶片宽卵形或卵形，长 7 ～ 15 厘米，宽 6 ～ 12 厘米，先端渐尖或近尾状，基部宽楔形或截形，边缘密生齿牙，上面绿色，粗糙，并散生疏毛，下面密生交织的白色柔毛，基出脉 3 条。花单性，雌雄通常同株；花序呈圆锥状，腋生，长 5 ～ 10 厘米，雄花序通常位于雌花序之下；雄花小，无花梗，黄白色，花被片 4，雄蕊 4，有退化雌蕊，雌花淡绿色，簇球形，直径约 2 毫米，花被管状，宿存，花柱 1。瘦果小，椭圆形，密生短毛，为宿存花被包裹，内有种子 1 颗。花期 9 月，果期 10 月。

【产地、生长环境与分布】产于湖北省十堰市茅箭区，海拔 500 ～ 1000 米的灌木林中野生种稍多，海拔 1000 米以上野生种越来越少。

【药用部位】根和根茎。

【采集加工】冬、春季采挖，除去地上茎和泥土，晒干。

【性味】味甘，性寒。归心、肝、膀胱经。

【功能主治】凉血止血，安胎，清热解毒；主治血热迫血妄行所致的咯血、吐血、衄血、血淋、便血、崩漏、紫癜，胎动不安，小便淋沥，痈疮肿毒，虫蛇咬伤。

【成分】根含绿原酸，在稀酸中加热可生成咖啡酸及奎宁酸。

【用法用量】内服：煎汤，5～30克；或捣汁。外用：适量，鲜品捣敷；或煎汤熏洗。

七、桑寄生科

15. 锈毛钝果寄生 *Taxillus levinei*（Merr.）H. S. Kiu

【别名】李万寄生、板栗寄生。

【形态特征】灌木，高 0.5～2 米。嫩枝、叶、花序和花均密被锈色，稀褐色的叠生星状毛和星状毛；小枝灰褐色或暗褐色，无毛，具散生皮孔。叶互生或近对生，革质；叶柄长 6～2（15）毫米，被茸毛；叶片卵形，稀椭圆形或长圆形，长 4～8（10）厘米，宽 1.5～4.5 厘米，顶端圆钝，稀急尖，基部近圆形，上面无毛，干后呈橄榄绿色或暗黄色，下面被茸毛；侧脉 4～6 对，在叶上面明显。伞形花序，1～2个腋生或生于小枝已落叶腋部，具花 1～3 朵，总花梗长 2.5～5 毫米；花梗长 1～2 毫米；苞片三角形，长 0.5～1 毫米；花红色；花托卵球形，长约 2 毫米；副萼环状，稍内卷；花冠花蕾时管状，长（1.8）2～2.2 厘米，稍弯，冠管膨胀，顶部卵球形，裂片 4 枚，匙形，长 5～7 毫米，反折；雄蕊 4；花盘环状；花柱线状，柱头头状。浆果卵球形，长约 6 毫米，直径 4 毫米，两端圆钝，黄色，果皮具颗粒状体，被星状毛。花期 9—12 月，果期翌年 4—5 月。

【产地、生长环境与分布】产于湖北省十堰市茅箭区，生于海拔 200～700（1200）米的山地或山谷常绿阔叶林中，常寄生于油茶、樟树、板栗或其他壳斗科植物上。

【药用部位】带叶茎枝。

【采集加工】全年均可采收，扎成束，晾干或鲜用。

【性味】味苦，性凉。归肺、肝经。

【功能主治】清肺止咳，祛风湿；主治肺热咳嗽，风湿腰痛，皮肤疮疖。

【成分】叶中含原儿茶酸、异槲皮苷等。

【用法用量】内服：煎汤，10～15 克；或浸酒。外用：适量，捣敷。

八、蛇菰科

16. 筒鞘蛇菰 *Balanophora involucrata* Hook. f.

【别名】鹿仙草、见根生、地杨梅。

【形态特征】草本，高 5～15 厘米；根茎肥厚，干时脆壳质，近球形，不分枝或偶分枝，直径 2.5～5.5 厘米，黄褐色，很少呈红棕色，表面密集颗粒状小疣瘤和浅黄色或黄白色星芒状皮孔，顶端裂鞘 2～4 裂，裂片呈不规则三角形或短三角形，长 1～2 厘米；花茎长 3～10 厘米，直径 0.6～1 厘米，大部呈红色，很少呈黄红色；鳞苞片 2～5 枚，轮生，基部连合成筒鞘状，顶端离生成撕裂状，常包着花茎至中部。花雌雄异株；花序均呈卵球形，长 1.4～2.4 厘米，直径 1.2～2 厘米；雄花较大，直径约 4 毫米，3 数；花被裂片卵形或短三角形，宽不到 2 毫米，开展；聚药雄蕊无柄，呈扁盘状，花药横裂；具短梗；雌花子房卵圆形，有细长的花柱和子房柄；附属体倒圆锥形，顶端截形或稍圆形，长 0.7 毫米。花期 7—8 月。

【产地、生长环境与分布】产于湖北省十堰市茅箭区，生于海拔 2300～3600 米的云杉、铁杉和栎木林中。本种常寄生于杜鹃属植物的根上。

【药用部位】全株。

【采集加工】秋季药材成熟后采收，洗去泥土，阴干备用或鲜用。

【性味】味苦、涩，性寒。归肺、胃、肝经。

【功能主治】润肺止咳，行气健胃，清热利湿，凉血止血，补肾涩精；主治肺热咳嗽，脘腹疼痛，黄疸，痔疮肿痛，跌打损伤，咯血，月经不调，崩漏，外伤出血，头昏，遗精。

【成分】本品含黄酮类、苯丙素苷类、三萜类和甾体类。

【用法用量】内服：煎汤，9～15 克；或炖肉；或浸酒。

九、蓼科

17. 虎杖 *Reynoutria japonica* Houtt.

【形态特征】多年生灌木状草本，高达1米以上。根茎横卧地下，木质，黄褐色，节明显。茎直立，丛生，无毛，中空，散生紫红色斑点。叶互生；叶柄短；托叶鞘膜质，褐色，早落；叶片宽卵形或卵状椭圆形，长6～12厘米，宽5～9厘米，先端急尖，基部圆形或楔形，全缘，无毛。花单性，雌雄异株，成腋生圆锥花序；花梗细长，中部有关节，上部有翅；花被5深裂，裂片2轮，外轮3片在果时增大，背部生翅；雄花雄蕊8；雌花花柱3，柱头头状。瘦果椭圆形，有3棱，黑褐色。花期6—8月，果期9—10月。根外皮棕褐色，有纵皱纹和须根痕，切面皮部较薄，木部宽广，棕黄色，射线放射状，皮部与木部较易分离。根茎髓中有隔或呈空洞状。

【产地、生长环境与分布】产于湖北省十堰市茅箭区，多生于山沟、溪边、林下阴湿处，海拔140～2000米。

【药用部位】干燥根茎和根。

【采集加工】春、秋季采挖，除去须根，洗净，趁新鲜切短段或厚片，晒干。

【性味】味微苦，性微寒。归肝、胆、肺经。

【功能主治】主治湿热黄疸，淋浊，带下，风湿痹痛，疮痈肿毒，水火烫伤，闭经，癥瘕，跌打损伤，肺热咳嗽。

【成分】本品含虎杖苷、黄酮类、大黄素、大黄素甲醚、白藜芦醇、多糖。

【用法用量】内服：煎汤，9～15克。外用：适量，制成煎液或油膏涂敷。

18. 蚕茧草 *Polygonum japonicum* Meisn.

【别名】紫蓼、小蓼子草。

【形态特征】茎枝圆柱形，上部或有分枝，表面棕褐色，无毛，断面中空。叶皱缩，易破碎，亚革质，长椭圆状披针形或披针形，长6～12厘米，宽1～1.5厘米，先端渐尖，基部楔形，两面均被短伏毛；托叶鞘筒状，褐色，膜质，先端截形，有长缘毛。花序穗状，圆柱形，常2～3个，间或单个着生于枝端；花被白色或黄白色，长3～6毫米。瘦果卵圆形，两面凸出，黑色，有光泽，包被于宿存花被内。

【产地、生长环境与分布】产于湖北省十堰市茅箭区，生于水沟或路旁草丛中，海拔20～1700米。

【药用部位】全草。

【采集加工】花期采收，鲜用或晾干。

【性味】味辛，性平；无毒。归心经。

【功能主治】解毒，止痛，透疹，散寒；主治疮疡肿痛，诸虫咬伤，泄泻，痢疾，腰膝寒痛，麻疹透发不畅。

【成分】本品含矢车菊素3，5-二葡萄糖苷、矢车菊素、飞燕草素、锦葵花素。

【用法用量】内服：煎汤，9～15克。外用：适量，捣敷。

19. 金线草 *Antenoron filiforme*（Thunb.）Rob. et Vaut.

【别名】重阳柳、蟹壳草、毛蓼、白马鞭。

【形态特征】根茎呈不规则结节状条块，长2～15厘米，节部略膨大，表面红褐色，有细纵皱纹，并具众多根痕及须根，顶端有茎痕或茎残基。质坚硬，不易折断，断面不平坦，粉红色，髓部色稍深。茎圆柱形，不分枝或上部分枝，有长糙伏毛。叶多卷曲，具柄；叶片展开后呈宽卵形或椭圆形，先端短渐尖或急尖，基部楔形或近圆形；托叶鞘膜质，筒状，先端截形，有条纹，叶的两面及托叶鞘均被长糙伏毛。

【产地、生长环境与分布】产于湖北省十堰市茅箭区，生于山地林缘或林下阴湿地。

【药用部位】全草。

【采集加工】夏、秋季采收，鲜用或晒干。

【性味】味辛、苦，性凉，气微；有小毒。

【功能主治】凉血止血，清热利湿，散瘀止痛；主治咯血，吐血，便血，血崩，泄泻，痢疾，胃痛，经期腹痛，产后血瘀腹痛，跌打损伤，风湿痹痛，瘰疬，痈肿。

【成分】全草含黄酮类成分，还含对羟基苯甲酸、尿嘧啶、氯化钠、氯化钾、亚硝酸盐、环腺苷酸、环鸟苷酸样物质、多糖和钙、镁、铁、锌、铜、锰、镉、镍、钴9种元素，9种元素中钙、镁、铁含量最多。

【用法用量】内服：煎汤，9～30克。外用：适量，捣敷。

20. 赤胫散 *Polygonum runcinatum* var. *sinense* Hemsl.

【别名】土竭力、花蝴蝶、花脸荞。

【形态特征】一年生或多年生草本，高30～50厘米。根茎细弱，黄色，须根黑棕色。茎纤细，直立或斜升，稍分枝，紫色，有节及细白毛，或近无毛。植株丛生，春季幼株枝条、叶柄及叶中脉均为紫红色，夏季成熟叶片为绿色，中央有锈红色晕斑，叶缘淡紫红色；茎较纤细，紫色，茎上有节；叶互生，卵状三角形，基部具2圆耳，宛如箭镞，上面有紫黑色斑纹，叶柄处有筒状的膜质托叶鞘；头状花序，常数个生于茎顶，上面开粉红色或白色小花。花期7—8月，花后结黑色、卵圆形瘦果。

【产地、生长环境与分布】产于湖北省十堰市茅箭区，喜光亦耐荫，耐寒、耐瘠薄，生于草丛、沟边阴湿处。

【药用部位】全草。

【采集加工】植物生长茂盛时采收地上部分，洗净，晒干备用。

【性味】味苦、微涩，性平。

【功能主治】清热解毒，活血止痛，解毒消肿；主治急性胃肠炎，吐血，咯血，痔疮出血，月经不调，跌打损伤，外用治乳腺炎，疮疖痈肿。

【成分】本品含二甲基鞣花酸、短叶苏木酚酸乙酯、短叶苏木酚酸等。

【用法用量】内服：煎汤，3～10克。外用：适量，捣烂敷患处。

21. 杠板归 *Polygonum perfoliatum* L.

【别名】刺犁头、老虎脷。

【形态特征】一年生草本，茎攀缘，多分枝，长1～2米，具纵棱，沿棱具稀疏的倒生皮刺。叶三角形，长3～7厘米，宽2～5厘米，顶端钝或微尖，基部截形或微心形，薄纸质，上面无毛，下面沿叶脉疏生皮刺；叶柄与叶片近等长，具倒生皮刺，盾状着生于叶片的近基部；托叶鞘叶状，草质，绿色，圆形或近圆形，穿叶，直径1.5～3厘米。总状花序呈短穗状，不分枝，顶生或腋生，长1～3厘米；苞片卵圆形，每苞片内具花2～4朵；花被5深裂，白色或淡红色，花被片椭圆形，长约3毫米，果时增大，呈肉质，深蓝色；雄蕊8，略短于花被；花柱3，中上部合生；柱头头状。瘦果球形，直径3～4毫米，黑色，有光泽，包于宿存花被内。花期6—8月，果期7—10月。

【产地、生长环境与分布】产于湖北省十堰市茅箭区，生于海拔80～2300米的山坡、灌丛、疏林和沟边、河岸及路旁。

【药用部位】干燥地上部分。

【采集加工】夏季开花时采割，除去杂质，略洗，切段，干燥。

【性味】味酸，性微寒；有小毒。

【功能主治】利水消肿，清热，活血，解毒；主治水肿，疟疾，痢疾，湿疹，疱疹，疥癣，毒蛇咬伤。

【成分】本品主要含黄酮苷、强心苷、酚类、氨基酸、有机酸、鞣质和糖类等。

【用法用量】内服：煎汤，15～30克。外用：适量，煎汤熏洗。

22. 红蓼 *Polygonum orientale* L.

【别名】荭草、红草。

【形态特征】茎粗壮直立，高可达2米，叶片宽卵形、宽椭圆形或卵状披针形，顶端渐尖，基部圆形或近心形，两面密生短柔毛，叶脉上密生长柔毛；叶柄具长柔毛；托叶鞘筒状，膜质；总状花序呈穗状，顶生或腋生，花紧密，微下垂；苞片宽漏斗状，草质，绿色；花淡红色或白色；花被片椭圆形，花盘明显；瘦果近圆形。6—9月开花，8—10月结果。

【产地、生长环境与分布】产于湖北省十堰市茅箭区，生于沟边湿地、村边路旁，海拔30～2700米。喜温暖湿润环境，要求光照充足。其适应性很强，对土壤要求不高，适应各种类型的土壤，喜肥沃、湿润、疏松的土壤，但也耐瘠薄。

【药用部位】果实入药，名"水红花子"。

【采集加工】种子成熟时采收，除去杂质，晒干。

【性味】味辛，性平；有小毒。归肝、脾经。

【功能主治】祛风除湿，清热解毒，活血，截疟；主治风湿痹痛，痢疾，腹泻，吐泻转筋，水肿，脚气，疮疖痈肿，蛇虫咬伤，小儿疳积，跌打损伤，疟疾。

【成分】本品主要成分为黄酮类、有机酸、木脂素类、柠檬苦素类。

【用法用量】内服：煎汤，15～20克。外用：研末撒；或煎水淋洗。

23. 酸模 *Rumex acetosa* L.

【别名】野菠菜、山大黄、当药、山羊蹄、酸母。

【形态特征】多年生草本，高可达100厘米，具深沟槽，通常不分枝。基生叶和茎下部叶箭形，顶端急尖或圆钝，基部裂片急尖，全缘或微波状；茎上部叶较小，具短叶柄或无柄；托叶鞘膜质，易破裂。花序狭圆锥状，顶生，分枝稀疏；花单性，雌雄异株；花梗中部具关节；雄花内花被片椭圆形，长约3毫米，外花被片较小，近圆形。瘦果椭圆形，黑褐色，有光泽。花期5—7月，果期6—8月。

【产地、生长环境与分布】产于湖北省十堰市茅箭区，生于山坡、林缘、沟边、路旁，海拔400～4100米。酸模适应性很强，喜阳光，但又较耐阴，较耐寒，喜酸碱度适中的土壤。

【药用部位】根或全草。

【采集加工】夏、秋季节采挖，除去须根和泥沙，切片，晒干。

【性味】味酸，性寒；无毒。

【功能主治】凉血止血，泄热通便，利尿，杀虫；主治吐血，便血，月经过多，热痢，目赤肿痛，便秘，小便不通，淋浊，恶疮，疥癣，湿疹。

【成分】酸模含有丰富的维生素A、维生素C及草酸。

【用法用量】内服：煎汤，9～15克；或捣汁。外用：适量，捣敷。

24. 酸模叶蓼 *Polygonum lapathifolium* L.

【别名】酸嚼子、大马蓼。

【形态特征】高可达90厘米。茎直立，无毛，节部膨大。叶片披针形或宽披针形，顶端渐尖或急尖，基部楔形，上面绿色；叶柄短；托叶鞘筒状，膜质，淡褐色，无毛。总状花序呈穗状，顶生或腋生；花紧密，花序梗被腺体；苞片漏斗状；花被淡红色或白色，花被片椭圆形。瘦果宽卵形，黑褐色，有光泽，花期6—8月，果期7—9月。

【产地、生长环境与分布】产于湖北省十堰市茅箭区，生于田边、路旁、水边、荒地或沟边湿地，海拔30～3900米。

【药用部位】全草。

【采集加工】夏、秋季采收全草，晒干。

【性味】味酸、苦，性温。

【功能主治】解毒，健脾，化湿，活血，截疟；主治疮疖痈肿，暑湿腹泻，肠炎痢疾，小儿疳积，跌打损伤，疟疾。

【成分】本品含 3，4，5，6- 四氢邻苯二甲酸酐、3- 己烯 -1- 醇等。

【用法用量】内服：煎汤，15 ～ 20 克。外用：适量，捣敷。

25. 稀花蓼 *Polygonum dissitiflorum* Hemsl.

【别名】白回归、连牙刺。

【形态特征】一年生草本，高达 1 米。茎直立或基部平卧，有分枝，下部无毛，上部具小刺。托叶鞘褐色，膜质，先端稍有缘毛或无；叶柄长约 2 厘米，有细刺毛；叶片卵状椭圆形，长 5 ～ 14 厘米，宽 3 ～ 8 厘米，基部心形或戟形，先端渐尖，两面疏被毛，背沿脉稍有刺毛。花期 6—8 月，果期 7—9 月。

【产地、生长环境与分布】产于湖北省十堰市茅箭区，生于河边及林下阴湿地。

【药用部位】全草。

【采集加工】花期采收全草，鲜用或晾干。

【性味】味酸、苦，性凉。

【功能主治】清热解毒，利湿；主治急慢性肝炎，小便淋痛，毒蛇咬伤。

【成分】不详。

【用法用量】内服：煎汤，30 ～ 60 克。外用：适量，捣敷。

十、商陆科

26. 垂序商陆 *Phytolacca americana* L.

【别名】夜呼、马尾。

【形态特征】多年生草本，高 1～2 米。根肥大，倒圆锥形。茎直立或披散，圆柱形，有时带紫红色。叶大，长椭圆形或卵状椭圆形，质柔嫩，长 15～30 厘米，宽 3～10 厘米。总状花序直立，顶生或侧生，长约 15 厘米；先端急尖。总状花序顶生或侧生；花序梗长 4～12 厘米；花白色，微带红晕；雄蕊、心皮及花柱均为（8～）10（～12），心皮合生。果序下垂，轴不增粗；浆果扁球形，熟时紫黑色；种子平滑。

【产地、生长环境与分布】产于湖北省十堰市茅箭区，生于田间、山坡、荒地的干燥向阳处。

【药用部位】干燥根。

【采集加工】秋季至次春采挖，除去须根和泥沙，切成块或片，晒干或阴干。

【性味】味苦，性寒；有毒。归脾、肺、肾、大肠经。

【功能主治】逐水消肿，通利二便，解毒散结；主治水肿胀满，二便不利，外用治疮痈肿毒。

【成分】本品含商陆碱、三萜皂苷、加利果酸、甾族化合物、生物碱和大量硝酸钾。

【用法用量】内服：煎汤，3～9 克。外用：适量，煎汤熏洗。

27. 商陆 *Phytolacca acinosa* Roxb.

【别名】当陆、章柳、白昌。

【形态特征】多年生草本，高 70～100 厘米，全株无毛，根粗壮，肉质，圆锥形，外皮淡黄色。茎直立，多分枝，绿色或紫红色，具纵沟。叶互生，椭圆形或卵状椭圆形，长 12～25 厘米，宽 5～10 厘米，先端急尖，基部楔形而下延，全缘，侧脉羽状，主脉粗壮；叶柄长 1.5～3 厘米，上面具槽，下面半圆形。总状花序顶生或侧生，长 10～15 厘米；花两性，直径约 8 毫米，具小梗，小梗基部有苞片 1 及小苞片 2；萼通常 5 片，偶为 4 片，卵形或长方状椭圆形，初白色，后变淡红色；无花瓣；雄蕊 8，花药淡粉红色；心皮 8～10，离生。浆果扁球形，直径约 7 毫米，通常由 8 个分果组成，熟时紫黑色。种子肾圆形，扁平，黑色。花期6—8月，果期8—10月。

【产地、生长环境与分布】产于湖北省十堰市茅箭区，生于路旁和房前屋后。喜温暖湿润的气候条件。

【药用部位】干燥根。

【采集加工】秋季至次春采挖，切成块或片，晒干或阴干，生用或醋制用。

【性味】味苦，性寒；有毒。归肺、脾、肾、大肠经。

【功能主治】利湿退黄，利尿通淋，解毒消肿；主治水肿胀满，二便不通，外用治疮痈肿毒。

【成分】本品含商陆碱、三萜皂苷、加利果酸、甾族化合物、生物碱和大量硝酸钾。

【用法用量】内服：煎汤，5～10克；鲜品加倍。外用：适量，捣敷。

十一、紫茉莉科

28. 紫茉莉 *Mirabilis jalapa* L.

【别名】午时花、胭脂花。

【形态特征】一年生草本，高可达1米。根粗肥，倒圆锥形，黑色或黑褐色。茎直立，圆柱形，多分枝，无毛或疏生细柔毛，节稍膨大。叶片卵形或卵状三角形，全缘，两面均无毛，脉隆起。花常数朵簇生于枝端；总苞钟形，长约1厘米，5裂，裂片三角状卵形；花被紫红色、黄色、白色或杂色，高脚碟状，筒部长2～6厘米，檐部直径2.5～3厘米，5浅裂；花午后开放，有香气，次日午前凋萎。瘦果球形，直径5～8毫米，革质，黑色，表面具皱纹；种子胚乳白粉质。花期6—10月，果期8—

11 月。

【产地、生长环境与分布】产于湖北省十堰市茅箭区，性喜温和而湿润的气候条件，不耐寒，冬季地上部分枯死，翌年春季陆续长出新的植株。在略有荫蔽处生长更佳。

【药用部位】根、花。

【采集加工】冬季叶枯萎时采收，洗净，除去泥沙，切片，晒干。

【性味】味甘、辛，性温。

【功能主治】根：利尿，泄热，活血散瘀。花：主治疥癣，创伤。

【成分】不详。

【用法用量】内服：煮散剂，3～5克；或入丸、散。外用：根、全草适量，鲜品捣烂外敷；或煎水洗。

十二、马齿苋科

29. 马齿苋 *Portulaca oleracea* L.

【别名】马苋、五行草。

【形态特征】一年生草本，全株无毛。茎平卧，伏地铺散，枝淡绿色或带暗红色。叶互生，叶片扁平，肥厚，似马齿状，上面暗绿色，下面淡绿色或带暗红色；叶柄粗短。花无梗，午时盛开；苞片叶状；萼片绿色，盔形；花瓣黄色，倒卵形；雄蕊花药黄色；子房无毛。蒴果卵球形；种子细小，偏斜球形，黑褐色，有光泽。花期 5—8 月，果期 6—9 月。

【产地、生长环境与分布】产于湖北省十堰市茅箭区。性喜肥沃土壤，亦耐旱耐涝，生于菜园、农田、路旁，为田间常见杂草。

【药用部位】全草。

【采集加工】8—9 月割取全草，洗净泥土，拣去杂质，再用开水稍烫（煮），或待产生蒸汽后，取出晒干或炕干，亦可鲜用。

【性味】味酸，性寒。归肝、大肠经。

【功能主治】清热解毒，凉血止痢，除湿通淋；主治热毒泻痢，热淋，尿闭，赤白带下，崩漏，痔血，疮疡痈疖，丹毒，瘰疬，疥癣。

【成分】本品含有丰富的苹果酸、葡萄糖、钙、磷、铁以及维生素 E、胡萝卜素、B 族维生素、维生素 C 等营养物质。马齿苋在营养上有一个突出的特点，即 ω-3 脂肪酸含量较高，能抑制人体对胆固醇的吸收，降低血液胆固醇浓度，改善血管壁弹性，对防治心血管疾病很有利。

【用法用量】内服：煎汤，9 ～ 15 克（鲜品 30 ～ 60 克）。外用：适量，捣敷。

十三、落葵科

30. 落葵 *Basella rubra* L.

【别名】木耳菜、胭脂菜、胭脂豆。

【形态特征】一年生缠绕草本。全株肉质，光滑无毛。茎长达 3 ～ 4 米，分枝明显，绿色或淡紫色。单叶互生；叶柄长 1 ～ 3 厘米；叶片宽卵形、心形至长椭圆形，长 2 ～ 19 厘米，宽 2 ～ 16 厘米，先端急尖，基部心形或圆形，间或下延，全缘，叶脉在下面微凹，上面稍凸。穗状花序腋生或顶生，长 2 ～ 23 厘米，单一或有分枝；小苞片 2，呈萼状，长圆形，长约 5 毫米，宿存；花无梗，萼片 5，淡紫色或淡红色，下部白色，连合成管；无花瓣；雄蕊 5，生于萼管口，和萼片对生，花丝在蕾中直立；花柱 3，基部合生，柱头具多数小颗粒突起。果实卵形或球形，长 5 ～ 6 毫米，暗紫色，多汁液，为宿存肉质小苞片和萼片所包裹。种子近球形。花期 6—9 月，果期 7—10 月。

【产地、生长环境与分布】产于湖北省十堰市茅箭区，喜温暖湿润和半阴环境，不耐寒，怕霜冻，耐高温多湿，宜在肥沃疏松和排水良好的沙壤土中生长。

【药用部位】叶或全草。

【采集加工】夏、秋季采收叶或全草，洗净，除去杂质，鲜用或晒干。

【性味】味甘、酸，性寒。

【功能主治】滑肠通便，清热利湿，凉血解毒，活血；主治大便秘结，小便短涩，痢疾，热毒疮疡，跌打损伤。

【成分】叶含多糖、胡萝卜素、有机酸、维生素 C、氨基酸、蛋白质等。

【用法用量】内服：煎汤，10 ～ 15 克（鲜品 30 ～ 60 克）。外用：适量，鲜品捣敷；或捣汁涂。

十四、石竹科

31. 箐姑草 *Stellaria vestita* Kurz.

【别名】石生繁缕、抽筋菜、抽筋草。

【形态特征】多年生草本，高 30 ～ 60（90）厘米，全株被毛。茎疏丛生，铺散或俯仰，上部密被毛，下部分枝。叶片卵形或椭圆形，长 1 ～ 3.5 厘米，宽 8 ～ 20 毫米，顶端急尖，稀渐尖，基部圆形，稀急狭成短柄状，全缘，两面均被毛，下面中脉明显。聚伞花序疏散，具长花序梗，密被毛；苞片草质，卵状披针形，边缘膜质；花梗细，长短不等，长 10 ～ 30 毫米，密被毛；萼片 5，披针形，长 4 ～ 6 毫米，顶端急尖，边缘膜质，外面被柔毛，显灰绿色，具 3 脉；花瓣 5，2 深裂近基部，短于萼片或近等长；裂片线形；雄蕊 10，与花瓣短或近等长；花柱 3，稀为 4。蒴果卵圆形，长 4 ～ 5 毫米，6 齿裂；种子多数，肾形，细扁，长约 1.5 毫米，脊具疣状突起。花期 4—6 月，果期 6—8 月。

【产地、生长环境与分布】产于湖北省十堰市茅箭区。生于海拔 600 ～ 3600 米的地区，常生于草坡、石隙中、石滩或林下，尚未人工引种栽培。

【药用部位】全草。

【采集加工】夏、秋季采收，除去杂质，晒干。

【性味】味辛，性平。归肝、大肠经。

【功能主治】清热解毒，凉血止血，利湿退黄；主治痢疾，泄泻，咯血，尿血，便血，崩漏，疮痈肿毒，湿热黄疸。

【成分】本品富含槲皮素（不少于0.10%）。

【用法用量】内服：煎汤，9～20克。

32. 剪秋罗 *Lychnis fulgens* Fisch.

【别名】大花剪秋罗。

【形态特征】多年生草本，高50～80厘米，根簇生，纺锤形，稍肉质。茎直立；叶片卵状长圆形或卵状披针形；二歧聚伞花序具数花，稀多数花，紧缩呈伞房状；花瓣深红色，爪不露出花萼，狭披针形，具缘毛，瓣片轮廓倒卵形；副花冠片长椭圆形，暗红色，呈流苏状。蒴果长椭圆状卵形；种子肾形。花期6—7月，果期8—9月。

【产地、生长环境与分布】产于湖北省十堰市茅箭区，生于低山疏林下、灌丛草甸阴湿地。剪秋罗喜阳，凉爽，高燥，耐旱，对土壤要求不高。

【药用部位】全草。

【采集加工】夏、秋季采收，除去杂质，晒干。

【性味】味甘，性寒。

【功能主治】清热，利尿，健脾，安神；主治小便不利，小儿疳积，盗汗，头痛，失眠。

【成分】本品含黄酮类成分，如荭草素、异荭草素、牡荆素、异牡荆素等。丝瓣剪秋罗全草含荭草素、异荭草素、牡荆素、异牡荆素，以及这些化合物的糖苷衍生物和它们的异构体。

【用法用量】内服：煎汤，根3～5钱或全草0.5～1两。外用：适量，根研末敷患处。

33. 麦蓝菜 *Vaccaria segetalis*（Neck.）Garcke

【别名】麦蓝子、王不留行。

【形态特征】一年生或二年生草本，高30～70厘米，全株无毛，微被白粉，呈灰绿色。根为主根系。茎单生，直立，上部分枝。叶片卵状披针形或披针形，长3～9厘米，宽1.5～4厘米，基部圆形或近心形，微抱茎，顶端急尖，具3基出脉。伞房花序稀疏；花梗细，长1～4厘米；苞片披针形，着生于花梗中上部；花萼卵状圆锥形，长10～15毫米，宽5～9毫米，后期微膨大成球形，棱绿色，棱间绿白色，近膜质，萼齿小，三角形，顶端急尖，边缘膜质；雌雄蕊柄极短；花瓣淡红色，长 14～17 毫米，宽 2～3 毫米，爪狭楔形，淡绿色，瓣片狭倒卵形，斜展或平展，微凹缺，有时具不明显的缺刻；雄蕊内藏；花柱线形，微外露。蒴果宽卵形或近圆球形，长 8～10 毫米；种子近圆球形，直径约 2 毫米，红褐色至黑色。花期 5—7 月，果期 6—8 月。

【产地、生长环境与分布】产于湖北省十堰市茅箭区，生于耕地、路边、草丛或荒地、山坡，海拔 500～3040 米。

【药用部位】种子。

【采集加工】夏季果实成熟、果皮尚未开裂时采割植株，晒干，打下种子，除去杂质。

【性味】味苦，性平。归肝、胃经。

【功能主治】活血通经，下乳消肿，利尿通淋；主治闭经，乳汁不通，痛经，乳痈肿痛，淋证涩痛。

【成分】本品富含王不留行黄酮苷（不少于 0.15%）。

【用法用量】内服：煎汤，5～10 克。

34. 瞿麦 *Dianthus superbus* L.

【别名】大菊、山瞿麦。

【形态特征】一年生草本，高 15～50 厘米。茎匍匐或斜上升，基部分枝甚多，具明显的节及纵沟纹；幼枝上微有棱角。叶互生；叶柄短，长 2～3 毫米，亦有近无柄者；叶片披针形至椭圆形，长 5～16 毫米，宽 1.5～5 毫米，先端钝或尖，基部楔形，全缘，绿色，两面无毛；托鞘膜质，抱茎，下部绿色，上部透明无色，具明显脉纹，其上多数平行脉常伸出成丝状裂片。花 6～10 朵簇生于叶腋；花梗短；苞片及小苞片均为白色透明膜质；花被绿色，5 深裂，具白色边缘，结果后，边缘变为粉红色；雄蕊通常 8 枚，花丝短；子房长方形，花柱短，柱头 3 枚。

瘦果包围于宿存花被内，仅顶端小部分外露，卵形，具 3 棱，长 2～3 毫米，黑褐色，具细纹及小点。花期 6—8 月，果期 9—10 月。

【产地、生长环境与分布】产于湖北省十堰市茅箭区，生于山坡、草地、路旁或林下。

【药用部位】干燥的地上部分。

【采集加工】夏、秋季花果期采割，除去杂质，晒干，切段生用。

【性味】味苦，性寒。归心、小肠经。

【功能主治】利小便，清湿热，活血通经；主治小便不通，热淋，血淋，石淋，闭经，目赤肿痛，疮痈肿毒，湿疮瘙痒。

【成分】本品含花色苷、水杨酸甲酯、丁香油酚、维生素 A 类物质、皂苷、糖类。

【用法用量】内服：煎汤，3 ～ 10 克；或入丸、散。外用：适量，煎水洗；或研末撒。下焦虚寒、小便不利以及妊娠者禁服。

35. 鹤草 *Silene fortunei* Vis.

【别名】蝇子草、蚊子草。

【形态特征】多年生草本，高可达 100 厘米。根粗壮，木质化。茎直立丛生，多分枝，基生叶叶片倒披针形或披针形，边缘具缘毛，中脉明显。聚伞状圆锥花序，小聚伞花序对生，具 1 ～ 3 花，有黏质，花梗细；苞片线形；花萼长筒状，萼齿三角状卵形；花瓣淡红色，爪微露出花萼，倒披针形，裂片呈撕裂状条裂；副花冠片小，舌状；雄蕊微外露，花丝无毛；花柱微外露。蒴果长圆形，种子圆肾形，微侧扁，深褐色。花期 6—8 月，果期 7—9 月。

【产地、生长环境与分布】产于湖北省十堰市茅箭区，生于低山草坡或灌丛草地，抗旱，耐寒也耐热。

【药用部位】全草。

【采集加工】夏、秋季采收，除去杂质，晒干。

【性味】味苦、微辛，性凉。归肝、大肠经。

【功能主治】祛风通络，活血，清热利湿；主治风湿痹痛，肌肤麻木，筋骨酸楚，跌打损伤，泄泻，痢疾，疮毒。

【成分】全草含鞣质、没食子酸、琥珀酸、槲皮素及其苷类等。

【用法用量】内服：煎汤，9 ～ 15 克；或浸酒；或熬膏。外用：适量，捣烂加酒炒热外敷；或制成软膏涂敷。

十五、藜科

36. 地肤 *Chenopodium scoparium* L.

【别名】地葵、地麦。

【形态特征】一年生草本。茎直立，多分枝，秋天常变为红紫色，幼时具白色柔毛。叶互生，稠密；叶片狭长圆形或长圆状披针形，先端渐尖，基部楔形，全缘，无毛或具短柔毛；幼叶边缘有白色长柔毛。花小，杂性，黄绿色，无梗，1朵或数朵生于叶腋；花被基部连合，先端5裂，裂片三角形，向内弯曲，包被子房，中肋突起，在花被背部弯曲处一有绿色突起，果时发达为横生的翅；雄蕊5，与花被裂片对生，伸出花外；花柱短，柱头2，线形。胞果扁球形，基部有5枚带翅的宿存花被，种子1，棕色。花期7—9月，果期9—10月。

【产地、生长环境与分布】产于湖北省十堰市茅箭区，生于山野荒地、田野、路旁或栽培于庭园。

【药用部位】果实、嫩茎叶。

【采集加工】8—10月割取全草，晒干，打下果实，备用。

【性味】味苦，性寒。

【功能主治】清热利湿，祛风止痒；主治小便涩痛，阴痒带下，风疹，湿疹，皮肤瘙痒。

【成分】果实主要含三萜及其苷类，如齐墩果酸，以及饱和脂肪酸、甾体成分等。

【用法用量】内服：煎汤，6～15克；或入丸、散。外用：适量，煎水洗。

37. 菊叶香藜 *Dysphania schraderiana*

【形态特征】一年生草本，高20～60厘米，芳香，疏生腺毛。茎直立，有纵条纹；分枝斜升。叶有叶柄；叶片矩圆形，长2～6厘米，宽1.5～3.5厘米，羽状浅裂至深裂，上面深绿色，几乎无毛，下面浅绿色，生有节的短柔毛和棕黄色的腺点。花两性，单生于两歧分枝杈处和枝端，形成二歧聚伞花序，多数二歧聚伞花序再集成塔形圆锥状花序；花被片5，背面有刺突状的隆脊和黄色腺点，果后花被开展；雄蕊5。胞果扁球形，果皮薄，与种皮紧贴；种子横生，直径0.5～0.8毫米；种皮硬壳质，红褐色至黑色，有网纹；胚半环形。

【产地、生长环境与分布】产于湖北省十堰市茅箭区，生于林缘草地、沟岸、河沿，有时也为农田杂草。

【药用部位】全草。

【采集加工】生长旺盛时采收全草，阴干。

【性味】味辛，性平。

【功能主治】主治痛经，闭经。

【成分】本品含草酸。

【用法用量】外用：适量，捣敷。

38. 藜 *Chenopodium album* L.

【别名】落藜、胭脂菜、灰蓼头草、灰藜、灰菜、灰条。

【形态特征】一年生草本，高 0.4 ～ 2 米。茎直立，具棱和绿色条纹。叶互生；下部叶片菱状卵形或卵状三角形，先端钝，边缘有牙齿状齿或作不规则浅裂，基部楔形；上部叶片披针形；下面常被白粉。花小型，两性，黄绿色，每 8 ～ 15 朵聚成一花簇，许多花簇集成大的圆锥花序；花被片 5，卵形，背部中央有绿色隆脊；雄蕊 5，伸出于花被外；柱头 2，不露出花被外。胞果稍扁，近圆形，包于花被内。花期 8—9 月，果期 9—10 月。

【产地、生长环境与分布】产于湖北省十堰市茅箭区，生于农田、菜园、村舍附近或轻度盐碱地上。

【药用部位】幼嫩全草。

【采集加工】春、夏季割取全草，除去杂质，鲜用或晒干备用。

【性味】味甘，性平；有小毒。

【功能主治】清热祛湿，解毒消肿，杀虫止痒。

【成分】全草含挥发油、齐墩果酸、β–谷甾醇。叶含草酸盐等。

【用法用量】内服：煎汤，15 ～ 30 克。外用：煎水漱口或熏洗；或捣敷。

十六、苋科

39. 土荆芥 *Dysphania ambrosioides*（L.）Mosyakin et Clemants

【别名】臭草、杀虫芥、鸭脚草。

【形态特征】一年生或多年生直立草本，高 50 ～ 80 厘米，有强烈气味。茎有棱，多分枝。单叶互生，具短柄；叶片长圆形至长圆状披针形，长 3 ～ 16 厘米，宽达 5 厘米，先端短尖或钝，下部的叶边缘有不规则钝齿或呈波浪形。上部的叶较小，为线状披针形，全缘，上面绿色，下面有腺点，揉之有一种特殊

的香气。穗状花序腋生。花小，绿色，两性或雌性，3～5
朵簇生于上部叶腋；花被5裂，果时常闭合；雄蕊5；花
柱不明显，柱头通常3，伸出花被外。胞果扁球形，完全
包于花被内。种子黑色或暗红色，平滑，有光泽。花期8—
9月，果期9—10月。

【产地、生长环境与分布】产于湖北省十堰市茅箭
区，生于旷野、路旁、河岸和溪边。

【药用部位】带果穗全草。

【采集加工】8—9月割取全草，摊放在通风处，或
捆扎悬挂阴干，避免日晒及雨淋。

【性味】味辛、苦，性微温；有大毒。

【功能主治】祛风除湿，杀虫止痒，活血消肿；主
治因风邪与湿邪入侵机体导致的感冒发烧，风湿性关节
炎，风湿骨痛，湿疹，钩虫病，头虱，皮肤瘙痒，蛔虫病，
蛲虫病，疥癣，月经不调，闭经，跌打损伤。

【成分】全草含挥发油成分，如松香芹酮、土荆芥酮。

【用法用量】内服：煎汤，3～9克（鲜品15～24克）；或入丸、散，或提取土荆芥油，成人常
用量0.8～1.2毫升，极量1.5毫升，儿童每岁0.05毫升。外用：煎水洗或捣敷。

40. 喜旱莲子草 *Alternanthera philoxeroides*（Mart.）Griseb.

【别名】空心莲子草。

【形态特征】多年生草本；茎基部匍匐，上部上升，管状，不明显4棱，长55～120厘米，具分枝，
幼茎及叶腋有白色或锈色柔毛，茎老时无毛，仅在两侧纵沟内保留。叶片矩圆形、矩圆状倒卵形或倒卵
状披针形，长2.5～5厘米，宽7～20毫米，顶端急尖或圆钝，具短尖，基部渐狭，全缘，两面无毛或
上面有贴生毛及缘毛，下面有颗粒状突起；叶柄长3～10毫米，无毛或微有柔毛。花密生，呈具总花梗
的头状花序，单生于叶腋，球形，直径8～15毫米；苞片及小苞片白色，顶端渐尖，具1脉；苞片卵形，
长2～2.5毫米，小苞片披针形，长2毫米；花被片矩圆形，长5～6毫米，白色，光亮，无毛，顶端急
尖，背部侧扁；雄蕊花丝长2.5～3毫米，基部连合成杯状；退化雄蕊矩圆状条形，约与雄蕊等长，顶端
裂成窄条；子房倒卵形，具短柄，背面侧扁，顶端圆形。花期5—10月，果实未见。

【产地、生长环境与分布】产于湖北省十堰市茅箭区，生于池沼、水沟旁，可作饲料。

【药用部位】全草。

【采集加工】春、夏、秋季均可采收，除去杂草，洗净，鲜用或晒干。

【性味】味苦、甘，性寒。

【功能主治】主治咯血，尿血，感冒发热，麻疹，乙型脑炎，淋浊，湿疹，疮痈肿毒，毒蛇咬伤。

【成分】不详。

【用法用量】内服：煎汤，30～60克，鲜品加倍或捣汁。外用：适量，捣敷；或捣汁涂。

41. 牛膝 *Achyranthes bidentata* Blume

【别名】怀牛膝、牛磕膝、山苋菜。

【形态特征】多年生草本，高 70 ～ 120 厘米。根圆柱形，直径 5 ～ 10 毫米，土黄色；茎有棱角或四方形，绿色或带紫色，有白色贴生或开展柔毛，或近无毛，分枝对生，节膨大。单叶对生；叶柄长 5 ～ 30 毫米；叶片膜质，椭圆形或椭圆状披针形，长 5 ～ 12 厘米，宽 2 ～ 6 厘米，先端渐尖，基部宽楔形，全缘，两面被柔毛。穗状花序顶生及腋生，长 3 ～ 5 厘米，花期后反折；总花梗长 1 ～ 2 厘米，有白色柔毛；花多数，密生，长 5 毫米；苞片宽卵形，长 2 ～ 3 毫米，先端长渐尖；小苞片刺状，长 2.5 ～ 3 毫米，先端弯曲，基部两侧各有 1 卵形膜质小裂片，长约 1 毫米；花被片披针形，长 3 ～ 5 毫米，光亮，先端急尖，有 1 中脉；雄蕊长 2 ～ 2.5 毫米；退化雄蕊先端平圆，稍有缺刻状细锯齿。胞果长圆形，长 2 ～ 2.5 毫米，黄褐色，光滑。种子长圆形，长 1 毫米，黄褐色。花期 7—9 月，果期 9—10 月。

【产地、生长环境与分布】产于湖北省十堰市茅箭区，生于屋旁、林缘、山坡草丛中。

【药用部位】干燥根。

【采集加工】11 月下旬至 12 月中旬，先割去地上茎叶，依次将根挖出，剪除芦头，去净泥土和杂质。按根的粗细不同，晒至六七成干后，集中室内加盖草席，堆闷 2 ～ 3 天，分级，扎把，晒干。

【性味】味苦、酸，性平。

【功能主治】补肝肾，强筋骨，活血通经，引血（火）下行，利尿通淋；主治闭经，痛经，腰膝酸痛，筋骨无力，淋证水肿，头痛眩晕，牙痛，口疮，吐血，鼻衄。

【成分】根含三萜皂苷、甾酮类、氨基酸等，还含具有抗生育作用的蛋白质。

【用法用量】内服：煎汤，5～15克；或浸酒；或入丸、散。外用：捣敷；或捣汁滴鼻；或研末撒入牙缝。

42. 鸡冠花 *Celosia cristata* L.

【别名】鸡髻花、老来红、芦花鸡冠、笔鸡冠。

【形态特征】一年生草本，高60～90厘米，全株无毛；茎直立，粗壮。叶卵形、卵状披针形或披针形，长5～13厘米，宽2～6厘米，顶端渐尖，基部渐狭，全缘。花序顶生，扁平鸡冠状，中部以下多花；苞片、小苞片和花被片紫色、黄色或淡红色，干膜质，宿存；雄蕊花丝下部合生成杯状。胞果卵形，长3毫米，盖裂，包裹在宿存花被内。

【产地、生长环境与分布】产于湖北省十堰市茅箭区，对土壤要求不高，生于山地或平地。

【药用部位】花、种子、茎苗。

【采集加工】当年8～9月采收。将花序连一部分茎秆割下，捆成小把晒或晾干后，剪去茎秆即可。

【性味】味甘、涩，性凉。

【功能主治】凉血止血，止带，止泻；主治吐血，崩漏，便血，痔血，赤白带下，久痢不止。

【成分】花含山奈苷、苋菜红苷、松醇及多量硝酸钾。黄色花序中含微量苋菜红苷，红色花序中主要含苋菜红苷。

【用法用量】内服：煎汤，9～15克；或入丸、散。外用：煎汤熏洗；或研末调敷。

43. 凹头苋 *Amaranthus lividus* L.

【别名】野苋、人情菜。

【形态特征】一年生草本，高10～30厘米，全株无毛；茎伏卧而上升，从基部分枝。叶卵形或菱状卵形，长1.5～4.5厘米，宽1～3厘米，顶端钝圆而有凹缺，基部宽楔形；叶柄长1～3.5厘米。花单性或杂性，花簇腋生于枝端，集成穗状花序或圆锥花序；苞片和小苞片干膜质，矩圆形；花被片3，膜质，矩圆形或披针形；雄蕊3。胞果卵形，略扁，长3毫米，不开裂，略皱缩，近平滑，超出宿存花被片。种子环形，直径约12毫米，黑色至黑褐色，边缘具环状边。花期7—8月，果期8—9月。

【产地、生长环境与分布】产于湖北省十堰市茅箭区，多生于田野、路旁、村庄的杂草丛中。

【药用部位】全草和种子。

【采集加工】10月上旬采收成熟种子，晒干备用。全草以新鲜为佳，随采随用。

【性味】味甘、淡，性凉。

【功能主治】清热利湿；主治肠炎，痢疾，咽炎，乳腺炎，痔疮肿痛、出血，毒蛇咬伤。种子有明目、利大小便的作用。鲜根有清热解毒的作用。

【成分】不详。

【用法用量】内服：煎汤，12～18克。外用：鲜草适量，捣烂敷患处。

十七、仙人掌科

44. 仙人掌 *Opuntia stricta*（Haw.）Haw. var. *dillenii*（Ker-Gawl.）Benson

【别名】仙巴掌、霸王树。

【形态特征】多年生肉质植物，常丛生，灌木状，高0.5～3米。茎下部稍木质，近圆柱形，上部有分枝，具节；茎节扁平，倒卵形至长圆形，长7～40厘米，幼时鲜绿色，老时变蓝绿色，有时被白粉，其上散生小窠，每窠上簇生数条针刺和多数倒生短刺毛；针刺黄色，杂以黄褐色斑纹。叶退化成钻状，早落。花单生或数朵聚生于茎节顶部边缘，鲜黄色，直径2～9厘米；花被片多数，外部的带绿色，向内渐变为花瓣状，广倒卵形；雄蕊多数，排成数轮，花丝浅黄色，花药2室；子房下位，1室，花柱粗壮，柱头6～8裂，白色。浆果多汁，倒卵形或梨形，紫红色，长5～7厘米。种子多数。花期5—6月。

【产地、生长环境与分布】产于湖北省十堰市茅箭区，生于向阳干燥的山坡、石上、路旁或村庄。

【药用部位】根及茎。

【采集加工】栽培1年后，即可随用随采。

【性味】味苦，性寒。

【功能主治】行气活血，清热解毒，消肿止痛，健脾止泻，安神利尿；主治疮疖痈肿，胃痛，痞块腹痛，急性痢疾，肠痔泻血，哮喘。

【成分】绿仙人掌生药浆含果胶和胶渗出物。

【用法用量】内服：煎汤，10 ～ 30 克；或焙干研末，3 ～ 6 克；或捣汁。外用：适量，鲜品捣敷。

十八、木兰科

45. 红茴香 *Illicium henryi* Diels.

【别名】山木蟹、木蟹。

【形态特征】常绿灌木或小乔木，高 3 ～ 7 米。树皮灰白色，幼枝褐色。单叶互生；叶柄长 1 ～ 2 厘米，近轴面有纵沟，上部有不明显的窄翅；叶片革质，长披针形、倒披针形或倒卵状椭圆形，长 10 ～ 16 厘米，宽 2 ～ 4 厘米，先端长渐尖，基部楔形，全缘，边缘稍反卷；上表面深绿色，有光泽及透明油点，下表面淡绿色。花红色，腋生或近顶生，单生或 2 ～ 3 朵集生；花梗长 1 ～ 5 厘米；花被片 10 ～ 14，最大一片椭圆形或宽椭圆形，长 7 ～ 10 毫米，宽 5 ～ 8 毫米；雄蕊 11 ～ 14，排成 1 轮；心皮 7 ～ 8，花柱钻形，长 2.3 ～ 3.3 毫米。聚合果直径 1.5 ～ 3 厘米，蓇葖果 7 ～ 8，单一蓇葖果先端长尖，略弯曲，呈鸟喙状。种子扁卵形，棕黄色，平滑有光泽。花期 4—5 月，果期 9—10 月。

【产地、生长环境与分布】产于湖北省十堰市茅箭区，生于海拔 300 ～ 2500 米的山地密林、疏林或山谷、溪边灌丛中。

【药用部位】根及根皮。

【采集加工】全年均可采挖，洗净，晒干；或切成小段，晒至半干，除去木质部，取根皮用，晒干。

【性味】味辛，性温；有大毒。

【功能主治】活血止痛，祛风除湿；主治风湿性关节炎，类风湿性关节炎，痛风，疮痈肿毒，跌打损伤，蚊虫叮咬，腰伤，腰部疼痛，瘀血肿痛，外伤感染。红茴香带有一定的毒性，不可过量服用，否则会引发明显的中毒反应，出现恶心、呕吐以及呼吸困难等多种症状。

【成分】根皮中含有花旗松素，果实中含日本莽草素、伪日本莽草素、6- 去氧伪日本莽草素，挥发油占 0.24%。叶含挥发油 0.126%。

【用法用量】外用：适量，研末，酒调敷；或浸酒搽。

46. 武当木兰 *Magnolia sprengeri* Pampan.

【形态特征】落叶乔木，高可达 21 米，树皮淡灰褐色或黑褐色，老干皮具纵裂沟成小块片状脱落。小枝淡黄褐色，后变灰色，无毛。叶倒卵形，长 10 ～ 18 厘米，宽 4.5 ～ 10 厘米，先端急尖或急短渐尖，基部楔形，上面仅沿中脉及侧脉疏被平伏柔毛，下面初被平伏细柔毛，叶柄长 1 ～ 3 厘米；托叶痕细小。

花蕾直立，被淡灰黄色绢毛，花先于叶开放，杯状，有芳香，花被片 12（14），近相似，外面玫瑰红色，有深紫色纵纹，倒卵状匙形或匙形，长 5 ～ 13 厘米，宽 2.5 ～ 3.5 厘米，雄蕊长 10 ～ 15 毫米，花药长约 5 毫米，稍分离，药隔伸出成尖头，花丝紫红色，宽扁；雌蕊群圆柱形，长 2 ～ 3 厘米，淡绿色，花柱玫瑰红色。聚合果圆柱形，长 6 ～ 18 厘米；蓇葖扁圆，成熟时褐色。花期 3—4 月，果期 8—9 月。

【产地、生长环境与分布】产于湖北省十堰市茅箭区，生于海拔 1300 ～ 2400 米的山林间或灌丛中。

【药用部位】干燥花蕾及树皮。

【采集加工】1—3 月齐花梗处剪下未开放的花蕾，白天置阳光下暴晒，晚上堆成垛发汗，使里外干湿一致。晒至五成干时，堆放 1 ～ 2 天，再晒至全干。如遇雨天，可烘干。

【性味】味辛，性温。

【功能主治】散风寒，通鼻窍；主治风寒头痛，鼻塞，鼻渊，浊涕。

【成分】花蕾含挥发油，油中主要成分为 1, 8- 桉油精等。树皮含生物碱，如柳叶木兰碱、木兰箭毒碱、武当木兰碱等。

【用法用量】内服：煎汤，3 ～ 10 克，宜包煎；或入丸、散。外用：适量，研末搐鼻；或以其蒸馏水滴鼻。

47. 五味子 *Schisandra chinensis*（Turcz.）Baill.

【形态特征】落叶木质藤本，习称"北五味子"。幼枝红褐色，老枝灰褐色，稍有棱角。叶柄长2～4.5厘米；叶互生，膜质；叶片倒卵形或卵状椭圆形，长5～10厘米，宽3～5厘米，先端急尖或渐尖，基部楔形，边缘有腺状细齿，上面光滑无毛，下面叶脉上幼时有短柔毛。花多为单性，雌雄异株，稀同株，花单生或丛生于叶腋，乳白色或粉红色，花被6～7；雄蕊通常5，花药聚生于圆柱状花托的顶端，药室外侧向开裂；雌蕊群椭圆形，离生心皮17～40，花后花托渐伸长为穗状，长3～10厘米。小浆果球形，成熟时红色。种子1～2，肾形，淡褐色，有光泽。花期5—6月，果期8—9月。

【产地、生长环境与分布】产于湖北省十堰市茅箭区，生于海拔1500米以下的向阳山坡杂林中、林缘及溪旁。

【药用部位】干燥成熟果实。

【采集加工】栽后4～5年结果，8月下旬至10月上旬，果实呈紫红色时，随熟随收，晒干或阴干。遇雨天可用微火炕干。

【性味】味酸，性温。

【功能主治】收敛固涩，益气生津，宁心安神；主治久咳虚喘，梦遗滑精，遗尿尿频，久泻不止，自汗盗汗，津伤口渴，内热消渴，心悸失眠。

【成分】五味子果实多含木脂素，种仁含五味子素A～C、五味子醇A、五味子醇B。

【用法用量】内服：煎汤，3～6克；研末，每次1～3克；或煎膏；或入丸、散。外用：适量，研末调敷；或煎水洗。

十九、樟科

48. 山胡椒 *Lindera glauca*（Sieb. et Zucc.）Bl.

【别名】木姜子、山苍子。

【形态特征】落叶灌木或小乔木，高达8米。根粗壮坚硬，外皮灰白色或暗褐色，断面肉质，晒干后有鱼腥气。树皮光滑，灰色或灰白色；冬芽（混合芽）外部鳞片红色；嫩枝初被褐色短毛，后渐脱落。叶互生或近对生；叶柄长约 2 毫米，有细毛；叶片宽椭圆形至狭倒卵形，长 4 ～ 9 厘米，宽 2 ～ 4 厘米，先端短尖，基部阔楔形，全缘，上面暗绿色，仅脉间有细毛，下面粉绿色，密被灰色柔毛，叶脉羽状；每侧 5 ～ 6 条。花单性，雌雄异株；伞形花序，3 ～ 8 朵小花簇生于去年生枝的叶腋。花被 6 片，黄色，雄花有雄蕊 9，排成 3 轮，花药 2 室，内向瓣裂，雌花退化，雄蕊细小，子房椭圆形，柱头盘状。核果球形，直径约 7 毫米，有香气。花期 3—4 月，果期 7—9 月。

【产地、生长环境与分布】产于湖北省十堰市茅箭区，生于山地、丘陵的灌丛中等。

【药用部位】根、枝、叶、果。

【采集加工】9—11 月果熟时采收，晒干。

【性味】味辛，性温。

【功能主治】叶：温中散寒，破气化滞，祛风消肿。根：主治劳伤脱力，水湿浮肿，四肢酸麻，风湿性关节炎，跌打损伤。果：主治胃痛。

【成分】果实含挥发油，主要成分为罗勒烯（约占 77.99%），此外还含 α - 蒎烯、β - 蒎烯、莰烯等成分。种子中含脂肪酸。

【用法用量】内服：煎汤，3 ～ 15 克。

二十、毛茛科

49. 白头翁 *Pulsatilla chinensis*（Bunge）Regel

【别名】奈何草、粉乳草。

【形态特征】多年生草本，高 15 ～ 35 厘米。根状茎粗，直径 8 ～ 15 毫米。基生叶 4 ～ 5，开花时长出地面，叶 3 全裂；叶柄长 7 ～ 15 厘米，密被长柔毛；叶片轮廓宽卵形，长 4.5 ～ 14 厘米，宽 6.5 ～ 16 厘米，上面疏被毛，后期脱落无毛，下面密被长柔毛，3 全裂，中央全裂片有柄或近无柄，3 深裂，中央深裂片楔状卵形，或狭楔形，全缘或有齿，侧深裂片不等 2 浅裂；侧全裂片无柄或近无柄，不等 3 深裂。花葶 1 ～ 2，花后生长，高 15 ～ 35 厘米，苞片 3，基部合生，筒长 3 ～ 10 毫米。裂片条形，外面密被长柔毛，内面无毛；花两性，单朵，直立，花梗长 2.5 ～ 5.5 厘米；萼片 6，排成 2 轮，狭卵形或长圆状卵形，长 2.8 ～ 4.4 厘米，宽 9 ～ 20 毫米，蓝紫色，外面密被柔毛；花瓣无；雄蕊多数，长约为萼片之半；心皮多数，被毛。瘦果长 3 ～ 4 毫米，被长柔毛，顶部有羽毛状宿存花柱，长 3.5 ～ 6.5 厘米。花期 4—5 月，果期 6—7 月。

【产地、生长环境与分布】产于湖北省十堰市茅箭区，生于平地或低山山坡草地、林缘或干旱多石的坡地，海拔 200 ～ 1900 米的山地也可见。

【药用部位】根。

【采集加工】种植第 3、第 4 年的 3—4 月或 9—10 月采根，一般早春 3—5 月采挖的品质较好。采挖出的根，剪去地上部分，保留根头部白色茸毛，洗去泥土，晒干。

【性味】味苦，性寒。归胃、大肠经。

【功能主治】清热解毒，凉血止痢，燥湿杀虫；主治热毒血痢，阴痒带下。

【成分】白头翁根含白头翁皂苷 A ～ D、3-O-α-L 吡喃鼠李糖基 –（1→2）-α-L- 吡喃阿拉伯糖基 –3β 等成分。

【用法用量】内服：煎汤，15 ～ 30 克；或入丸、散。外用：适量，煎水洗；或捣敷；或研末敷。

50. 康定翠雀花 *Delphinium tatsienense* Franch.

【形态特征】多年生草本。茎高 30 ～ 80 厘米，密被反曲贴伏的短柔毛，上部分枝。基生叶在开花时常枯萎，茎下部叶有长柄；叶柄长 5.5 ～ 17 厘米，密被反曲贴伏的短柔毛；叶片五角形或近圆形，长 3.2 ～ 6.2 厘米，宽 4.5 ～ 8.5 厘米，3 全裂，中央全裂片菱形，二至三回近羽状细裂，小裂片披针状三角形或披针状线形，宽 1.5 ～ 4 毫米，侧全裂片斜扇形，2 深裂至近基部，上面被短伏毛，下面被长柔毛。总状花序有花

3～12朵，呈伞房状排列；苞片线形；花梗长3～7.5厘米，密被反曲短柔毛，常混生腺毛；小苞片生于花梗近中部，长3～3.5毫米；花两性，两侧对称；萼片5，椭圆状倒卵形或宽椭圆形，长1～1.2厘米，深蓝紫色，外面有短柔毛，内面无毛，距长2～2.5厘米；花瓣2，蓝色，无毛，先端圆形；退化雄蕊2，蓝色，瓣片宽倒卵形，先端不裂或微凹，腹面有黄色髯毛；雄蕊多数，被短毛或无毛；心皮3，密被短柔毛。蓇葖果长约1.2厘米。种子倒卵状四面体形，长约1.5毫米，沿棱有狭翅。花期7—9月，果期8—10月。

【产地、生长环境与分布】产于湖北省十堰市茅箭区，生于海拔1100～1600米的山地草坡。

【药用部位】根。

【采集加工】全年均可采挖，除去茎叶、须根，洗净，晒干。

【性味】味辛、微苦，性热；有毒。

【功能主治】温中止痛；主治腹中冷痛，劳伤筋骨疼痛。

【成分】康定翠雀花根含康定翠雀碱、飞燕草碱等成分。

【用法用量】内服：研末，0.3～0.6克，开水送服。根泡酒后服用可治风毒。

51. 卵瓣还亮草 *Delphinium anthriscifolium* var. *calleryi*（Franch.）Finet et Gagnep.

【形态特征】一年生草本，高30～70厘米，遍体有白色毛。叶片菱状卵形或三角状卵形，长5～11厘米，宽4.5～8厘米，二至三回羽状全裂，一回裂片斜卵形，二回裂片羽状浅裂，或不分裂而呈狭卵形、披针形，宽2～4毫米。总状花序具2～15花，花序轴和花梗有微柔毛；花淡青紫色，直径1厘米；萼片5，堇色，狭长椭圆形，长约5毫米，后方1萼片，伸出1长距，长超过萼片；花瓣2对，上方1对斜楔形，中央有浅凹口，下部成距，插入萼的距内，下方1对卵圆形，深2裂，基部成爪；雄蕊多数；心皮3。蓇葖果，长1～1.6厘米，有种子4颗。花期3—5月。

【产地、生长环境与分布】产于湖北省十堰市茅箭区，生于海拔30～1300米间丘陵、山地的林边、灌丛或草坡较阴湿处。

【药用部位】全草。

【采集加工】7—9月采收，切段，鲜用或晒干。

【性味】味辛、苦，性温。

【功能主治】祛风除湿，通络止痛，解毒。

【成分】本品含C19–二萜生物碱等成分。

【用法用量】内服：煎汤，3～6克。外用：适量，捣敷；或煎水洗。

52. 毛茛 *Ranunculus japonicus* Thunb.

【别名】鸭脚板。

【形态特征】多年生草本。茎高 30 ～ 60 厘米，与叶柄均有伸展的柔毛。基生叶和茎下部叶有长柄；叶片五角形，长达 6 厘米，宽达 7 厘米，基部心形，3 深裂，中央裂片宽菱形或倒卵形，3 浅裂，疏生锯齿，侧生裂片不等的 2 裂；叶柄长达 15 厘米；茎中部叶具短柄，上部叶无柄，3 深裂。花序具数朵花；花直径达 2 厘米；萼片 5，淡绿色，船状椭圆形，长 4.5 ～ 6 毫米，外被柔毛；花瓣 5，黄色，倒卵形，长 6.5 ～ 11 毫米，宽 4.5 ～ 8 毫米，基部具蜜槽；雄蕊和心皮均多数。聚合果近球形，直径 4 ～ 5 毫米。花果期 4—9 月。

【产地、生长环境与分布】产于湖北省十堰市茅箭区，生于田野、路边、水沟边草丛中或山坡湿草地。

【药用部位】全草及根。

【采集加工】一般栽培 10 个月左右，即在夏末秋初 7—8 月采收全草及根，洗净，阴干。鲜用可随采随用。

【性味】味辛、微苦，性温；有毒。

【功能主治】退黄，定喘，截疟，镇痛，消翳；主治黄疸，哮喘，疟疾，偏头痛，牙痛，鹤膝风，风湿关节痛，目生翳膜，瘰疬，痈疮肿毒。

【成分】全草含原白头翁素及其二聚物。

【用法用量】外用：适量，捣敷患处或穴位，使局部发赤发疱时取去；或煎水洗。本品有毒，一般不作内服。皮肤有破损及过敏者禁用，孕妇慎用。

53. 牡丹 *Paeonia suffruticosa* Andr.

【别名】鼠姑、鹿韭。

【形态特征】落叶小灌木，高 1 ～ 2 米。根粗大。茎直立，枝粗壮，树皮黑灰色。叶互生，纸质；叶柄长 5 ～ 11 厘米，无毛；叶通常为二回三出复叶，或二回羽状复叶，近枝顶的叶为三小叶，顶生小叶常深 3 裂，长 7 ～ 8 厘米，宽 5.5 ～ 7 厘米，裂片 2 ～ 3 浅裂或不裂，上面绿色，无毛，下面淡绿色，有时被白粉，沿叶脉疏被短柔毛或近无毛，小叶柄长 1.2～3 厘米；侧生小叶狭卵形或长圆状卵形，长 4.5～6.5 厘米，宽 2.5～4 厘米，2～3 浅裂或不裂，近无柄。花两性，单生枝顶，直径 10～20 厘米；花梗长 4～6 厘米；苞片 5，长椭圆形，大小不等；萼片 5，宽卵形，大小不等，绿色，宿存；花瓣 5，或为重瓣，倒卵形，长 5～8 厘米，宽 4.2～6 厘米，先端呈不规则的波状，紫色、红色、粉红色、玫瑰色、黄色、豆绿色或白色，变异很大；雄蕊多数，长 1～1.7 厘米，花丝亦具紫红等色，花药黄色；花盘杯状，革质，顶端有数个锐齿或裂片，完全包裹心皮，在心皮成熟时裂开；心皮 5，稀更多，离生，绿色，密被柔毛。蓇葖果长圆形，腹缝线开裂，密被黄褐色硬毛。花期 4—5 月，果期 6—7 月。

【产地、生长环境与分布】产于湖北省十堰市茅箭区，生于向阳及土壤肥沃的地方，常栽培于庭园。

【药用部位】根皮。

【采集加工】9 月下旬至 10 月上旬地上部分枯萎时将根挖起，除去泥土、须根，趁鲜抽出木心，晒干，即为"原丹皮"，除去木心者，称"刮丹皮"。

【性味】味苦、辛，性微寒。

【功能主治】清热、除蒸、消痈宜生用；凉血、止血宜炒用；活血散瘀宜酒炒。胃虚者，酒伴蒸；实热者生用。

【成分】根皮含芍药苷、氧化芍药苷、苯甲酰芍药苷等。

【用法用量】内服：煎汤，6～9 克；或入丸、散。

54. 芍药 *Paeonia lactiflora* Pall.

【别名】将离、离草。

【形态特征】多年生草本，高 40～70 厘米，无毛。根肥大，纺锤形或圆柱形，黑褐色。茎直立，上部分枝，基部有数枚鞘状膜质鳞片。叶互生；叶柄长达 9 厘米，位于茎顶部者叶柄较短，茎下部叶为二回三出复叶，上部为三出复叶；小叶狭卵形、椭圆形或披针形，长 7.5～12 厘米，宽 2～4 厘米，先端渐尖，基部楔形或偏斜，边缘具白色软骨质细齿，两面无毛，下面沿叶脉疏生短柔毛，近革质。

花两性，数朵生于茎顶和叶腋，直径 7～12 厘米；苞片 4～5，披针形，大小不等；萼片 4，宽卵形或近圆形，长 1～1.5 厘米，宽 1～1.7 厘米，绿色，宿存；花瓣 9～13，倒卵形，长 3.5～6 厘米，宽 1.5～4.5 厘米，白色，有时基部具深紫色斑块或呈粉红色，栽培品花瓣各色并具重瓣；雄蕊多数，花丝长 7～12 毫米，花药黄色；花盘浅杯状，包裹心皮基部，先端裂片钝圆；心皮 2～5，离生，无毛。蓇葖果卵形或卵圆形，长 2.5～3 厘米，直径 1.2～1.5 厘米，先端具喙。花期 5—6 月，果期 6—8 月。

【产地、生长环境与分布】产于湖北省十堰市茅箭区，生于海拔 1000～2300 米的山坡草地。

【药用部位】根。

【采集加工】8 月采挖 3～4 年生的根，除去地上茎及泥土，放入开水中煮 5～15 分钟至无硬心，迅速捞起放入冷水里浸泡，随即取出用竹刀刮去外皮，晒干或切片晒干。不宜暴晒，干燥过程中忌堆置。

【性味】味苦、酸，性微寒。

【功能主治】养血和营，缓急止痛，敛阴平肝；主治血虚萎黄，月经不调，自汗，盗汗，肋痛，腹痛，四肢挛痛，头痛眩晕。

【成分】根含环烯醚萜苷类、甾醇类、鞣质等。

【用法用量】内服：煎汤，5～12 克，大剂量可用 15～30 克；或入丸、散。外用：捣敷。平肝阳宜生用，养肝柔肝宜炒用。

55. 石龙芮 *Ranunculus sceleratus* L.

【别名】黄花菜、野堇菜。

【形态特征】一年生草本，全株几无毛，多枝，地下有白色须根。茎粗壮，高 15～60 厘米。根生叶丛生，有柄，单叶 3 深裂，圆形、肾形或心形，长 3～4 厘米，宽 1.2～4 厘米，基部广心形，侧裂片 2 裂，中裂片楔形，钝头，边缘浅裂，且有钝粗齿牙；茎叶互生，基部膜质，扩大，通常 3 全裂，裂片狭窄不分裂或 3 裂，钝头；最上部叶几无柄，裂片矩圆形，有光泽，无毛。春时上部多分枝，上生黄色小花；花径 6～8 毫米；萼片 5，外面带微毛，花时反卷；花瓣 5，与萼片等长，平开，倒卵形，有光彩，基部有 1 小鳞片；雄蕊与雌蕊均多数，花药呈长椭圆形，子房细小。聚合果椭圆形至长椭圆状圆柱形，花托长 7～12 毫米，无毛或散生白毛；瘦果多数，广卵圆形，无毛，长 1～1.2 厘米，花柱甚短。花期 3—6 月。

【产地、生长环境与分布】产于湖北省十堰市茅箭区，生于平原湿地或河沟边。

【药用部位】全草。

【采集加工】在开花末期（5月左右）采收全草，洗净鲜用或阴干备用。

【性味】味苦、辛，性寒；有毒。

【功能主治】清热解毒，消肿散结，止痛，截疟；主治跌打损伤或扭伤，老年人风湿关节肿痛，排毒，疟疾，牙龈肿痛。

【成分】全草含原白头翁素、毛茛苷、5-羟色胺、白头翁素，还含胆碱、不饱和甾醇类、没食子鞣质及黄酮类化合物。

【用法用量】内服：煎汤，干品3～9克；或炒研为散服，每次1～1.5克。外用：适量，捣敷；或煎膏涂患处及穴位；或煎水洗；或捣敷；或鲜叶捣汁涂。

56. 天葵 *Semiaquilegia adoxoides*（DC.）Makino

【别名】紫背天葵、雷丸草。

【形态特征】多年生小草本，高10～30厘米。块根长1～2厘米，粗3～6毫米，外皮棕黑色。茎直立，1～3条，上部有分枝，被稀疏白色柔毛。基生叶为三出复叶；叶柄长3～12厘米，基部扩大成鞘状；叶片轮廓卵圆形或肾形，长1.2～3厘米；小叶扇状菱形或倒卵状菱形，长0.6～2.5厘米，宽1～2.8厘米，3深裂，深裂片又作2～3圆齿状缺刻裂，两面无毛，下面常带紫色；茎生叶较小，互生，叶柄较短。单歧或二歧聚伞花序，花梗长1～2.5厘米，被白色细柔毛；苞片、小苞片叶状，3裂或不裂；花两性，小，直径4～6毫米；萼片5，花瓣状，狭椭圆形，长4～6毫米，宽1.2～2.5毫米，白色，常带淡紫色，先端圆钝；花瓣5，匙形，长2.5～3.5毫米，先端近截形，基部突起呈囊状；雄蕊8～14，花丝下部变宽，花药宽椭圆形，黄色；退化雄蕊2，线状披针形，位于雄蕊内侧，白色，膜质，与花丝近等长；心皮3～4，花柱短，先端向外反卷，无毛。蓇葖果3～4，长6～7毫米，宽2毫米，表面具横向脉纹，先端有小细喙。种子多数，卵状椭圆形，长约1毫米，黑褐色，表面有小瘤状突起。花期3—4月，果期4—5月。

【产地、生长环境与分布】产于湖北省十堰市茅箭区，生于疏林下、草丛、沟边路旁或山谷较阴处。

【药用部位】全草。

【采集加工】秋季采收，除去杂质，洗净，晒干。

【性味】味甘，性微寒。

【功能主治】解毒消肿，利水通淋；主治疔疮痈肿，乳痈，瘰疬，蛇虫咬伤。

【成分】本品含生物碱、香豆素及氨基酸等。

【用法用量】内服：煎汤，9 ～ 15 克。外用：适量，捣敷。

57. 金佛铁线莲 *Clematis gratopsis* W. T. Wang

【别名】绿木通。

【形态特征】多年生藤本。小枝、叶柄及花序梗、花梗均有伸展的短柔毛。一回羽状复叶，有 5 小叶，偶尔基部一对 3 全裂至 3 小叶；小叶片卵形至卵状披针形或宽卵形，长 2 ～ 6 厘米，宽 1.5 ～ 4 厘米，基部心形，常在中部以下 3 浅裂至深裂，中间裂片卵状椭圆形至卵状披针形，顶端锐尖至渐尖，侧裂片顶端圆或锐尖，边缘有少数锯齿状齿，两面密生贴伏短柔毛。聚伞花序常有 3 ～ 9 花，腋生或顶生，或成顶生圆锥状聚伞花序；花梗上小苞片显著，卵形、椭圆形至披针形；花直径 1.5 ～ 2 厘米；萼片 4，开展，白色，倒卵状长圆形，顶端钝，长 7 ～ 10 毫米，外面密生绢状短柔毛，内面无毛；雄蕊无毛，花丝比花药长 5 倍。瘦果卵形，密生柔毛。花期 8—10 月，果期 10—12 月。

【产地、生长环境与分布】产于湖北省十堰市茅箭区，生于低山坡、山谷或沟边、路旁灌丛中。

【药用部位】茎和叶。

【采集加工】7—9 月采收，切段，鲜用或晒干。

【性味】味辛，性温。

【功能主治】行气活血，祛风止痛。

【成分】不详。

【用法用量】内服：煎汤，3 ～ 9 克。外用：适量，煎水洗；或捣敷。

58. 太行铁线莲 *Clematis kirilowii* Maxim.

【形态特征】木质藤本，干后常变黑褐色。茎、小枝有短柔毛，老枝近无毛。一至二回羽状复叶，有 5 ～ 11 小叶或更多，基部一对或顶生小叶常 2 ～ 3 浅裂、全裂至 3 小叶，中间一对常 2 ～ 3 浅裂至深裂，茎基部一对为三出叶；小叶片或裂片革质，卵形至卵圆形，或长圆形，长 1.5 ～ 7 厘米，宽 0.5 ～ 4 厘米，顶端钝、锐尖、突尖或微凹，基部圆形、截形或楔形，全缘，有时裂片或第二回小叶片再分裂，两面网脉突出，沿叶脉疏生短柔毛或近无毛。聚伞花序或为总状、圆锥状聚伞花序，有花 3 至多朵或花单生、腋生或顶生；花序梗、花梗有较密的短柔毛；花直径 1.5 ～ 2.5 厘米；萼片 4 或 5 ～ 6，开展，白色，倒卵状长圆形，长 0.8 ～ 1.5 厘米，宽 3 ～ 7 毫米，顶端常呈截形而微凹，外面有短柔毛，边缘密生茸毛，内面无毛；雄蕊无毛。瘦果卵形至椭圆形，扁，长约 5 毫米，有柔毛，边缘凸出，宿存花柱长约 2.5 厘米。花期 6—8 月，果期 8—9 月。

【产地、生长环境与分布】产于湖北省十堰市茅箭区，生于山坡草地、丛林中或路旁。

【药用部位】茎和根。

【采集加工】7—9 月采收，切段，鲜用或晒干。

【性味】味辛，性温。

【功能主治】行气活血，祛风湿，止痛。

【成分】不详。

【用法用量】内服：煎汤，3 ～ 9 克。外用：适量，煎水洗；或捣敷。

59. 威灵仙 *Clematis chinensis* Osbeck

【别名】铁脚威灵仙、铁角威灵仙、白钱草、铁脚铁线莲、铁耙头等。

【形态特征】多年生木质藤本，高 3 ～ 10 厘米，干后全株变黑色。茎近无毛。叶对生；叶柄长 4.5 ～ 6.5 厘米；一回羽状复叶，小叶 5，有时 3 或 7；小叶片纸质，窄卵形、卵形或卵状披针形，或线状披针形，长 1.5 ～ 10 厘米，宽 1 ～ 7 厘米，先端锐尖或渐尖，基部圆形、宽楔形或浅心形，全缘。两面近无毛，或下面疏生短柔毛。圆锥状聚伞花序，多花，腋生或顶生；花两性，直径 1 ～ 2 厘米；萼片 4，长圆形或圆状倒卵形，长 0.5 ～ 1.5 厘米，宽 1.5 ～ 3 毫米，开展，白色，先端常突尖，外面边缘密生茸毛，或中间有短柔毛；花瓣无；雄蕊多数，不等长，无毛；心皮多数，有柔毛。瘦果扁卵形，长 3 ～ 7 毫米，疏生紧贴的柔毛，宿存花柱羽毛状，长达 2 ～ 5 厘米。花期 6—9 月，果期 8—11 月。

【产地、生长环境与分布】产于湖北省十堰市茅箭区，生于海拔 80 ～ 1500 米的山坡、山谷灌丛中、沟边、路旁草丛中。

【药用部位】根及根茎。

【采集加工】秋季挖出，去净茎叶，洗净泥土，晒干或切段晒干。

【性味】味辛、咸、苦，性温；有小毒。

【功能主治】祛风除湿，通络止痛；主治风湿痹痛，肢体麻木，筋脉拘挛，屈伸不利，脚气肿痛，痰饮积聚。

【成分】威灵仙根含原白头翁素以及常春藤皂苷元、表常春藤皂苷元等。

【用法用量】内服：煎汤，3 ～ 9 克；治鱼骨鲠喉可用到 30 克。

60. 瓜叶乌头 *Aconitum hemsleyanum* Pritz.

【形态特征】多年生草本。块根圆锥形，长 1.6 ～ 3 厘米，直径达 1.6 厘米。茎缠绕，无毛，常带紫色，有分枝。叶互生；叶柄比叶片稍短，疏被短柔毛或几无毛；茎中部叶的叶片五角形，长 6.5 ～ 12 厘米，宽 8 ～ 13 厘米，基部心形，3 深裂，中央深裂片梯状菱形或卵状菱形，不明显 3 浅裂，浅裂片具少数小裂片或卵形粗齿，侧深裂片斜扇形，不等 2 浅裂。总状花序有 2 ～ 12 朵花；花序轴和花梗无毛或被短柔毛；下部苞片叶状或为宽椭圆形，上部苞片线形；花梗常下垂，弧状弯曲，长 2.2 ～ 6 厘米；小苞片生于花梗下部或上部，线形，无毛；花两性，两侧对称；萼片 5，花瓣状，深蓝色，外面无毛，上萼片高盔形或圆筒状盔形，几无爪，高 2 ～ 2.4 厘米，下缘长 1.7 ～ 1.8 厘米，直或稍凹，喙不明显，侧萼片近圆形，长 1.5 ～ 1.6 厘米；花瓣 2，无毛，瓣片长约 10 毫米，唇长 5 毫米，距长约 2 毫米，向后弯；雄蕊多数，无毛，花丝有 2 小齿或全缘；心皮 5，无毛或偶有柔毛；蓇葖果长 1.2 ～ 1.5 厘米。种子多数，三棱形，长约 3 毫米，沿棱有狭翅及横膜翅。花期 8—10 月，果期 9—11 月。

【产地、生长环境与分布】产于湖北省十堰市茅箭区，生于海拔 1700 ～ 2200 米的山地林中或灌木林中。

【药用部位】块根。

【采集加工】秋、冬季采挖块根，洗净泥沙，剪去须根，切片，晒干。

【性味】味辛、苦，性热；有毒。

【功能主治】祛风除湿，活血止痛；主治风寒痹痛，关节疼痛，心腹冷痛，麻醉止痛。

【成分】瓜叶乌头根含乌头碱、3-乙酰乌头碱、8-去乙酰滇乌碱等。

【用法用量】内服：煎汤，0.9～1.5克；或入丸、散。外用：适量，磨汁涂；或研末调敷。未经炮制，不宜内服。

61. 打破碗花花 *Anemone hupehensis* Lem.

【别名】湖北秋牡丹、大头翁。

【形态特征】多年生草本，高20～120厘米。根斜生或垂直生长，长约10厘米，直径4～7毫米。基生叶3～5；叶柄长3～36厘米，被柔毛，基部有短鞘；三出复叶，有时1～2或全部为单叶，中央小叶较大，柄长1～6.5厘米，小叶片卵形或宽卵形，长4～11厘米，宽3～10厘米，不分裂或3～5浅裂，边缘有粗锯齿，两面疏被糙毛，侧生小叶较小，斜卵形，2浅裂或不裂，边缘具粗锯齿。花葶直立，疏被柔毛；聚伞花序，二至三回分枝，有较多的花，偶不分枝，有3朵花；苞片3，轮生，叶状，稍不等大，柄长0.5～6厘米；花梗长3～10厘米，被柔毛；花两性；萼片5，花瓣状，紫红色，倒卵形，长2～3厘米，宽1.3～3厘米，外面被短柔毛；花瓣无；雄蕊多数，长约为萼片长的1/4，花药黄色；心皮甚多，约400，生于球形花托上，有长柄，被短柔毛。聚合果球形，直径约1.5厘米；瘦果长约3.5毫米，有细柄，密被绵毛。花期7—9月，果期9—11月。

【产地、生长环境与分布】产于湖北省十堰市茅箭区，生于海拔400～1800米的低山、丘陵草坡或沟边。

【药用部位】根或全草。

【采集加工】栽培 2～3 年，6—8 月花未开放前挖取根部，除去茎叶、须根及泥土，晒干。茎叶切段，鲜用或晒干。

【性味】味苦、辛，性平；有小毒。

【功能主治】清热利湿，解毒杀虫，消肿散瘀；主治痢疾，疮疖痈肿，瘰疬，跌打损伤，疥癣，秃疮，疟疾，小儿疳积。

【成分】本品含三萜皂苷，如打破碗花花皂苷 A～E。

【用法用量】内服：煎汤，3～9 克；或研末；或泡酒。外用：煎水洗；或捣敷；或鲜叶捣汁涂。

二十一、小檗科

62. 八角莲 *Dysosma versipellis*（Hance）M. Cheng ex Ying

【别名】山荷叶、金魁莲、旱八角。

【形态特征】多年生草本，茎直立，高 20～30 厘米。不分枝，无毛，淡绿色。根茎粗壮，横生，具明显的碗状节。茎生叶 1 片，有时 2 片，盾状着生；叶柄长 10～15 厘米；叶片圆形，直径约 30 厘米，掌状深裂几达叶中部，边缘 4～9 浅裂或深裂，裂片楔状长圆形或卵状椭圆形，长 2.5～9 厘米，宽 5～7 厘米，先端锐尖，边缘具针刺状锯齿，上面无毛，下面密被或疏生柔毛。花 5～8 朵排成伞形花序，着生于近叶柄基处的上方近叶片处；花梗细，长约 5 厘米，花下垂，花冠深红色；萼片 6，外面疏被毛；花瓣 6，勺状倒卵形，长约 2.5 厘米，雄蕊 6，药隔突出；子房上位，1 室，柱头大，盾状。浆果椭圆形或卵形；种子多数。花期 4—6 月，果期 8—10 月。

【产地、生长环境与分布】产于湖北省十堰市茅箭区，生于海拔 300～2200 米的山坡林下阴湿处，有少量栽培。

【药用部位】根及根茎。

【采集加工】全年均可采挖，秋季为佳。全株挖起，除去茎叶，洗净泥沙，晒干或烘干备用，切忌受潮。鲜用亦可。

【性味】味苦、辛，性凉；有毒。

【功能主治】化痰散结，祛瘀止痛，清热解毒；主治毒蛇咬伤，跌打损伤，外用治蛇虫咬伤，疮疖痈肿，淋巴结炎，腮腺炎，乳腺癌。

【成分】八角莲根茎含鬼臼毒素、山荷叶素，还含山奈酚和槲皮素。六角莲根茎含鬼臼毒素、4′-去甲基鬼臼毒素、山荷叶素、去氢鬼臼毒素、鬼臼毒酮等。

【用法用量】内服：煎汤，3～12克；或磨汁，或入丸、散。外用：适量，磨汁或浸醋、酒涂搽；捣敷或研末调敷。

63. 鄂西十大功劳 *Mahonia decipiens* Schneid.

【形态特征】常绿灌木，高1～2米。茎直立，树皮黄色。叶互生；羽状复叶，小叶3～7；顶生小叶柄长2.5～4厘米，侧生小叶无柄；叶革质，小叶宽卵形，长4～8厘米，宽3～4.5厘米，顶生小叶较大，长8～9厘米，宽5～6厘米，先端渐尖，基部截形或稍心形，边缘有4～6个刺状锯齿，两面暗绿色，具突起而开放的叶脉。总状花序2～3个簇生，花序长5～6厘米，小花梗长4～6厘米；萼片9，3轮，卵形或长圆状椭圆形；花黄色，花瓣倒卵形，先端微凹，基部有1对蜜腺；雄蕊6；子房内含2个胚珠，有短花柱。花期8—9月。

【产地、生长环境与分布】产于湖北省十堰市茅箭区，生于海拔850～1500米的山坡灌丛中。

【药用部位】根、茎。

【采集加工】四季可采。根：除去须根，洗净泥土，晒干。茎：除去残叶、杂质，晒干。

【性味】味苦，性寒。

【功能主治】清热解毒，化痰止咳。

【成分】不详。

【用法用量】内服：煎汤，9～15克。外用：适量，研末调敷。

64. 淫羊藿 *Epimedium brevicornu* Maxim.

【别名】仙灵脾、刚前、仙灵毗、放杖草、千两金、干鸡筋、黄连祖、三枝九叶等。

【形态特征】多年生草本，高 30 ～ 40 厘米。根茎长，横走，质硬，须根多数。叶为二回三出复叶，小叶 9 片，有长柄，小叶片薄革质，卵形至长卵圆形，长 4.5 ～ 9 厘米，宽 3.5 ～ 7.5 厘米，先端尖，边缘有细锯齿，锯齿先端成刺状毛，基部深心形，侧生小叶基部斜形，上面幼时有疏毛，开花后毛渐脱落，下面有长柔毛。花 4 ～ 6 朵成总状花序，花序轴无毛或偶有毛，花梗长约 1 厘米；基部有苞片，卵状披针形，膜质；花大，直径约 2 厘米，黄白色或乳白色；花萼 8 片，卵状披针形，2 轮，外面 4 片小，不同型，内面 4 片较大，同型；花瓣 4，近圆形，具长距；雄蕊 4；雌蕊 1，花柱长。蓇葖果纺锤形，成熟时 2 裂。花期 4—5 月，果期 5—6 月。

【产地、生长环境与分布】产于湖北省十堰市茅箭区，生于林下、沟边灌丛中或山坡阴湿处，海拔 650 ～ 3500 米。

【药用部位】茎、叶。

【采集加工】夏、秋季采收，割取茎叶，除去杂质，摘取叶片，喷淋清水，稍润，切丝，干燥。

【性味】味辛、甘，性温。归肝、肾经。

【功能主治】补肾壮阳，强筋健骨，祛风除湿；主治肾阳虚衰，阳痿遗精，筋骨痿软，风湿痹痛，麻木拘挛。

【成分】淫羊藿地上部分含淫羊藿黄酮苷，并含钾、钙等无机元素。

【用法用量】内服：煎汤，3 ～ 9 克；大剂量可用至 15 克；或浸酒；或煎膏；或入丸、散。外用：适量，煎汤含漱；或煎水洗；或捣敷；或鲜叶捣汁涂。

二十二、木通科

65. 五月瓜藤 *Holboellia angustifolia* Wall.

【别名】五加藤、野人瓜、预知子、野梅、豆子、王月藤、八月果、五叶瓜藤。

【形态特征】常绿木质藤本。茎与枝圆柱形，灰褐色，具线纹。掌状复叶，小叶近革质，多为5～7，窄长椭圆形或倒卵状披针形，先端尖，基部楔形，背面灰白色。花单性同株，伞房花序，雄花绿白色，雌花紫色，长1～2厘米。果肉质，圆形，长5～9厘米，成熟时紫色。花期4—5月，果期7—9月。

【产地、生长环境与分布】产于湖北省十堰市茅箭区，生于海拔500～3000米的山坡杂木林及沟谷林中。

【药用部位】藤茎。

【采集加工】秋季采收，截取茎部，除去细枝，阴干。

【性味】味微苦、涩，性凉。

【功能主治】通经下乳，疏肝理气，活血止痛，除烦利尿。

【成分】本品含糖类成分。

【用法用量】内服：煎汤，3～6克。

66. 三叶木通 *Akebia trifoliata*（Thunb.）Koidz.

【别名】八月瓜藤、三叶拿藤、八月楂。

【形态特征】落叶木质缠绕藤本，长3～15厘米，全株无毛。幼枝灰绿色，有纵纹。三出复叶；小叶卵圆形、宽卵圆形或长卵形，长、宽变化很大，先端钝圆、微凹或具短尖，基部圆形或楔形，有时微呈心形，边缘浅裂或呈波状，侧脉5～6对。短总状花序腋生，花单性，雌雄同株；花序基部着生1～2朵雌花，上部着生密而较细的雄花；花萼3片；雄花具雄蕊6个；雌花较大，有离生雌蕊2～13。果肉质，浆果状，长椭圆形，或略呈肾形，两端圆，长约8厘米，直径2～3厘米，熟后紫色，柔软，沿腹缝线开裂。种子多数，扁卵形，黑色或黑褐色。花期4—5月，果期8月。

【产地、生长环境与分布】产于湖北省十堰市茅箭

区，生于海拔 250 ～ 2000 米的山地沟谷边疏林或丘陵灌丛中。

【药用部位】根、茎和果均可入药。

【采集加工】秋季采收，截取茎部，除去细枝，阴干。

【性味】味微苦、涩。

【功能主治】通经下乳，疏肝理气，活血止痛，除烦利尿；主治小便赤涩，淋浊，水肿，胸中烦热，咽喉痹痛，妇女闭经，乳汁不通。

【成分】本品含糖类成分。

【用法用量】内服：煎汤，3 ～ 6 克。

二十三、防己科

67. 青风藤 *Sinomenium acutum*（Thunb.）Rehd. et Wils.

【别名】青藤、寻风藤。

【形态特征】多年生木质藤本，长可达 20 米。根块状。茎圆柱形，灰褐色，具细沟纹。叶互生，厚纸质或革质，卵圆形，长 7 ～ 15 厘米，宽 5 ～ 12 厘米，先端渐尖或急尖，基部稍心形或截形，全缘或 3 ～ 7 角状浅裂，上面绿色，下面灰绿色，近无毛，基出脉 5 ～ 7；叶柄长 5 ～ 15 厘米。花单性异株，聚伞花序排成圆锥状；花小，雄花萼片 6，淡黄色，2 轮，花瓣 6，淡绿色，雄蕊 9 ～ 12；雌花萼片、花瓣与雄花相似，具退化雄蕊 9，心皮 3，离生，花柱反曲。核果扁球形，熟时暗红色。种子半月形。花期 6—7 月，果期 8—9 月。

【产地、生长环境与分布】产于湖北省十堰市茅箭区，生于山坡、林缘、沟边及灌丛中，攀缘于树上或岩石上。

【药用部位】藤茎。

【采集加工】秋末冬初采割，扎把或切成长段，晒干。

【性味】味苦、辛，性平。

【功能主治】祛风湿，通经络，利小便；主治风湿痹痛，关节肿胀、麻痹瘙痒。

【成分】本品含青藤碱、双青藤碱、木兰花碱、尖防己碱、四氢表小檗碱、异青藤碱、土杜拉宁、青风藤碱、DL–丁香树脂酚、棕榈酸甲酯、白兰花碱、光千金藤碱、β–谷甾醇、豆甾醇等。

【用法用量】内服：煎汤，6～12克。

二十四、三白草科

68. 蕺菜 *Houttuynia cordata* Thunb.

【别名】折耳根、鱼腥草、狗贴耳。

【形态特征】多年生腥臭草本，高达60厘米。茎下部伏地，节上轮生小根，上部直立，无毛或节上被毛。叶互生，薄纸质，有腺点；叶柄长1～4厘米；托叶膜质，条形，长约2.5厘米，下部与叶柄合生为叶鞘，基部扩大，略抱茎；叶片卵形或阔卵形，长4～10厘米，宽3～6厘米，先端短渐尖，基部心形，全缘，上面绿色，下面常呈紫红色，两面脉上被柔毛。穗状花序生于茎顶，长约2厘米，宽约5毫米，与叶对生；总苞片4枚，长圆形或倒卵形，长1～1.5厘米，宽约0.6厘米，白色；花小而密，无花被；雄蕊3，花丝长为花药的3倍，下部与子房合生；雌蕊1，由3心皮组成，子房上位，花柱3，分离。蒴果卵圆形，长2～3毫米，先端开裂，具宿存花柱。种子多数，卵形。花期5—6月，果期10—11月。

【产地、生长环境与分布】产于湖北省十堰市茅箭区，生于沟边、溪边及潮湿的疏林下。

【药用部位】带根全草。

【采集加工】栽种当年或第二年夏、秋季采收带根全草，洗净，晒干（忌暴晒），鲜品随时可用。

【性味】味辛，性微寒。

【功能主治】清热解毒，排脓消痈，利尿通淋。

【成分】地上部分含挥发油，内含抗菌有效成分癸酰乙醛、月桂醛等。

【用法用量】内服：煎汤，15～25克，不宜久煎；或鲜品捣汁，用量加倍。外用：适量，捣敷，或煎汤熏洗。

69. 三白草 *Saururus chinensis*（Lour.）Baill.

【别名】白面姑、白舌骨、塘边藕。

【形态特征】多年生湿生草本，高达1米。地下茎有须状小根；茎直立，粗壮，无毛。单叶互生，纸质，密生腺点；叶柄长1～3厘米，基部与托叶合生成鞘状，略抱茎；叶片阔卵形至卵状披针形，长5～14厘米，宽3～7厘米，先端短尖或渐尖，基部心形，略呈耳状或稍偏斜，全缘，两面无毛；花序下的2～3片叶常于夏初变为白色，呈花瓣状；总状花序生于茎上端与叶对生，长10～20厘米，白色；总花梗及花柄被毛；苞片近匙形或倒披针形，长约2毫米；花两性，无花被；雄蕊6枚，花药长圆形，略短于花丝；雌蕊1，由4心皮组成；子房圆形，柱头4，向外反曲。蒴果近球形，直径约3毫米，表面多疣状突起，成熟后顶端开裂。种子多数，圆形。花期5—8月，果期6—9月。

【产地、生长环境与分布】产于湖北省十堰市茅箭区，生于沟边、池塘边等近水处。

【药用部位】干燥地上部分。

【采集加工】全年均可采收，以夏、秋季为宜，收取地上部分，洗净，晒干。

【性味】味甘、辛，性寒。

【功能主治】清热解毒，利尿消肿；主治小便不利，淋沥涩痛，带下，尿路感染，肾炎水肿，外用治疮疡肿毒，湿疹。

【成分】三白草叶含槲皮素、槲皮苷、异槲皮苷等。茎、叶均含可水解鞣质。全草含挥发油，其主要成分为甲基正壬基甲酮。

【用法用量】内服：煎汤，10～30克，鲜品加倍。外用：鲜品适量，捣烂外敷；或捣汁涂。

二十五、金粟兰科

70. 金粟兰 *Chloranthus spicatus*（Thunb.）Makino

【别名】珠兰、珍珠兰。

【形态特征】半灌木，高 30 ～ 60 厘米。茎圆形，无毛。叶对生；叶柄长 8 ～ 18 毫米，基部多少合生；托叶微小；叶片厚纸质，椭圆形或倒卵状椭圆形，长 5 ～ 11 厘米，宽 2.5 ～ 5.5 厘米，先端急尖或钝，基部楔形，边缘具锯齿，齿端有一腺体，腹面深绿色，光亮，背面淡黄绿色，侧脉 6 ～ 8 对，两面稍突起。穗状花序排列成圆锥花序状，通常顶生；苞片三角形；花小，黄绿色，芳香；雄蕊 3，药隔合生成一卵状体，上部不整齐 3 裂，中央裂片较大，有 1 个 2 室的花药，两侧裂片较小，各有 1 个 1 室的花药；子房倒卵形。花期 4—7 月，果期 8—9 月。

【产地、生长环境与分布】产于湖北省十堰市茅箭区，多生于海拔 150 ～ 990 米的山坡、沟谷密林下。

【药用部位】全株。

【采集加工】夏季采收，洗净，切片，晒干。

【性味】味辛、甘，性温。

【功能主治】祛风除湿，活血止痛，杀虫。

【成分】鲜花挥发物中，鉴定出 32 种成分，11 种单萜烯（55.84%），11 种倍半萜烯（3.32%），7 种含氧化合物（35.16%）。

【用法用量】内服：煎汤，15 ～ 30 克；或入丸、散。外用：适量，捣敷；或研末撒。

二十六、马兜铃科

71. 马蹄香 *Saruma henryi* Oliv.

【别名】冷水丹、高足细辛。

【形态特征】多年生直立草本，高50～100厘米，被灰棕色短柔毛。根茎粗壮，直径约5毫米，有多数细长须根。叶柄长3～12厘米，被毛；叶心形，长6～15厘米，先端短渐尖，基部心形，两面和边缘均被柔毛。花单生；花梗长2～5.5厘米，被毛；萼片心形，长约10毫米，宽约7毫米；花瓣黄绿色，肾状心形，长约10毫米，宽约8毫米，基部耳状心形，有爪；雄蕊与花柱近等高，花丝长约2毫米，花药长圆形，药隔不伸出；心皮大部离生，花柱不明显，柱头细小，胚珠多数，着生于心皮腹缝线上。蒴果蓇葖状，长约9毫米，成熟时沿腹缝线开裂。种子三角状倒锥形，长约3毫米，背面有细密横纹。花期4—7月。

【产地、生长环境与分布】产于湖北省十堰市茅箭区，生于海拔600～1600米的山谷林下和沟边草丛中。

【药用部位】全草。

【采集加工】夏、秋季采挖，除去泥土，摊通风处阴干。

【性味】味辛、苦，性温；有小毒。

【功能主治】祛风散寒，理气止痛，消肿排脓。

【成分】本品含13种化合物，如7-甲氧基-马兜铃内酰胺Ⅳ、马兜铃内酰胺Ⅱ、马兜铃酸Ⅰ、马兜铃内酰胺Ⅰ、胡萝卜苷、穆坪马兜铃酰胺、4β，10β-香兰木二醇、马兜铃内酯等。

【用法用量】内服：煎汤，1.5～6克；或研末冲服，每次1.5～3克。外用：鲜品适量，捣敷。

72. 华细辛 *Asarum sieboldii* Miq.

【别名】白细辛、盆草细辛。

【形态特征】多年生草本。根茎直立或横走，节间长1～2厘米。叶通常2枚，叶柄长8～18厘米；芽苞叶肾圆形，边缘疏被柔毛；叶片心形或卵状心形，长4～11厘米，宽4.5～13.5厘米，先端渐尖或急尖，基部深心形，上面疏生短毛，脉上较密，下面仅脉上被毛。花紫黑色；花梗长2～4厘米；花被管钟状，直径1～1.5厘米；花被裂片三角状卵形，直立或近平展；雄蕊着生于子房中部，花丝与花药近等长或稍长，药隔突出，短锥形；子房半下位或几近上位，球状，花柱6，较短，先端2裂，柱头侧生。蒴果近球状，直径约1.5厘米，花期4—5月。

【产地、生长环境与分布】产于湖北省十堰市茅箭区，生于林下阴湿腐殖土中。

【药用部位】全草。

【采集加工】移栽田生长3～5年，直播地生长5～6年采收。9月中旬挖出全部根系，去掉泥土，1～3千克捆成1把，放阴凉处阴干后打包入库。

【性味】味辛，性温；有小毒。

【功能主治】散寒祛风，止痛，温肺化饮，通窍。

【成分】全草（干品）含挥发油2.6%，挥发油中成分为 α-蒎烯、樟烯等。

【用法用量】内服：煎汤，1.5～9克；或研末，1～3克。外用：适量，研末吹鼻、塞耳、敷脐；或煎水含漱。

二十七、猕猴桃科

73. 硬毛猕猴桃 *Actinidia deliciosa* (A. Chev.) C. F. Liang et A. R. Ferguson

【别名】美味猕猴桃。

【形态特征】花枝多数较长，15～20厘米，被黄褐色长硬毛，毛落后仍可见到硬毛残迹。叶倒阔卵形至倒卵形，长9～11厘米，宽8～10厘米，顶端常具突尖，叶柄被黄褐色长硬毛。花较大，直径约3.5厘米；子房被刷毛状糙毛。果近球形、圆柱形或倒卵形，长5～6厘米，被常分裂为2～3数束状的刺毛状长硬毛。

【产地、生长环境与分布】产于湖北省十堰市茅箭区，分布于海拔 800 ~ 1400 米的山林地带。

【药用部位】成熟果实。

【采集加工】秋季果实成熟时采摘，鲜用或晒干。

【性味】味甘、微酸，性寒。

【功能主治】清热利尿，活血消肿；主治肝炎，水肿，跌打损伤，风湿关节痛，淋浊癌症。

【成分】果实含猕猴桃碱、玉米素、大黄素、大黄素甲醚、ω–羟基大黄素、大黄素酸，大黄素 –8–β–D–葡萄糖苷、β–谷甾醇、中华猕猴桃蛋白酶、游离氨基酸、糖、维生素 C、B 族维生素、鞣质及挥发性的烯醇类成分等。新鲜的果实中维生素 C 的含量为 138 ~ 284.54 毫克 /100克。

【用法用量】内服：煎汤，30 ~ 60 克；或生食；或榨汁饮。

二十八、山茶科

74. 茶 *Camellia sinensis*（L.）O. Ktze.

【别名】槚、茗、荈、茶树、茶叶、元茶。

【形态特征】常绿灌木，高 1 ~ 3 米；嫩枝、嫩叶具细柔毛。单叶互生；叶柄长 3 ~ 7 毫米；叶片薄革质，椭圆形或倒卵状椭圆形，长 5 ~ 12 厘米，宽 1.8 ~ 4.5 厘米，先端短尖或钝尖，基部楔形，边缘有锯齿，下面无毛或微有毛，侧脉约 8 对，明显。花两性，白色，芳香，通常单生或 2 朵生于叶腋；花梗长 6 ~ 10 毫米，向下弯曲；萼片 5 ~ 6，圆形，被微毛，边缘膜质，具睫毛状毛，宿存；花瓣 5 ~ 8，宽倒卵形；雄蕊多数，外轮花丝合生成短管；子房上位，被茸毛，3 室，花柱 1，顶端 3 裂。蒴果近球形或扁三角形，果皮革质，较薄。种子通常 1 ~ 3 颗，近球形或微有棱角。花期 10—11 月，果期次年 10—11 月。

【产地、生长环境与分布】产于湖北省十堰市茅箭区，山地、丘陵、平地、盆地都可生长，但大多生于丘陵和山地，现多为人工栽培。

【药用部位】嫩叶或嫩芽。

【采集加工】培育 3 年即可采收，4—6 月采春茶及夏茶。鲜叶采摘后，经杀青、揉捻、干燥制成绿茶，鲜叶经凋萎、揉捻、发酵、干燥制成红茶。

【性味】味苦、甘，性凉。

【功能主治】清头目，除烦渴，消食，化痰，利尿，解毒。

【成分】茶叶含嘌呤类生物碱，以咖啡因为主，含量1%～5%，另有可可豆碱、茶碱、黄嘌呤。还含鞣质、精油、芳樟醇等。

【用法用量】内服：煎汤，3～10克；或入丸、散；或沸水浸泡饮。外用：适量，研末调敷；或鲜品调敷。

二十九、藤黄科

75. 贯叶金丝桃 *Hypericum perforatum* L.

【别名】千层楼、小对叶草、赶山鞭。

【形态特征】本品茎呈圆柱形，长10～100厘米，多分枝，茎和分枝两侧各具1条纵棱，小枝细瘦，对生于叶腋。单叶对生，无柄抱茎，叶片披针形或长椭圆形，长1～2厘米，宽0.3～0.7厘米，散布透明或黑色的腺点，黑色腺点大多分布于叶片边缘或近顶端。聚伞花序顶生，花黄色，花萼、花瓣各5片，长圆形或披针形，边缘有黑色腺点；雄蕊多数，合生为3束，花柱3。

【产地、生长环境与分布】产于湖北省十堰市茅箭区，生于山麓、路边及沟旁，现广泛栽培于庭园

【药用部位】全草。

【采集加工】夏、秋季开花时采割，阴干或低温烘干。

【性味】味辛，性寒。

【功能主治】疏肝解郁，清热利湿，消肿通乳。

【成分】本品主要含黄酮类成分，金丝桃苷、芦丁、金丝桃素、伪金丝桃素、槲皮素等，还含二蒽

酮类衍生物、香豆素、挥发油等。

【用法用量】内服：煎汤，2～3克；或入蜜膏、散剂。外用：适量，鲜品捣敷。

76. 黄海棠 *Hypericum ascyron* L.

【别名】牛心菜、山辣椒、大叶金丝桃、长柱金丝桃等。

【形态特征】多年生草本，高达1米，全体无毛。茎直立，具4棱。叶对生，长圆形至卵状披针形，长约8厘米，宽约2厘米，先端渐尖，全缘，基部抱茎；质薄，有疏散透明小点。花数朵集成顶生的聚伞花序；萼片5，不等长；花瓣5，金黄色，狭倒卵形，稍偏斜而旋转；雄蕊多数。基部合成5束；子房上位，花柱5条。蒴果圆锥形，长12～18毫米，5室，熟时5瓣裂，内有多数细小种子。花期6—7月，果期7—8月。

【产地、生长环境与分布】产于湖北省十堰市茅箭区，生于山坡林下、林缘，灌丛间、草丛或草甸中，溪旁及河岸湿地等处，也可庭园栽培，海拔0～2800米。

【药用部位】全草。

【采集加工】7—8月果实成熟时，采割地上部分，用热水泡过，晒干。

【性味】味苦，性寒。

【功能主治】主治吐血，子宫出血，外伤出血，疮疖痈肿，风湿，痢疾，月经不调等。种子泡酒服，可治胃病，并可解毒和排脓。

【成分】不详。

【用法用量】内服：煎汤，5～10克。外用：适量，捣敷；或研末调涂。

77. 元宝草 *Hypericum sampsonii* Hance

【别名】相思、灯台、双合合、对月草、大叶对口莲、穿心箭、排草、对经草、对口莲、刘寄奴。

【形态特征】多年生草本，高约65厘米。全体平滑无毛。茎单生，直立，圆柱形，基部木质化，上部具分枝。单叶对生，叶片长椭圆状披针形，长3～6.5厘米，宽1.5～2.5厘米，先端钝，基部完全合生为一体，茎贯穿其中心，两端略向上斜成元宝状，两面均散生黑色斑点及透明油点。二歧聚伞花序顶生或腋生；花小，直径7～10毫米；萼片5，其上散生油点及黑色斑点；花瓣5，黄色；雄蕊多数，基部合生成3束；花药上具黑色腺点；子房广卵形，有透明腺点，花柱3裂。蒴果卵圆形，长约8毫米，3室，表面具赤褐色腺体。种子多数，细小，淡褐色。花期6—7月，果期8—9月。

【产地、生长环境与分布】产于湖北省十堰市茅箭区，生于山坡、草丛中或旷野路旁阴湿处。

【药用部位】全草。

【采集加工】夏、秋季采收，洗净，鲜用或晒干。

【性味】味苦、辛，性寒。

【功能主治】凉血止血，清热解毒，活血调经，祛风通络。

【成分】本品主要含蒽醌类化合物、间苯三酚类衍生物、黄酮类化合物以及萜类化合物。

【用法用量】内服：煎汤，9～15克（鲜品30～60克）。外用：适量，鲜品洗净捣敷；或干品研末外敷。

78. 长柱金丝桃 *Hypericum longistylum* Oliv.

【别名】红旱莲、金丝蝴蝶、黄海棠。

【形态特征】灌木。叶窄长圆形、椭圆形或近圆形，长1～3厘米，先端圆，具小突尖，基部宽楔形，下面稍被白粉，侧脉3对，网脉密，不明显；无柄或具长约1毫米的短柄。单花顶生，直径2.5～4.5（5）厘米，星状；花梗长0.8～1.2厘米；苞片叶状，宿存；萼片分离或基部合生，线形，稀椭圆形，花瓣金黄色至橙色，倒披针形，长1.5～2.2厘米；雄蕊5束；花柱长1～1.8厘米，合生几达顶端。蒴果卵球形，长0.4～1.2厘米，具短柄。花期5—7月，果期8—9月。

【产地、生长环境与分布】产于湖北省十堰市茅箭区，生于山坡阳处或沟边潮湿处，海拔 200～1200 米。

【药用部位】蒴果。

【采集加工】果实成熟期 8—9 月采摘，晾干，备用。

【性味】味微苦，性寒；无毒。

【功能主治】凉血止血，活血调经，清热解毒；主治血热所致吐血，咯血，尿血，便血，崩漏，跌打损伤，外伤出血，月经不调，痛经，乳汁不下，风热感冒，疟疾，肝炎，痢疾，腹泻，毒蛇咬伤，烫伤，湿疹，黄水疮。

【成分】不详。

【用法用量】内服：煎汤，5～10 克。外用：适量，捣敷；或研末调涂。

三十、罂粟科

79. 白屈菜 *Chelidonium majus* L.

【别名】地黄连、牛金花、土黄连。

【形态特征】多年生草本，高 30～100 厘米，含橘黄色乳汁。主根粗壮，圆锥形，土黄色或暗褐色，密生须根。茎直立，多分枝，有白粉，具白色细长柔毛。叶互生，一至二回奇数羽状分裂；基生叶长 10～15 厘米，裂片 5～8 对，裂片先端钝，边缘具不整齐缺刻；茎生叶长 5～10 厘米，裂片 2～4 对，边缘具不整齐缺刻，上面近无毛，褐色，下面疏生柔毛，脉上更明显，绿白色。花数朵，排列成伞形聚伞花序，花梗长短不一；苞片小，卵形，长约 1.5 毫米；萼片 2 枚，椭圆形，淡绿色，疏生柔毛，早落；花瓣 4 枚，卵圆形，黄色，长 0.8～1.6 厘米，宽 0.7～1.4 厘米，两面光滑，雄蕊多数，分离；雌蕊细圆柱形，花柱短，柱头头状，2 浅裂，密生乳头状突起。蒴果长角形，长 2～4.5 厘米，直径约 2 毫米，直立，灰绿色。种子多数细小，卵球形，褐色，有光泽。

【产地、生长环境与分布】产于湖北省十堰市茅箭区，生于山谷湿润处、水沟边、绿林草地或草丛中、住宅附近。

【药用部位】全草。

【采集加工】盛花期采割地上部分，晒干，储藏于通风干燥处。亦可鲜用。

【性味】味苦，性凉；有毒。

【功能主治】镇痛，止咳，利尿，解毒。

【成分】地上部分含白屈菜碱、原阿片碱、消旋金罂粟碱、左旋金罂粟碱等生物碱，还含白屈菜醇。茎叶含胆碱、甲胺、组胺、酪胺、皂苷及游离黄酮醇等成分。

【用法用量】内服：煎汤，3～6克。外用：适量，捣汁涂；或研末调涂。

80. 紫堇 *Corydalis edulis* Maxim.

【别名】楚葵、蜀堇、苔菜、水卜菜。

【形态特征】一年生草本，高10～30厘米，无毛。主根细长。茎直立，单一，自下部起分枝。基生叶有长柄；叶片轮廓卵形至三角形，长3～9厘米，二至三回羽状全裂，一回裂片5～7枚，有短柄，二或三回裂片轮廓倒卵形，近无柄，末回裂片狭卵形，先端钝，下面灰绿色。总状花序顶生或与叶对生，长3～10厘米，疏着花5～8朵；苞片狭卵形至披针形，长1.5～3毫米，先端尖，全缘或疏生小齿；萼片小，膜质；花冠淡粉色至紫红色，长15～18毫米，距约占外轮上花瓣全长的1/3，末端略向下弯；子房条形，柱头2裂。蒴果条形，长2.5～3.5厘米，宽1.5～2毫米，具轻微肿节。种子扁球形，直径1.2～2毫米，黑色，有光泽，密生小凹点。花期3—4月，果期4—5月。

【产地、生长环境与分布】产于湖北省十堰市茅箭区，生于海拔400～1200米的丘陵、沟边或多石地。

【药用部位】根或全草。

【采集加工】春、夏季采挖，除去杂质，洗净，鲜用或阴干。

【性味】味苦、涩，性凉；有毒。

【功能主治】清热解毒，杀虫止痒；主治疮疖痈肿，聤耳流脓，咽喉疼痛，疥癣，秃疮，毒蛇咬伤。

【成分】不详。

【用法用量】内服：煎汤，4～10克。外用：适量，捣敷；或研末调敷；或煎水洗。

三十一、十字花科

81. 北美独行菜 *Lepidium virginicum* L.

【别名】琴叶独行菜。

【形态特征】一年生或二年生草本，高20～50厘米；茎单一，直立，上部分枝，具柱状腺毛。基生叶倒披针形，长1～5厘米，羽状分裂或大头羽裂，裂片大小不等，卵形或长圆形，边缘有锯齿，两面有短伏毛；叶柄长1～1.5厘米；茎生叶有短柄，倒披针形或线形，长1.5～5厘米，宽2～10毫米，顶端急尖，基部渐狭，边缘有尖锯齿或全缘。总状花序顶生；萼片椭圆形，长约1厘米；花瓣白色，倒卵形，和萼片等长或稍长；雄蕊2或4。短角果近圆形，长2～3毫米，宽1～2毫米，扁平，有窄翅，顶端微缺，花柱极短；果梗长2～3毫米。种子卵形，长约1厘米，光滑，红棕色，边缘有窄翅；子叶缘倚胚根。花期4—5月，果期6—7月。

【产地、生长环境与分布】产于湖北省十堰市茅箭区，生于田边或荒地，为田间杂草。

【药用部位】种子。

【采集加工】8—9月种子成熟时割取全株，晒干，打下种子，除去杂质。

【性味】味辛，性温。

【功能主治】祛痰止咳，温中，利尿；主治咳嗽，喘息，痰多而稠，呃逆，腹泻，痢疾，腹胀，水肿，小便不利，疥癣。

【成分】全草及种子含挥发油0.115%，主要成分为苯乙腈、硫氰酸苄酯、异硫氰酸苄酯等。全草还含独行菜碱，种子还含芥子碱。

【用法用量】内服：煎汤，6～15克。外用：适量，捣敷；或研末调敷。

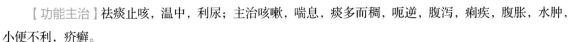

82. 蔊菜 *Rorippa indica*（L.）Hiern

【别名】印度蔊菜、天菜子、香荠菜。

【形态特征】一年生草本，高10～50厘米，全体无毛。茎直立或上升，柔弱，近基部分枝。下部叶有柄，羽状浅裂，长2～10厘米，顶生裂片宽卵形，侧生裂片小；上部叶无柄，卵形或宽披针形，先端渐尖，基部渐狭，稍抱茎，边缘具不整齐锯齿，稍有毛。总状花序顶生；萼片4，矩圆形；花瓣4，淡黄色，倒披针形，长约2毫米。长角果条形，长2～2.5厘米，宽1～1.5毫米；果梗丝形，长4～5毫米；种子每室2行，多数，细小，卵形，褐色。

【产地、生长环境与分布】产于湖北省十堰市茅箭区，生于海拔230～1450米的路旁、田边、园圃、河边、屋边墙脚及山坡路旁等较潮湿处。

【药用部位】全草。

【采集加工】5—7月采收全草，鲜用或晒干。

【性味】味辛、苦，性微温。归肺、肝经。

【功能主治】祛痰止咳，解表散寒，活血解毒，利湿退黄；主治咳嗽痰喘，感冒发热，麻疹透发不畅，风湿痹痛，咽喉肿痛，疔疮痈肿，漆疮，闭经，跌打损伤，黄疸，水肿。

【成分】蔊菜全草含蔊菜素、有机酸、黄酮类化合物及微量生物碱。无瓣蔊菜全草含蔊菜素、蔊菜酰胺。

【用法用量】内服：煎汤，10～30克，鲜品加倍；或捣绞汁服。外用：适量，捣敷。

83. 萝卜 *Raphanus sativus* L.

【别名】莱菔。

【形态特征】一年生或二年生草本，高30～100厘米。直根，肉质，长圆形、球形或圆锥形，外皮绿色、白色或红色。茎有分枝，无毛，稍具粉霜。基生叶和下部茎生叶大头羽状半裂，长8～30厘米，宽3～5厘米；顶裂片卵形，侧裂片4～6对，长圆形，有钝齿，疏生粗毛；上部叶长圆形，有锯齿或近全缘。总状花序顶生或腋生；萼片长圆形；花瓣4，白色、紫色或粉红色，直径1.5～2厘米，倒卵形，长1～1.5厘米，具紫纹，下部有长5毫米的爪；雄蕊6，4长2短；雌蕊1，子房钻状，柱头柱状。长角果圆柱形，长3～6厘米，在种子间缢缩，形成海绵质横隔，先端有喙长1～1.5厘米；

种子 1 ～ 6 颗，卵形，微扁，长约 3 毫米，红棕色，有细网纹。花期 4—5 月，果期 5—6 月。

【产地、生长环境与分布】产于湖北省十堰市茅箭区，全国各地均有栽培。

【药用部位】鲜根。

【采集加工】秋、冬季采挖鲜根，除去茎叶，洗净。

【性味】味辛、甘，性凉；熟者味甘，性平。归脾、胃、肺、大肠经。

【功能主治】消食，下气，化痰，止血，解渴，利尿；主治消化不良，食积胀满，腹泻，痢疾，便秘，痰热咳嗽，咽喉不利，咯血，吐血，衄血，便血，消渴，淋浊，外用治疮疡，跌打损伤，烫伤及冻疮。

【成分】根含芥子油苷、葡萄糖、莱菔素，另含莱菔苷、葡萄糖、咖啡酸、阿魏酸等。

【用法用量】内服：生食，捣汁服，30 ～ 100 克；或煎汤、煮食。外用：适量，捣敷；或捣汁涂；或滴鼻；或煎水洗。

84. 荠 *Capsella bursa-pastoris*（L.）Medic.

【别名】荠菜、菱角菜。

【形态特征】一年生或二年生草本，高 20 ～ 50 厘米。茎直立，有分枝，稍有分枝毛或单毛。基生叶丛生，呈莲座状，具长叶柄，5 ～ 40 毫米；叶片大头羽状分裂，长可达 12 厘米，宽可达 2.5 厘米，顶生裂片较大，卵形至长卵形，长 5 ～ 30 毫米，侧生者宽 2 ～ 20 毫米，裂片 3 ～ 8 对，较小，狭长，呈圆形至卵形，先端渐尖，浅裂或具有不规则粗锯齿；茎生叶狭披针形，长 1 ～ 2 厘米，宽 2 ～ 15 毫米，基部箭形抱茎，边缘有缺刻或锯齿，两面有细毛或无毛。总状花序顶生或腋生，果期延长达 20 厘米；萼片长圆形；花瓣白色，匙形或卵形，长 2 ～ 3 毫米，有短爪。短角果倒卵状三角形或倒心状三角形，长 5 ～ 8 毫米，宽 4 ～ 7 毫米，扁平，无毛，先端稍凹，裂瓣具网脉，花柱长约 0.5 毫米。种子 2 行，呈椭圆形，浅褐色。花果期 4—6 月。

【产地、生长环境与分布】产于湖北省十堰市茅箭区，生于山坡、田边及路旁。野生，偶有栽培。

【药用部位】全草。

【采集加工】3—5月采收全草，除去杂质，洗净，晒干。

【性味】味甘、淡，性凉。

【功能主治】凉肝止血，平肝明目，清热利湿。

【成分】全株含草酸、酒石酸、苹果酸等有机酸，以及钾、钙、钠、铁、氯、磷、锰等矿物质，还含二氢非瑟素、山柰酚–4′–甲醚等。

【用法用量】内服：煎汤，15～30克（鲜品60～120克）；或入丸、散。外用：适量，捣汁点眼。

85. 山萮菜 *Eutrema yunnanense* Franch.

【别名】山葵、泽山葵、瓦沙米、山姜。

【形态特征】多年生草本，高30～80厘米。根茎横卧，粗约1厘米，具多数须根。近地面处生数茎，直立或斜上升，表面有纵沟，下部无毛，上部有单毛。基生叶具柄，长25～35厘米；叶片近圆形，长7～16厘米，宽7～10厘米，基部深心形，边缘具波状齿或牙齿状齿；茎生叶具柄，柄长5～30毫米，向上渐短，叶片向上渐小，长卵形或卵状三角形，顶端渐尖，基部浅心形，边缘有波状齿或锯齿。花序密集成伞房状，果期伸长；花梗长5～10毫米；萼片卵形，长约1.5毫米；花瓣白色，长圆形，长3.5～6毫米，顶端钝圆，有短爪。角果长圆筒状，长7～15毫米，宽1～2毫米，两端渐窄；果瓣中脉明显；果梗纤细，长8～16毫米，向下反折，角果常翘起。种子长圆形，长2.2～2.5毫米，褐色。花期3—4月。

【产地、生长环境与分布】产于湖北省十堰市茅箭区，生于林下或山坡、草丛、沟边、水中，海拔1000～3500米。

【药用部位】根、茎、叶。

【采集加工】夏、秋季采根茎，洗净去皮后，磨成泥状，供调味用。

【性味】味辛，性寒。归肺经。

【功能主治】根茎：促进食欲，杀菌防腐，止痛，发汗，清血，利尿。根：主治神经痛，关节炎，作生鱼片的调料。

【成分】本品富含多种氨基酸和钾。

【用法用量】茎：皮肤炎外洗，烫伤捣敷。叶：内服，可炒、炸食用；外用，煎水洗。

86. 芸薹 *Brassica campestris* L.

【别名】胡菜、寒菜。

【形态特征】二年生草本，高 30～90 厘米。无毛，微带粉霜。茎直立，粗壮，不分枝或分枝。基生叶长 10～20 厘米，大头羽状分裂，顶生裂片圆形或卵形，侧生裂片 5 对，卵形；下部茎生叶羽状半裂，基部扩展且抱茎，两面均有硬毛，有缘毛；上部茎生叶提琴形或长圆状披针形，基部心形，抱茎，两侧有垂耳，全缘或有波状细齿。总状花序生于枝顶，花期伞房状；萼片 4，黄绿色；花瓣 4，鲜黄色，倒卵形或圆形，长 3～5 毫米，基部具短爪；雄蕊 6，4 长 2 短，长雄蕊长 8～9 毫米，短雄蕊长 6～7 毫米，花丝细线形；子房圆柱形，长 10～11 毫米，上部渐细，花柱明显，柱头膨大成头状。长角果条形，长 3～8 厘米，宽 2～3 毫米，先端有 9～24 毫米的喙；果梗长 5～15 毫米。种子球形，直径约 1.5 毫米，红褐色或黑色，近球形。花期 3—5 月，果期 4—6 月。

【产地、生长环境与分布】产于湖北省十堰市茅箭区，喜肥沃、潮湿的土地，主产于长江流域和西北地区。

【药用部位】根、茎、叶。

【采集加工】2—3 月采收，多鲜用。

【性味】味辛、甘，性平。

【功能主治】凉血散瘀，解毒消肿。

【成分】全草及根含葡萄糖异硫氰酸酯类成分。

【用法用量】内服：煮食，30～300 克；或捣汁服，20～100 毫升。外用：适量，煎水洗；或捣敷。

三十二、金缕梅科

87. 红花檵木 *Loropetalum chinense* var. *rubrum* Yieh

【别名】红继木、红桎木、红檵花、红花木、红花继木。

【形态特征】为金缕梅科檵木属檵木的变种。灌木，有时为小乔木，多分枝，小枝被毛。叶革质，卵形，长 2～5 厘米，宽 1.5～2.5 厘米，先端锐尖，基部钝，不对称，上面略被粗毛或秃净，干后暗绿色，无光泽；下面被毛，稍带灰白色，侧脉约 5 对，在上面明显，在下面突起，全缘。叶柄长 2～5 毫米，被毛。托叶膜质，三角状披针形，长 3～4 毫米，宽 1.5～2 毫米，早落。花 3～8 朵簇生，有短花梗，白色，比新叶先开放，或与嫩叶同时开放，花序柄长约 1 厘米，被毛；苞片线形，长 3 毫米；萼筒杯状，被毛；萼齿卵形，长约 2 毫米，花后脱落；花瓣 4 片，带状，长 1～2 厘米，先端圆或钝；雄蕊 4 枚，花丝极短，药隔突出成角状；退化雄蕊 4 枚，鳞片状，与雄蕊互生；子房完全下位，被毛；花柱极短，长约 1 毫米；胚珠 1 个，垂生于心皮内上角。蒴果卵圆形，长 7～8 毫米，宽 6～7 毫米，先端圆，被褐色茸毛，萼筒长为蒴果的 2/3。种子卵圆形，长 4～5 毫米，黑色，发亮。花期 3—4 月，果期 10 月。

【产地、生长环境与分布】产于湖北省十堰市茅箭区，常生于向阳山坡、路边、灌丛、丘陵地及郊野溪沟边。

【药用部位】花、根及叶片。

【采集加工】花：清明前后采收，阴干，储干燥处。根：全年均可采挖，洗净，切块，鲜用或晒干。叶：全年均可采摘，晒干，置干燥处，防蛀。

【性味】花：味甘、涩，性平。归肺、脾、大肠经。根：味苦、涩，性微温。归肝、脾、大肠经。叶：味苦、涩，性凉。归肝、胃、大肠经。

【功能主治】花：清热止咳，收敛止血；主治肺热咳嗽，咯血，鼻衄，便血，痢疾，泄泻，崩漏。

根：止血，活血，收敛固涩；主治咯血，吐血，便血，外伤出血，崩漏，产后恶露不净，风湿关节痛，跌打损伤，泄泻，痢疾，带下，脱肛。

叶：收敛止血，清热解毒；主治咯血，吐血，便血，崩漏，产后恶露不净，紫癜，暑热泻痢，跌打损伤，创伤出血，肝热目赤，喉痛。

【成分】檵花含槲皮素与异槲皮苷。檵木叶含槲皮素和鞣质，另含没食子酸和黄酮类。

【用法用量】檵花：内服，煎汤，6～10 克；外用，适量，研末撒，或鲜品揉团塞鼻。

檵木根：内服，煎汤，15～30 克；外用，适量，研末敷。

檵木叶：内服，煎汤，15～30 克，或捣汁；外用，适量，捣敷，或研末敷，或煎水洗、含漱。

88. 牛鼻栓 *Fortunearia sinensis* Rehd. et Wils.

【别名】连合子、木里仙。

【形态特征】灌木，高3米。叶倒卵形，长7～16厘米，宽4～10厘米，顶端渐尖，基部圆形或钝，稍偏斜，边缘有波状齿突，下面只在脉上有较密的长毛，侧脉6～10对；叶柄长4～10毫米。两性花和雄花同株；两性花的总状花序长4～6厘米；苞片披针形，长约2毫米；萼筒长1毫米，无毛，萼齿5，卵形，顶端有毛；花瓣5，钻形，比萼齿短；雄蕊5，与萼筒等长，花丝极短；子房半下位，2室，每室有1下垂胚珠，花柱2，长1毫米。雄花排列成柔荑花序，具退化雌蕊。蒴果木质，卵圆形，无毛，长1.5厘米，具白色皮孔，室间及室背开裂。

【产地、生长环境与分布】产于湖北省十堰市茅箭区，常生于山坡杂木林、灌丛中或溪谷边及林缘。

【药用部位】枝叶或根。

【采集加工】枝叶：春、夏季采摘，晒干。根：全年均可采挖，洗净，晒干。

【性味】味苦、涩，性平。归脾、肝经。

【功能主治】益气，止血；主治气虚劳伤，乏力，创伤出血。

【成分】牛鼻栓叶含牛鼻栓苷与岩白菜素。

【用法用量】内服：煎汤，10～24克，大剂量单用60～90克。外用：适量，捣烂敷。

三十三、景天科

89. 费菜 *Sedum aizoon* L.

【别名】六月淋、收丹皮、石菜兰、九莲花、长生景天、细叶费菜、乳毛土三七、多花景天

三七、还阳草、金不换、豆瓣还阳、六月还阳、汉
三七。

【形态特征】多年生肉质草本，高20～80厘米，
全株无毛。根状茎粗短，近木质化。茎直立，圆柱形，
粗壮，不分枝，有时从基部抽出1～3条，基部常紫色。
叶互生或近对生；叶片长3.5～8厘米，宽1.2～2厘米，
先端钝或稍尖，基部楔形，几无柄，边缘有不整齐的锯齿。
聚伞花序顶生，花枝平展，多花，花下有苞叶；萼片5，
线形至披针形，不等长，长约为花瓣的1/2；花瓣5，黄色，
长圆形至椭圆状披针形，长6～10毫米，先端有短尖；
雄蕊10，2轮，均较花瓣短；鳞片5，正方形或半圆形；
心皮5，稍开展，卵状长圆形，长6～7毫米，先端突狭
成花柱，基部稍合生，腹面突起。蓇葖果，黄色或红棕色，
呈星状排列。种子细小，褐色，平滑，椭圆形，边缘有狭翅。
花期6—7月，果期8—9月。

【产地、生长环境与分布】产于湖北省十堰市茅箭
区，生于温暖向阳的山坡、岩石上或草地。

【药用部位】根或全草。

【采集加工】根：春、秋季采挖，洗净，晒干。全草：随用随采，或秋季采后晒干。

【性味】味甘、微酸，性平。归心、肝经。

【功能主治】散瘀，止血，宁心安神，解毒；主治吐血，衄血，咯血，便血，尿血，崩漏，紫癜，
外伤出血，跌打损伤，心悸失眠，疮疖痈肿，烫火伤，毒虫蜇伤。

【成分】全草含景天庚糖、蔗糖、果糖。根含齐墩果酸、β–谷甾醇、熊果酸、氢醌和消旋–甲基
异石榴皮碱、左旋景天宁、消旋景天胺等。

【用法用量】内服：煎汤，15～30克；或鲜品绞汁，30～60克。外用：适量，鲜品捣敷；或研末撒敷。

90. 珠芽景天 *Sedum bulbiferum* Makino

【别名】马尿花、狗牙菜。

【形态特征】多年生肉质草本，高7～22厘米。茎基部分枝，直立或横卧，生须根。茎下部叶常对生，
上部叶互生，卵状匙形或匙状倒披针形，长10～15毫米，宽2～4毫米，先端钝，基部渐狭。有短距，
叶腋内常生球形、肉质小珠芽，落地后能生成新的植株。聚伞状花序，常有3分枝，每分枝再成二歧分枝；
花无梗；萼片5，披针形至倒披针形，长3～4毫米，先端钝，有短距；花瓣5，黄色，披针形，长4.5～5
毫米，宽1.25毫米，先端有短尖；雄蕊10，2轮，较花瓣短；心皮5，略叉开，基部1毫米合生。蓇葖果，
呈星状排列。种子长圆形，有乳头状突起，无翅。花期4—5月，果期6—7月。

【产地、生长环境与分布】产于湖北省十堰市茅箭区，生于海拔1000米以下的低山、平地、田野阴
湿处。

【药用部位】全草。

【采集加工】夏季采收，鲜用或晒干。

【性味】味酸、涩，性凉。归肝经。

【功能主治】清热解毒，凉血止血，截疟；主治热毒痈肿，牙龈肿痛，毒蛇咬伤，血热出血，外伤出血，疟疾。

【用法用量】内服：煎汤，12～24克；或浸酒。

91. 凹叶景天 *Sedum emarginatum* Migo

【别名】石板菜、九月寒、打不死、石板还阳、石雀还阳、岩板菜、马牙半支（中药名）。

【形态特征】多年生肉质草本，高10～20厘米，全株无毛。根纤维状。茎细弱，下部平卧，节处生须根，上部直立，淡紫色，略呈四方形，棱钝，有槽，平滑。叶对生或互生，匙状倒卵形至宽卵形，长1.2～3厘米，宽5～10毫米，先端圆，微凹，基部渐狭，有短距，全缘，光滑。蝎尾状聚伞花序，顶生，花小，多数，疏生，无花梗；苞片叶状；萼片5，绿色，匙形或宽倒披针形，长不到花瓣的1/2；花瓣5，黄色，披针形或线状披针形，长6～8毫米，宽1.5～2毫米，先端有短尖；雄蕊10，2轮，均较花瓣短，花药紫色；鳞片5，长圆形，分离，先端突狭成花柱，基部稍合生。蓇葖果，略叉开，腹面有浅囊状隆起。种子细小，长圆形，褐色，疏具小乳头状突起。花期4—6月，果期6—8月。

【产地、生长环境与分布】产于湖北省十堰市茅箭区，生于较阴湿的土坡岩石上或溪谷林下。

【药用部位】全草。

【采集加工】夏、秋季采收，洗净，鲜用，或置沸水中稍烫，晒干。

【性味】味苦、酸，性凉。归心、肝、大肠经。

【功能主治】清热解毒，凉血止血，利湿；主治痈肿，疔疮，带状疱疹，瘰疬，咯血，衄血，吐血，便血，痢疾，淋病，黄疸，崩漏，带下。

【用法用量】内服：煎汤，15～30克；或捣汁，鲜品50～100克。外用：适量，捣敷。

92. 大苞景天 *Sedum oligospermum* Maire

【别名】灯台菜（中药名）、苞叶景天。

【形态特征】一年生草本。茎高15～50厘米。叶互生，上部为3叶轮生，下部叶常脱落，肉质，菱状椭圆形，长3～6厘米，宽1.5～2厘米，两端渐狭，常聚生于花序下；叶柄长约1厘米；苞片圆形或稍长，与花近等长。聚伞花序常三歧分枝，每枝有花1～4朵；萼片5，宽三角形，长0.5～0.7毫米；花瓣5，黄色，长圆形，长5～6毫米，宽1～1.5毫米；雄蕊5或10，稍短于花瓣；鳞片5，近长方形至长圆状匙形，长不及1毫米；心皮5，略叉开，基部2毫米合生，长约5毫米。蓇葖果，有种子1～2，种子纺锤形，长2～3毫米，有微乳头状突起。花期6～9月，果期8—11月。

【产地、生长环境与分布】产于湖北省十堰市茅箭区，生于海拔1100～2800米的山坡林下阴湿处。

【药用部位】全草。

【采集加工】夏、秋季采收，洗净，晒干。

【性味】味甘、淡，性寒。

【功能主治】清热解毒，活血行瘀；主治产后腹痛，胃痛，大便燥结，烫火伤。

【用法用量】内服：煎汤，6～12克。外用：适量，捣敷。

93. 佛甲草 *Sedum lineare* Thunb.

【别名】狗牙菜、尖甲草。

【形态特征】多年生肉质草本，高10～20厘米。全株无毛。根多分枝，须根状。茎纤细倾卧，着地部分节节生根。叶3～4片轮生，少数对生或互生；近无柄；叶片条形至披针形，质肥厚，长2～2.5厘米，宽约2毫米，先端钝尖，基部有短距。聚伞花序，顶生，有2～3分枝；花细小，疏生，无梗；萼片5，线状披针形，不等长，长1.5～7毫米；花瓣5，黄色，长圆状披针形，长4～6毫米，先端急尖，基部渐狭；雄蕊10，2轮，均较花瓣短；鳞片5，宽楔形至四方形，上端截形或微缺；心皮5，开展，长4～6毫米。蓇葖果，成熟时呈五角星状；种子细小，卵圆形，具乳头状突起。花期5—6月，果期7—8月。

【产地、生长环境与分布】产于湖北省十堰市茅箭区，生于低山阴湿处或山坡、山谷岩石缝中。

【药用部位】茎叶。

【采集加工】鲜用随采；或夏、秋季拔出全株，洗净，置开水中略烫，捞起，晒干或炕干。

【性味】味甘、淡，性寒。归肺、肝经。

【功能主治】清热解毒，利湿，止血；主治咽喉肿痛，目赤肿痛，热毒痈肿，疔疮，丹毒，缠腰火丹，烫火伤，毒蛇咬伤，黄疸，湿热泻痢，便血，崩漏，外伤出血，扁平疣。

【用法用量】内服：煎汤，9～15克（鲜品20～30克）；或捣汁。外用：适量，鲜品捣敷；或捣汁含漱、点眼。

三十四、虎耳草科

94. 七叶鬼灯檠 *Rodgersia aesculifolia* Batalin

【别名】慕荷、老蛇盘、猪屎七、毛荷叶、黄药子、老汉球、天逢伞、红苕七、猪屎七、秤杆七、麻鹊子、红药子、掰合山、山藕、厚朴七、牛角七、毛青红、枣儿红、索骨丹（中药名）。

【形态特征】多年生草本，高达150厘米。根茎短，圆柱形，粗壮，外皮棕褐色，断面粉红色，具鳞片状毛。茎直立，中空，不分枝，无毛。基生叶通常1～2枚，叶柄长10～30厘米；茎生叶约2枚，掌状复叶；小叶3～7，狭倒卵形或倒披针形，长8～27厘米，宽3～9厘米，先端渐尖或急尖，基部楔形，边缘有不整齐重锯齿，上面无毛，下面沿叶脉有毛。近花序处的叶柄仅长3厘米，基部呈鞘状抱茎。圆锥花序顶生；花梗短，有细毛；萼筒浅杯状，5深裂，裂片卵形，白色或淡黄色；花冠缺；雄蕊10，花丝短；花柱2，分离。蒴果，有2喙，喙间裂开。种子多数。花期6—7月，果期8—9月。

【产地、生长环境与分布】产于湖北省十堰市茅箭区，生于海拔 1100 ～ 3400 米的山地、林下、灌丛、草甸或阴湿处。

【药用部位】根茎。

【采集加工】秋季采挖，除去茎叶、须根，洗净，切片，鲜用或晒干。

【性味】味苦、涩，性凉。

【功能主治】清热解毒，凉血止血，收敛；主治泄泻，白浊，带下，衄血，吐血，咯血，崩漏，便血，外伤出血，咽喉肿痛，疮毒，烫火伤，脱肛，子宫脱垂。

【用法用量】内服：煎汤，5 ～ 10 克；或研末，每次 3 ～ 6 克。外用：适量，捣敷；或煎水洗；或研末撒。

95. 虎耳草 *Saxifraga stolonifera* Curt.

【别名】石荷叶、老虎耳。

【形态特征】多年生草本，冬不枯萎。根纤细；匍匐茎细长，红紫色，有时生出叶与不定根。叶基生，通常数片；叶柄长 3 ～ 10 厘米；叶片肉质，圆形或肾形，直径 4 ～ 6 厘米，有时较大，基部心形或平截，边缘有浅裂片和不规则细锯齿，上面绿色，常有白色斑纹，下面紫红色，两面被柔毛。花茎高达 25 厘米，直立或稍倾斜，有分枝；圆锥状花序，轴与分枝、花梗被腺毛及茸毛；苞片披针形，被柔毛；萼片卵形，先端尖，向外伸展；花多数，花瓣 5，白色或粉红色，下方 2 瓣特长，椭圆状披针形，长 1 ～ 1.5 厘米，宽 2 ～ 3 毫米，上方 3 瓣较小，卵形，基部有黄色斑点；雄蕊 10，花丝棒状，比萼片长约 1 倍，花药紫红色；子房球形，花柱纤细，柱头细小。蒴果卵圆形，先端 2 深裂，呈喙状。花期 5—8 月，果期 7—11 月。

【产地、生长环境与分布】产于湖北省十堰市茅箭区，生于海拔 400 ～ 4500 米的林下、灌丛、草甸和阴湿岩石旁。

【药用部位】全草。

【采集加工】全年均可采收，将全草拔出，洗净，晾干。

【性味】味苦、辛，性寒；有小毒。

【功能主治】疏风，清热，凉血，解毒；主治风热咳嗽，肺痈，吐血，聤耳流脓，风火牙痛，风疹瘙痒，痈肿丹毒，痔疮肿痛，毒虫咬伤，烫伤，外伤出血。

【用法用量】内服：煎汤，10～15 克。外用：适量，煎水洗；或鲜品捣敷；或绞汁滴耳。

【验方参考】（1）治肺痈吐臭脓：虎耳草 12 克，忍冬叶 30 克。水煎 2 次，分服。（《江西民间草药》）

（2）治肺结核：虎耳草、鱼腥草、一枝黄花各 30 克，白及、百部、白茅根各 15 克。水煎服。（《福建药物志》）

（3）治吐血：虎耳草 9 克，猪瘦肉 120 克。混同剁烂，做成肉饼。加水蒸熟食。（《江西民间草药》）

96. 大叶金腰 *Chrysosplenium macrophyllum* Oliv.

【别名】水勺子菜、虎皮草（中药名）、马耳朵草、龙舌草、猪耳朵。

【形态特征】多年生草本，高 8～16 厘米。有伸长的匍匐茎和发达的棕色须根。茎肉质多汁，紫红色，疏生棕色柔毛或近无毛。基生叶数枚；叶柄长 0.8～1 厘米，具褐色柔毛；叶片革质，倒卵状匙形，长 3～20 厘米，宽 2～11 厘米，先端钝圆，基部渐狭成柄，近全缘或有波状齿，上面深绿色，有棕色毛；茎生叶小，匙形。不育枝长达 45 厘米；叶互生，匙形，顶部的叶稍密集。花茎自基生叶间抽出，茎生叶通常 1 片。多歧聚伞花序顶生；苞片卵形或阔卵形，长 0.5～1.7 厘米；花两性，单花被；萼片 4，白色或淡黄色，花后变绿色，直立，卵形；雄蕊 8，长 6～8 毫米，较萼片长；雌蕊心皮 2，子房半下位，与萼筒相结合。蒴果水平开展，中央凹入，喙各具 1 针状毛。种子卵形，微小，有乳头状突起，暗紫褐色。花期 3—4 月，果期 5—6 月。

【产地、生长环境与分布】产于湖北省十堰市茅箭区，生于海拔 100～2200 米的山坡林下或沟边阴湿处。

【药用部位】全草。

【采集加工】夏季采收，鲜用或晒干。

【性味】味苦、涩，性寒。

【功能主治】清热解毒，止咳，止带，收敛生肌；主治小儿惊风，无名肿毒，咳嗽，带下，臁疮，烫伤。

【用法用量】内服：煎汤，30～60 克。外用：适量，捣敷；或捣汁；或熬膏涂。

【验方参考】（1）治肺结核，咯血：（大叶金腰）全草 15～60 克，煮豆腐或猪瘦肉吃。（《湖南药物志》）

（2）治支气管扩张、哮喘：（大叶金腰）全草 15～30 克，研粉，白茅根 60～90 克。煎水，分次送服。（《湖南药物志》）

（3）治慢性肾炎、肝炎：（大叶金腰）全草 9～15 克。水煎服，或煮猪瘦肉吃。（《湖南药物志》）

97. 落新妇 *Astilbe chinensis*（Maxim.）Franch. et Savat.

【别名】红花落新妇、马尾参。

【形态特征】多年生直立草本，高 40～65 厘米。茎直立，被褐色长柔毛并杂以腺毛；根茎横走，粗大呈块状，被褐色鳞片及深褐色长茸毛，须根暗褐色。基生叶为二至三回三出复叶，具长柄，托叶较狭；小叶片卵形至长椭圆状卵形或倒卵形，长 2.5～10 厘米，宽 1.5～5 厘米，先端通常短渐尖至急尖，基部圆形、宽楔形或两侧不对称，边缘有尖锐的重锯齿，两面均被刚毛，脉上尤密；茎生叶 2～3，较小，与基生叶相似，仅叶柄较短，基部钻形。花轴直立，高 20～50 厘米，下端具鳞状毛，上端密被棕色卷曲长柔毛；花两性或单性，稀杂性或雌雄异株，圆锥花序；苞片卵形，较花萼稍短；花萼长 1.5 毫米，萼筒浅杯状，5 深裂；花瓣 5，窄线状，长约 5 毫米，淡紫色或紫红色；雄蕊 10，花丝青紫色，花药青色，成熟后呈紫色；心皮 2，基部连合，子房半上位。蒴果，成熟时橘黄色。种子多数。花期 6—7 月，果期 8—9 月。

【产地、生长环境与分布】产于湖北省十堰市茅箭区，生于海拔 400～3600 米的山坡、林下阴湿处或林缘路旁、草丛中。

【药用部位】全草。

【采集加工】秋季采收，除去根茎，洗净，鲜用或晒干。

【性味】味苦，性凉。

【功能主治】祛风，清热，止咳；主治风热感冒，头身疼痛，咳嗽。

【用法用量】内服：煎汤，6～9克（鲜品10～20克）；或浸酒。

三十五、绣球花科

98. 山梅花 *Philadelphus incanus* Koehne

【别名】毛叶木通、滇南山梅花、卷毛山梅花。

【形态特征】直立灌木，高2～3米。茎枝对生，幼枝灰绿色，有茸毛，老枝紫红色，无毛。单叶对生；叶柄长约1厘米；叶片长卵形，长4～10厘米，宽1～5厘米，上面被柔毛，下面被稍密白色短柔毛，边缘有锯齿；主脉由基部3～5出，侧脉不明显，花白色，微芳香；花单生或数朵排成聚伞花序，常集生于枝梢成总状；萼片4，绿色，萼筒外面被稍密短柔毛，裂片外面被疏毛；花瓣4；雄蕊多数；子房下位，花柱先端4裂。蒴果卵圆形。种子多数。花期5—6月，果期8—9月。

【产地、生长环境与分布】产于湖北省十堰市茅箭区，生于山野疏林下。

【药用部位】茎、叶。

【采集加工】夏季采收，扎把晒干。

【性味】味甘、淡，性平。

【功能主治】清热利湿；主治膀胱炎，黄疸型肝炎。

【用法用量】内服：煎汤，3～6克。

99. 中国绣球 *Hydrangea chinensis* Maxim.

【别名】常山、常山树、常山尼、脱皮龙、八仙花（中药名）。

【形态特征】落叶灌木。小枝、叶柄及花序初时常被短柔毛，后变无毛。叶对生；叶柄长5～12厘米；叶片纸质，狭椭圆形至长圆形，长 7～16 厘米，宽 2.5～4.5 厘米，近全缘或上部有稀疏小锯齿，无毛或稍有微毛。伞形花序式的聚伞花序着生于顶生叶腋间，无总花梗，有数对小分枝；不育花缺或存在，存在时则具 4～5 枚萼瓣；萼瓣近等大或不等大，卵形至近圆形，最大者长 1.5～2.5 厘米，沿脉有疏短毛；孕性花白色；花萼无毛，常 5 裂；花瓣 5，离生；雄蕊 10；花柱 3～4，子房大半部上位。蒴果卵球形，长约 4 毫米，顶端孔裂，有 3～4 枚宿存花柱。种子无翅，具细条纹。花期 6—7 月，果期 9—10 月。

【产地、生长环境与分布】产于湖北省十堰市茅箭区，生于海拔 1700～2700 米的溪边或林下。

【药用部位】根。

【采集加工】夏、秋季采挖，除去茎叶和须根，洗净，切段，晒干。

【功能主治】活血止痛，截疟，清热利尿；主治跌打损伤，骨折，疟疾，头痛，麻疹，小便淋痛。

【用法用量】内服：煎汤，3～9 克。外用：适量，捣敷。

100. 绣球 *Hydrangea macrophylla*（Thunb.）Ser.

【别名】八仙花、粉团花、紫阳花、绣球花。

【形态特征】落叶灌木，高达 1 米。小枝粗壮，有明显的皮孔与叶迹。叶对生；叶柄长 1～3 厘米，无毛；叶片稍厚，椭圆形至卵状椭圆形，长 8～16 厘米，宽 4～9 厘米，先端短渐尖，基部宽楔形，边缘除基部外具粗锯齿，上面鲜绿色，下面黄绿色，无毛或脉上有粗毛。伞房花序顶生，球形，直径 10～20 厘米；花梗有柔毛；花极美丽，白色、粉红色，或变为蓝色，多数不育；萼片 4，阔卵形，长 1～2 厘米，全缘。花期 6—9 月。

【产地、生长环境与分布】产于湖北省十堰市茅箭区，生于林下或水沟旁阴湿处，喜阴湿而土地肥沃的沙土。

【药用部位】根、叶或花。

【采集加工】秋季挖根，切片，晒干；夏季采叶，晒干；初夏至深秋采花，晒干。

【性味】味苦、微辛，性寒；有小毒。

【功能主治】抗疟，清热，解毒，杀虫；主治疟疾，心热惊悸，烦躁，喉痹，阴囊湿疹，疖痈。

【用法用量】内服：煎汤，9～12 克。外用：适量，煎水洗；或研末调涂。

三十六、海桐花科

101. 海金子 *Pittosporum illicioides* Mak.

【别名】崖花子、崖花海桐、海桐树、满山香、五月上树风、野梦花、野桂花。

【形态特征】常绿灌木或小乔木，高 2～6 米，全株光滑无毛。小枝近轮生。单叶互生，有时成几轮集生于枝顶；叶柄长 5～10 毫米；叶片薄革质，倒卵形至倒披针形，长 5～10 厘米，宽 1～3.5 厘米，先端短尖或渐尖，基部楔形，上面深绿色，下面浅绿色，均光滑无毛，边缘略呈波状；侧脉 6～8 对，上面不明显，下面突起，网脉明显。花淡黄色，3～12 朵集成伞房花序生于小枝顶端；花梗长 1～3 厘米；苞片早落；萼片 5，卵形，基部连合；花瓣 5，基部连合，裂片长匙形，长 8～10 毫米，约比花萼长 3 倍；雄蕊 5，与花瓣近等长，有时长为花瓣的一半，花药 2 室，纵裂；雌蕊由 3 心皮组成，子房上位，密生短毛，花柱单一，柱头不分裂。蒴果球状倒卵形或近椭圆状球形，直径可达 1.5 厘米；柱头宿存，成熟时裂为 3 瓣，果瓣木质或革质，外果皮薄，黄绿色，内有种子数颗。种子外被暗红色假种皮，长 2～4 毫米。花期 4—5 月，果期 10 月。

【产地、生长环境与分布】产于湖北省十堰市茅箭区，常生于山沟边、林下、岩石旁及山坡杂木林中。

【药用部位】根、根皮。

【采集加工】全年均可采挖，除去泥土，切片，晒干；或剥取皮部，切段，鲜用或晒干。

【性味】味苦、辛，性微温。

【功能主治】活络止痛，宁心益肾，解毒；主治风湿痹痛，骨折，胃痛，失眠，遗精，毒蛇咬伤。

【用法用量】内服：煎汤，15～30克；或浸酒。外用：适量，鲜品捣敷。

三十七、蔷薇科

102. 地榆 *Sanguisorba officinalis* L.

【别名】玉豉、红绣球、土儿红、紫朵苗子、马猴枣、鞭枣胡子。

【形态特征】多年生草本。根多呈纺锤形，表面棕褐色或紫褐色，有纵皱纹及横裂纹。茎直立，有棱，无毛或基部有稀疏腺毛。基生叶为羽状复叶，小叶4～6对；叶柄无毛或基部有稀疏腺毛；小叶片有短柄；托叶膜质，褐色，外面无毛或被稀疏腺毛；小叶片卵形或长圆形，长1～7厘米，宽0.5～3厘米，先端圆钝，稀急尖，基部浅心形至心形，边缘有多数粗大、圆钝的锯齿，两面无毛；茎生叶较少，小叶片长圆形至长圆状披针形，狭长，基部微心形至圆形，先端急尖；托叶大，草质，半卵形，外侧边缘有尖锐锯齿。穗状花序椭圆形、圆柱形或卵球形，直立，长1～3（4）厘米，直径0.5～1厘米，紫色至暗紫色，从花序顶端向下开放；苞片2，膜质，披针形，先端渐尖至骤尖，比萼片短或近等长，背面及边缘有柔毛；萼片4，椭圆形至宽卵形，先端常具短尖头，紫红色；

雄蕊4，花丝丝状，与萼片近等长，柱头先端盘形。瘦果包藏在宿存萼筒内，倒卵状长圆形或近圆形，外面有4棱。花期7—10月，果期9—11月。

【产地、生长环境与分布】产于湖北省十堰市茅箭区，生于海拔30～3000米的草原、草甸、山坡草地、灌丛中或疏林下。

【药用部位】根。

【采集加工】播种第2～3年春、秋季采收，于春季发芽前、秋季枯萎前后挖出，除去地上茎叶，洗净，晒干或趁鲜切片，干燥。

【性味】味苦、酸，性微寒。归肝、胃、大肠经。

【功能主治】凉血止血，清热解毒，消肿敛疮；主治吐血，咯血，衄血，尿血，便血，痔血，血痢，崩漏，赤白带下，疮痈肿痛，湿疹，阴痒，水火烫伤，蛇虫咬伤。

【用法用量】内服：煎汤，6～15克（鲜品30～120克）；或入丸、散，亦可绞汁内服。外用：适量，煎水或捣汁外涂；也可研末外掺或捣烂外敷。

103. 棣棠花 *Kerria japonica*（L.）DC.

【别名】地棠、黄度梅、金棣棠、黄榆叶梅、麻叶棣棠。

【形态特征】落叶灌木。高1～2米，稀达3米。小枝绿色，圆柱形，无毛，常拱垂，嫩枝有棱角，枝条折断后可见白色的髓。叶互生；叶柄长5～10毫米，无毛；托叶膜质，带状披针形，有缘毛，早落；叶片三角状卵形或卵圆形，先端长渐尖，基部圆形、截形或微心形，边缘有尖锐重锯齿，上面无毛或有稀疏柔毛，下面沿脉或脉腋有柔毛。花两性，大而单生，着生于当年生侧枝顶端，花梗无毛；花直径2.5～6厘米；萼片5，覆瓦状排列，卵状椭圆形，先端急尖，有小尖头，全缘，无毛，果时宿存；花瓣5。宽椭圆形，先端下凹，比萼片长1～4倍，黄色，具短爪。雄蕊多数，排列成数组，疏被柔毛；雌蕊5～8，分离，生于萼筒内；花柱直立。瘦果倒卵形至半球形，褐色或黑褐色，表面无毛，有皱褶。花期4—6月，果期6—8月。

【产地、生长环境与分布】产于湖北省十堰市茅箭区，生于海拔200～3000米的山坡灌丛中。

【药用部位】花。

【采集加工】4—5月采收，晒干。

【性味】味微苦、涩，性平。

【功能主治】化痰止咳，利湿消肿，解毒；主治咳嗽，风湿痹痛，产后劳伤痛，水肿，小便不利，消化不良，痈疽肿毒，湿疹，荨麻疹。

【用法用量】内服：煎汤，6～15克。外用；适量，煎水洗。

104. 火棘 *Pyracantha fortuneana*（Maxim.）Li

【别名】火把果、救兵粮。

【形态特征】常绿灌木，高达3米。侧枝短，先端呈刺状，嫩枝外被锈色短柔毛，老枝无毛。叶互生，在短枝上簇生；叶柄短，无毛或嫩时有柔毛；叶片倒卵形或倒卵状长圆形，长1.5～6厘米，宽0.5～2厘米，先端圆钝或微凹，有时具短尖头，基部楔形，下延连于叶柄，边缘有钝锯齿，近基部全缘。花两性，集成复伞房花序；花梗长约 1 厘米；萼筒钟状；萼片 5，三角状卵形，先端钝；花瓣近圆形，白色；雄蕊 20，花药黄色；花柱 5，离生，子房上部密生白色柔毛。果实近球形，直径约 5 毫米，橘红色或深红色。花期 3—5 月，果期 8—11 月。

【产地、生长环境与分布】产于湖北省十堰市茅箭区，生于海拔 500 ～ 2800 米的山地、丘陵阳坡、灌丛、草地及河沟路旁。

【药用部位】果实。

【采集加工】秋季果实成熟时采摘，晒干。

【性味】味酸、涩，性平。

【功能主治】健脾消食，收涩止痢，止痛；主治食积停滞，脘腹胀满，痢疾，泄泻，崩漏，带下，跌打损伤。

【用法用量】内服：煎汤，12 ～ 30 克；或浸酒。外用：适量，捣敷。

105. 沙梨 *Pyrus pyrifolia*（Burm. F.）Nakai

【别名】麻安梨。

【形态特征】乔木，高达 7 ～ 15 米；小枝暗褐色，初有毛，后脱落。叶片卵状椭圆形或卵形，长 7 ～ 12 厘米，宽 4 ～ 6.5 厘米，先端长尖，基部圆形或近心形，边缘有刺芒状锯齿，刺芒微向内合拢，两面无毛或幼时有褐色绵毛；叶柄长 3 ～ 4.5 厘米。伞形总状花序，有花 6 ～ 9 朵，直径 5 ～ 7 厘米；总花梗和花梗幼时微生柔毛；花梗长 3.5 ～ 5 厘米；花白色，直径 2.5 ～ 3.5 厘米。花柱 5，稀 4，离生。梨果近球形，褐色，有浅色斑点，萼片脱落。花期 4 月，果期 8 月。

【产地、生长环境与分布】产于湖北省十堰市茅箭区，生于海拔 100 ～ 1400 米温暖而多雨的地区。

【药用部位】果实。

【采集加工】8—9月，当果皮呈现该品种固有的颜色，有光泽和香味、果柄易脱落时，即可采摘，轻摘轻放，不要碰伤梨果和折断果枝。

【性味】味甘、微酸，性凉。归肺、胃、心经。

【功能主治】清肺化痰，生津止渴；主治肺燥咳嗽，热病烦躁，津少口干，消渴，目赤，疮疡，烫火伤。

【用法用量】内服：煎汤，12～30克；或生食，1～2枚；或捣汁；或蒸服，或熬膏。外用：适量，捣敷；或捣汁点眼。

【验方参考】（1）治卒咳嗽：以一颗（梨），刺作五十孔，每孔内以椒一粒，以面裹，于热火灰中煨令熟，出。停冷，去椒食之。（《食疗本草》）

（2）治小儿痰嗽：甜梨一个，入硼砂一分，纸包水湿火煨，熟吃。（《鲁府禁方》）

106. 龙芽草 *Agrimonia pilosa* Ldb.

【别名】仙鹤草。

【形态特征】多年生草本，高30～120厘米。根茎短，基部常有1或数个地下芽，茎被疏柔毛及短柔毛，稀下部被疏长硬毛。奇数羽状复叶互生；托叶镰形，稀卵形，先端急尖或渐尖，边缘有锐锯齿或裂片，稀全缘；小叶有大小2种，相间生于叶轴上，较大的小叶3～4对，稀2对，向上减少至3小叶，小叶几无柄，倒卵形至倒卵状披针形，长1.5～5厘米，宽1～2.5厘米，先端急尖至圆钝，稀渐尖，基部楔形，边缘有急尖至圆钝的锯齿，上面绿色，被疏柔毛，下面淡绿色，脉上伏生疏柔毛，稀脱落无毛，有显著腺点。总状花序单一或2～3生于茎顶，花序轴被柔毛，花梗长1～5毫米，被柔毛；苞片通常3深裂，裂片带形，小苞片对生，卵形，全缘或边缘分裂；花直径6～9毫米，萼片5，三角状卵形；花瓣5，长圆形，黄色；雄蕊5～15；花柱2，丝状，柱头头状。瘦果倒卵状圆锥形，外面有10条肋，被疏柔毛，先端有数层钩刺，幼时直立，成熟时向内靠合，连钩刺长7～8毫米，最宽处直径3～4毫米。花果期5—12月。

【产地、生长环境与分布】产于湖北省十堰市茅箭区，生于溪边、路旁、草地、灌丛、林缘及疏林下。

【药用部位】干燥地上部分。

【采集加工】栽种当年或第二年，开花前枝叶茂盛时采割取地上部分，切段，鲜用或晒干。

【性味】味苦、涩，性平。归肺、肝、脾经。

【功能主治】收敛止血，止痢，杀虫；主治咯血，吐血，衄血，尿血，便血，崩漏及外伤出血，腹泻，痢疾，脱力劳伤，疟疾，滴虫性阴道炎。

【用法用量】内服：煎汤，10～15克，大剂量可用30～60克；或入丸、散。外用：适量，捣敷；或熬膏涂敷。

【验方参考】（1）治虚损，唾血，咯血：龙芽草六钱，红枣五枚。水煎服。（《文堂集验方》）

（2）治咯血，吐血：仙鹤草30克，侧柏叶30克，藕节12克。水煎服。（《四川中药志》）

（3）治鼻衄，齿龈出血：仙鹤草、白茅根各15克，焦山栀9克。水煎服。（《陕甘宁青中草药选》）

107. 柔毛路边青 *Geum japonicum* Thunb. var. *chinense* F. Bolle

【别名】华东水杨梅。

【形态特征】多年生草本，高20～60厘米。须根，簇生。茎直立，被黄色短柔毛及粗硬毛。基生叶为大头羽状复叶，通常有小叶1～2对，其余侧生小叶呈附片状，连叶柄长5～20厘米；叶柄被粗硬毛及短柔毛；顶生小叶最大，卵形或宽卵形，浅裂或不裂，长3～8厘米，宽5～9厘米，先端圆钝，基部阔心形或宽楔形，边缘有粗大圆钝或急尖锯齿，两面绿色，被稀疏糙伏毛，下部茎生叶3小叶，上部茎生叶为单叶，3浅裂；茎生叶托叶草质，边缘有不规则粗大锯齿。花两性；花序疏散，顶生数朵，花梗密被粗硬毛及短柔毛；花直径1.5～1.8厘米；萼片三角状卵形，副萼片狭小，比萼片短，外面被短柔毛；花瓣5，黄色；雄蕊多数，花盘在萼筒上部；雌蕊多数，彼此分离；花柱丝状，顶生，柱头细小，上部扭曲，成熟后自弯曲处脱落；心皮多数。聚合果卵球形，瘦果被长硬毛，花柱宿存，部分光滑，先端有小钩，果托被长硬毛。花果期5—10月。

【产地、生长环境与分布】产于湖北省十堰市茅箭区，生于海拔200～2300米的山坡草地、田边、河边、灌丛及疏林下。

【药用部位】全草。

【采集加工】夏、秋季采收，切碎，鲜用或晒干。

【性味】味苦、辛，性寒。归肝、肾经。

【功能主治】补肾平肝，活血消肿；主治头晕目眩，小儿惊风，阳痿，遗精，虚劳咳嗽，风湿痹痛，月经不调，疮疡肿痛，跌打损伤。

【用法用量】内服：煎汤，9～15克。外用：适量，捣敷。

【验方参考】（1）治小儿惊风：（华东水杨梅）鲜叶捣烂，取汁1盅，开水冲服。（《北方常用中草药手册》）

（2）治高血压病：（华东水杨梅）鲜全草、鲜夏枯草各30克。水煎服。（《浙江药用植物志》）

108. 木瓜 *Chaenomeles speciosa*（Sweet）Nakai

【别名】贴梗海棠。

【形态特征】落叶灌木，高约 2 米。枝条直立开展，有刺；小枝圆柱形，微屈曲，无毛，紫褐色或黑褐色，疏生浅褐色皮孔。叶片卵形至椭圆形，稀长椭圆形，长 3～9 厘米，宽 1.5～5 厘米，基部楔形至宽楔形，边缘有尖锐锯齿，齿尖开展，无毛或下面沿叶脉有短柔毛；叶柄长约 1 厘米；托叶大型，草质，肾形或半圆形，边缘有尖锐重锯齿，无毛。花先于叶开放，3～5 朵簇生于二年生老枝上；花梗短粗，长约 3 毫米或近无柄；花直径 3～5 厘米；萼筒钟状，外面无毛；萼片直立，先端圆钝，全缘或有波状齿；花瓣倒卵形或近圆形，基部延伸成短爪，长 10～15 毫米，宽 8～13 毫米，猩红色，稀淡红色或白色；雄蕊 45～50，长约为花瓣的一半；花柱 5，基部合生，无毛或稍有毛，柱头头状，有不明显分裂，约与雄蕊等长。果实球形或卵球形，直径 4～6 厘米，黄色或带黄绿色，有稀疏不明显斑点，味芳香；萼片脱落，果梗短或近无梗。花期 3—5 月，果期 9—10 月。

【产地、生长环境与分布】产于湖北省十堰市茅箭区，栽培或野生。

【药用部位】果实。

【采集加工】夏、秋季果实呈黄绿色时采收，置沸水中烫至外皮呈灰白色，对半纵剖，晒干。

【性味】味酸，性温。归肝、脾经。

【功能主治】舒筋活络，和胃化湿；主治湿痹拘挛，腰膝关节酸重疼痛，吐泻转筋，脚气，水肿。

【用法用量】内服：煎汤，5～10 克；或入丸、散。外用：适量，煎水熏洗。

【验方参考】（1）治风湿相搏，手足腰膝不能举动：木瓜一枚，去皮脐，开窍，填吴茱萸一两，去枝杖，将线系定，蒸熟，细研，入青盐半两，研令匀，丸如梧桐子大。每服四十丸，茶酒任下，以牛膝浸酒服之尤佳。食前。（《杨氏家藏方》木瓜丸）

（2）治腰痛，补益壮筋骨：牛膝二两（温酒浸，切，焙），木瓜一枚（去顶、瓤，入艾叶一两蒸熟），巴戟（去心）、茴香（炒）、木香各一两，桂心半两（去皮）。上为细末，入熟木瓜并艾叶同杵千下，如硬，更下蜜，丸如梧子大。每服二十丸，空心盐汤下。（《御药院方》木瓜丸）

109. 枇杷 *Eriobotrya japonica*（Thunb.）Lindl.

【别名】卢橘。

【形态特征】常绿小乔木，高约10米。小枝粗壮，黄褐色，密生锈色或灰棕色茸毛。叶片革质；叶柄短或几无柄，长6～10毫米，有灰棕色茸毛；托叶钻形，有毛；叶片披针形、倒披针形、倒卵形或长椭圆形，长12～30厘米，宽3～9厘米，先端急尖或渐尖，基部楔形或渐狭成叶柄，上部边缘有疏锯齿，上面光亮、多皱，下面及叶柄密生灰棕色茸毛，侧脉11～21对。圆锥花序顶生，总花梗和花梗密生锈色茸毛；花直径1.2～2厘米；萼筒浅杯状，萼片三角状卵形，外面有锈色茸毛；花瓣白色，长圆形或卵形，长5～9毫米，宽4～6毫米，基部具爪，有锈色茸毛；雄蕊20，花柱5，离生，柱头头状，无毛。果实球形或长圆形，直径3～5厘米，黄色或橘红色；种子1～5颗，球形或扁球形，直径1～1.5厘米，褐色，光亮，种皮纸质。花期10—12月，果期5—6月。

【产地、生长环境与分布】产于湖北省十堰市茅箭区，常栽种于村边、平地或坡边。

【药用部位】果实。

【采集加工】果实因成熟期不一致，宜分批采收，采黄留青，采熟留生。

【性味】味甘、酸，性凉。归肺、脾经。

【功能主治】润肺，下气，止渴；主治肺热咳喘，吐逆，烦渴。

【用法用量】内服：煎汤，30～60克；或生食。

【验方参考】治肺热咳嗽：鲜枇杷肉60克，冰糖30克，水煎服。（《福建药物志》）

110. 三叶海棠 *Malus sieboldii*（Regel）Rehd.

【别名】山茶果、野黄子、山楂子。

【形态特征】灌木，高2～6米。小枝稍有棱角，暗紫色或紫褐色。叶互生；叶柄长1～2.5厘米，有短柔毛；托叶狭披针形，全缘；叶片椭圆形、长椭圆形或卵形，长3～7.5厘米，宽2～4厘米，先端急尖，基部圆形或宽楔形，边缘有尖锐锯齿，常3浅裂，稀5浅裂，下面沿中肋及侧脉有短柔毛。花两性；花4～8朵，集生于小枝顶端，花梗长2～2.5厘米，有柔毛或近无毛；苞片线状披针形，早落；萼片5，三角状卵形；花瓣红色，长椭圆状倒卵形，直径2～3厘米，基部有短爪；雄蕊20，花丝长短不等，约等于花瓣的一半；花柱3～5，基部有长柔毛。梨果近球形，直径6～8毫米，红色或褐黄色，萼片脱落；果梗长2～3厘米。花期4—5月，果期8—9月。

【产地、生长环境与分布】产于湖北省十堰市茅箭区，生于海拔 150 ～ 2000 米的山坡、杂木林或灌丛中。

【药用部位】果实。

【采集加工】8—9 月果实成熟时采摘，鲜用或晒干。

【性味】味酸，性微温。

【功能主治】消食健胃；主治饮食积滞。

【用法用量】内服：煎汤，6 ～ 12 克。

111. 西府海棠 *Malus micromalus* Makino

【别名】小果海棠、子母海棠。

【形态特征】小乔木，高 2.5 ～ 5 米。树枝直立性强；小枝嫩时被短柔毛，老时脱落，紫红色或暗褐色，具稀疏皮孔。叶片长椭圆形或椭圆形，长 5 ～ 10 厘米，宽 2.5 ～ 5 厘米，先端急尖或渐尖，基部楔形，稀近圆形，边缘有尖锐锯齿，嫩叶被短柔毛，下面较密，老时脱落；叶柄长 2 ～ 3.5 厘米；托叶膜质，线状披针形，早落。伞形总状花序，有花 4 ～ 7 朵，集生于小枝顶端，花梗长 2 ～ 3 厘米，嫩时被长柔毛，逐渐脱落；苞片膜质，线状披针形，早落；花直径约 4 厘米，萼筒外面密被白色长茸毛；萼片三角状卵形、三角状披针形至长卵形，全缘，长 5 ～ 8 毫米，被白色茸毛；花瓣粉红色，直径约 4 厘米；雄蕊约 20，花丝长短不等；花柱 5。果实近球形，直径 1 ～ 1.5 厘米，红色，萼洼梗洼均下陷，萼片多数脱落，少数宿存。花期 4—5 月，果期 8—9 月。

【产地、生长环境与分布】产于湖北省十堰市茅箭区，为常见栽培果树及观赏树。

【药用部位】果实。

【采集加工】8—9 月采收成熟的果实，鲜用。

【性味】味酸、甘，性平。

【功能主治】涩肠止痢；主治泄泻，痢疾。

【用法用量】内服：煎汤，15 ～ 30 克；或生食。

112. 粉团蔷薇 *Rosa multiflora* Thunb. var. *cathayensis* Rehd. et Wils.

【别名】野蔷薇、华蔷薇。

【形态特征】落叶小灌木，高约 2 米。茎、枝多尖刺。单数羽状复叶互生；小叶通常 9 枚，椭圆形，先端钝或尖，基部钝圆形，边缘具齿，两面无毛，托叶大部贴生于叶柄。花多数簇生，为圆锥形伞房花序；花粉红色，芳香；花梗上有少数腺毛；萼片 5；花瓣 5，单瓣；雄蕊多数；花柱无毛。瘦果，生在环状或壶状花托里面。花期 5—6 月，果期 8—9 月。

【产地、生长环境与分布】产于湖北省十堰市茅箭区，多生于海拔 1300 米的山坡、灌丛或河边等地。

【药用部位】花。

【采集加工】春、夏季花将开放时采摘，除去萼片等，晒干。

【性味】味苦、涩，性寒。

【功能主治】清暑化湿，顺气和胃；主治暑热胸闷，口渴，呕吐，食少，口疮，烫伤。

【用法用量】内服：煎汤，3 ～ 9 克。外用：适量，研末调敷。

113. 玫瑰 *Rosa rugosa* Thunb.

【形态特征】直立灌木，高约2米。枝干粗壮，有皮刺和刺毛，小枝密生茸毛。羽状复叶；叶柄及叶轴上被茸毛及疏生小皮刺和刺毛；托叶大部附着于叶柄上；小叶5～9，椭圆形或椭圆状倒卵形，长2～5厘米，宽1～2厘米，边缘有钝锯齿，质厚，上面光亮，多皱，无毛，下面苍白色，有柔毛及腺体，网脉显著。花单生或3～6朵聚生；花梗有茸毛和刺毛；花瓣5或多数；紫红色或白色，芳香，直径6～8厘米；花柱离生，被柔毛，柱头稍突出。果扁球形，直径2～2.5厘米，红色，平滑，萼片宿存。花期5—6月，果期8—9月。

【产地、生长环境与分布】产于湖北省十堰市茅箭区，原产于中国北部，现全国各地均有栽培。

【药用部位】花。

【采集加工】5—6月盛花期前，采摘已充分膨大但未开放的花蕾，文火烘干或阴干；或采后装入纸袋储石灰缸内，封盖，每年梅雨期更换新石灰。

【性味】味甘，微苦，性温。归肝、脾经。

【功能主治】理气解郁，和血调经；主治肝气郁结所致胸膈满闷，脘胁胀痛，乳房胀痛，月经不调，痢疾，泄泻，带下，跌打损伤，痈肿。

【用法用量】内服：煎汤，3～10克；或浸酒；或泡茶饮。

114. 七姊妹 *Rosa multiflora* Thunb. var. *carnea* Thory

【别名】佛见笑、荷花蔷薇、姊妹花。

【形态特征】落叶小灌木，高约2米。茎、枝多尖刺。单数羽状复叶互生；小叶通常9枚，椭圆形，先端钝或尖，基部钝圆形，边缘具齿，两面无毛；托叶极明显。花多数簇生，为圆锥形伞房花序；花粉红色，芳香；花梗上有少数腺毛；萼片5，花瓣5，重瓣；雄蕊多数；花柱无毛。瘦果，生在环状或壶状花托里面。花期5—6月，果期8—9月。

【产地、生长环境与分布】产于湖北省十堰市茅箭区，多为栽培供观赏。

【药用部位】根、叶。

【采集加工】根：全年均可采收，洗净，切片，晒干。叶：夏、秋季采收，鲜用或晒干备用。

【性味】味苦、微涩，性平。

【功能主治】清热化湿，疏肝利胆；主治黄疸，痞积，妇女带下。

【用法用量】内服：煎汤，15 ～ 30 克。

115. 软条七蔷薇 *Rosa henryi* Bouleng.

【别名】亨氏蔷薇、湖北蔷薇、秀蔷薇。

【形态特征】灌木，高达 3 ～ 5 米。有长匍匐枝；小枝具钩状皮刺，带紫色，花枝无刺；羽状复叶，小叶通常 5，连叶柄长 9 ～ 14 厘米；托叶大部贴生于叶柄，离生部分披针形；小叶椭圆形或椭圆状卵形，长 4 ～ 8 厘米，宽 2.5 ～ 4 厘米，先端渐尖，基部近圆形或宽楔形，边缘有锐锯齿，下面苍白色，无毛；小叶柄和叶轴散生钩状小皮刺。花两性；花 5 ～ 15 朵，成伞形伞房状花序；花梗长 1.2 ～ 2 厘米，有柔毛和腺毛；花白色，先端微凹，基部宽楔形，直径 3 ～ 3.5 厘米，芳香，萼裂片 5，卵状披针形，外面近无毛而有腺点，内面有长柔毛。果近球形，直径 8 ～ 10 毫米，成熟时褐红色，有光泽。果梗有疏腺点，萼片脱落。

【产地、生长环境与分布】产于湖北省十堰市茅箭区，生于海拔 200 ～ 2000 米的山谷、林边或灌丛中。

【药用部位】根。

【采集加工】全年均可采挖，洗净，切片，晒干。

【性味】味甘，性温。

【功能主治】活血调经，化瘀止血；主治月经不调，妇女不孕症，外伤出血。

【用法用量】内服：煎汤，5～10克。外用：适量，研粉调涂。

116. 野蔷薇 *Rosa multiflora* Thunb.

【别名】牛棘、牛勒、山枣、蔷蘼、山棘、蔷薇、多花蔷薇。

【形态特征】攀缘灌木。小枝有短粗、稍弯曲皮刺。小叶5～9，近花序的小叶有时3，连叶柄长5～10厘米；托叶篦齿状，大部贴生于叶柄；小叶片倒卵形、长圆形或卵形，长1.5～5厘米，宽0.8～2.8厘米，先端急尖或圆钝，基部近圆形或楔形，边缘有锯齿，上面无毛，下面有柔毛，小叶柄和叶轴有散生腺毛。花两性；多朵排成圆锥状花序。花直径1.5～2厘米；萼片5，披针形，有时中部具2个线形裂片；花瓣5，白色，宽倒卵形，先端微凹，基部楔形；雄蕊多数；花柱结合成束。果实近球形，直径6～8毫米，红褐色或紫褐色，有光泽。花期5—6月，果期9—10月。

【产地、生长环境与分布】产于湖北省十堰市茅箭区，生于路旁、田边或丘陵灌丛中。

【药用部位】花。

【采集加工】5—6月花盛开时，择晴天采收，晒干。

【性味】味苦、涩，性凉。归胃、肝经。

【功能主治】清暑，和胃，活血止血，解毒；主治暑热烦渴，胃脘胀闷，吐血，衄血，痈疖，月经不调。

【用法用量】内服：煎汤，3～6克。

117. 月季花 *Rosa chinensis* Jacq.

【形态特征】矮小直立灌木，小枝有粗壮而略带钩状的皮刺或无刺。羽状复叶，小叶3～5，宽卵形或卵状长圆形，长2～6厘米，宽1～3厘米，先端渐尖，基部宽楔形或近圆形，边缘有锐锯齿，两面无毛；叶柄及叶轴疏生皮刺及腺毛，托叶大部附生于叶柄，边缘有腺毛或羽裂。花单生或数朵聚生成伞房状；花梗长，散生短腺毛；萼片卵形，先端尾尖，羽裂，边缘有腺毛；花瓣红色或玫瑰色，重瓣，直径约 5 厘米，微香；花柱分离，子房被柔毛。果卵圆形或梨形，长 1.5 ～ 2 厘米，红色，萼片脱落。花期 4—9 月，果期 6—11 月。

【产地、生长环境与分布】产于湖北省十堰市茅箭区，原产于中国，现各地普遍栽培。

【药用部位】花、根、叶。

【采集加工】花：夏、秋季选晴天采收半开放的花朵，及时摊开晾干，或用微火烘干。根：全年均可采挖，洗净，切段，晒干。叶：春季至秋季，枝叶茂盛时均可采收，鲜用或晒干。

【性味】花：味甘、微苦，性温。归肝经。根：味甘、苦、微涩，性温。归肝经。叶：味微苦，性平。归肝经。

【功能主治】花：活血调经，解毒消肿；主治月经不调，痛经，闭经，跌打损伤，瘀血肿痛，瘰疬，痈肿，烫伤。根：活血调经，消肿散结，涩精止带；主治月经不调，痛经，闭经，血崩，跌打损伤，瘰疬，遗精，带下。叶：活血消肿，解毒，止血；主治疮疡肿毒，瘰疬，跌打损伤，腰膝肿痛，外伤出血。

【用法用量】花：内服，煎汤或开水泡服，3 ～ 6 克（鲜品 9 ～ 15 克）；外用，适量，鲜品捣敷患处，或干品研末调搽患处。叶：内服，煎汤，3 ～ 9 克；外用，适量，嫩叶捣敷。根：内服，煎汤，9 ～ 30 克。

【验方参考】（1）治月经不调：①鲜月季花 15 ～ 21 克。开水泡服。（《泉州本草》）②月季花 15 克，庐山石苇 15 克，狗脊 6 克。水煎服。（江西《草药手册》）

（2）治月经不调，血瘀闭经：月季花 9 克，益母草、马鞭草各 15 克，丹参 12 克。水煎服。（《安徽中草药》）

（3）治月经不调，小腹胀痛：月季花 9 克，丹参 9 克，香附 9 克。水煎服。（《天津中草药》）

118. 山楂 *Crataegus pinnatifida* Bge.

【别名】山里红。

【形态特征】落叶乔木，高可达 6 米。枝刺长 1 ～ 2 厘米，或无刺。单叶互生；叶柄长 2 ～ 6 厘米；叶片宽卵形或三角状卵形，稀菱状卵形，长 6 ～ 12 厘米，宽 5 ～ 8 厘米，有 2 ～ 4 对羽状裂片，先端渐尖，基部宽楔形，分裂较深，上面有光泽，下面沿叶脉被短柔毛，边缘有不规则重锯齿。伞房花序，直径 4 ～ 6 厘米；萼筒钟状，5 齿裂；花冠白色，直径约 1.5 厘米，花瓣 5，倒卵形或近圆形；雄蕊约 20，花药粉红色；

雌蕊1，子房下位，5室，花柱5。梨果近球形，直径1～1.5厘米，深红色，有黄白色小斑点，萼片脱落很迟，先端留下一圆形深洼；小核3～5，向外的一面稍具棱，向内两侧面平滑。花期5—6月，果期9—10月。

【产地、生长环境与分布】产于湖北省十堰市茅箭区，生于海拔100～1500米的溪边、山谷、林缘或灌丛中。

【药用部位】成熟果实。

【采集加工】9—10月果实成熟后采收，趁鲜横切或纵切成两瓣，晒干；或用切片机切成薄片，在60～65℃下烘干。

【性味】味酸，性微温。归脾、胃、肝经。

【功能主治】消食积，化滞瘀；主治饮食积滞，脘腹胀痛，泄泻，痢疾，血瘀痛经，闭经，产后腹痛、恶露不净，疝气或睾丸肿痛，高脂血症。

【用法用量】内服：煎汤，3～10克；或入丸、散。外用：适量，煎水洗；或捣敷。

【验方参考】（1）治食积：山楂四两，白术四两，神曲二两。上为末，蒸饼丸，梧子大，服七十丸，白汤下。(《丹溪心法》)

（2）治食肉不消：山楂肉四两，水煮食之，并饮其汁。(《简便单方》)

（3）治肉积发热：山楂肉（姜汁炒）一两，连翘仁、黄连（姜汁炒）各五钱，另用阿魏一两，醋煮糊，丸麻子大。每服二十丸至三十丸，食前沸汤下。(《张氏医通》四味阿魏丸)

119. 桃 *Amygdalus persica* L.

【别名】桃子、油桃。

【形态特征】落叶小乔木，高4～8米。叶倒卵状披针形或矩圆状披针形，长8～12厘米，宽3～4厘米，边缘具细密锯齿，两面无毛或下面脉腋间有髯毛；叶柄长1～2厘米，无毛，有腺点。花单生，先于叶开放，近无柄，直径2.5～3.5厘米；萼筒钟状，有短柔毛，裂片卵形；花瓣粉红色，倒卵形或矩圆状卵形；雄蕊多数，离生，短于花瓣；心皮1，稀2，有毛。核果卵球形，直径5～7厘米，有沟，被茸毛，果肉多汁，离核或粘核，不开裂；核表面具沟孔和皱纹。

【产地、生长环境与分布】产于湖北省十堰市茅箭区，各地有栽培，作果树或观赏用。

【药用部位】种子。

【采集加工】果实成熟后采收，除去果肉和核壳，取出种子，晒干。

【性味】味苦、甘，性平。归心、肝、大肠经。

【功能主治】活血祛瘀，润肠通便，止咳平喘；主治闭经，痛经，癥瘕痞块，肺痈肠痈，跌打损伤，肠燥便秘，咳嗽气喘。

【成分】本品含苦杏仁苷，核仁含油约 30%。

120. 翻白草 *Potentilla discolor* Bge.

【别名】叶下白、鸡爪参。

【形态特征】多年生草本。根粗壮，下部常肥厚成纺锤状。花茎直立，上升或微铺散，高 10 ～ 45 厘米，密被白色茸毛。基生叶有小叶 2 ～ 4 对，对生或互生；叶柄密被白色绵毛，有时并有长柔毛，小叶无柄；托叶膜质，褐色，外面密被白色长柔毛；小叶片长圆形或长圆状披针形，长 1 ～ 5 厘米，宽 5 ～ 8 毫米，先端圆钝，稀急尖，下面暗绿色，疏被白色绵毛或脱落几无毛，下面密被白色或灰白色绵毛；茎生叶 1 ～ 2，有掌状 3 ～ 5 小叶，托叶草质，卵形或宽卵形，边缘常有缺刻状齿，下面密被白色绵毛。花两性；聚伞花序，花梗长 1 ～ 2.5 厘米，外被绵毛；花直径 1 ～ 2 厘米；萼片三角状卵形，副萼片披针形，比萼片短，外被白色绵毛；花瓣黄色，倒卵形，先端微凹或圆钝，比萼片长；花柱近顶生。瘦果近肾形，宽约 1 毫米，光滑。花果期 5—9 月。

【产地、生长环境与分布】产于湖北省十堰市茅箭区，生于海拔 100 ～ 1850 米的荒地、山谷、沟边、山坡、草地、草甸及疏林下。

【药用部位】带根全草。

【采集加工】采收期宜在夏、秋季，将全草连块根挖出，抖去泥土，洗净，鲜用或晒干。

【性味】味甘、微苦，性平。归肝、胃、大肠经。

【功能主治】清热解毒，凉血止血；主治肺热咳喘，泄泻，疟疾，咯血，吐血，便血，崩漏，疮痈肿毒，瘰疬结核。

【用法用量】内服：煎汤，10～15克；或浸酒服。外用：适量，煎水熏洗；或鲜品捣敷。

121. 三叶委陵菜 *Potentilla freyniana* Bornm.

【别名】三张叶。

【形态特征】多年生草本，高8～25厘米，有匍匐枝或不明显。根分枝多，簇生。花茎纤细，直立或上升，被疏柔毛。基生叶掌状三出复叶，连叶柄长4～30厘米；托叶膜质，褐色，外被稀疏长柔毛；小叶片长圆形、卵形或椭圆形，先端急尖或圆钝，基部楔形或宽楔形，边缘有多数急尖锯齿，两面疏生平铺柔毛，下面沿脉较密；茎生叶1～2，小叶与基生叶相似，唯叶柄很短，叶边缘锯齿减少；托叶草质，呈缺刻状锐裂，有稀疏长柔毛。花两性；伞房状聚伞花序顶生；花直径0.8～1厘米；萼片5，三角状卵形，先端渐尖，副萼片5，披针形，先端渐尖，与萼片近等长，外被平铺柔毛；花瓣5，长圆状倒卵形，先端微凹或圆钝，淡黄色；花柱近顶生，上部粗，基部细。成熟瘦果卵球形，直径0.5～1毫米，表面有显著脉纹。花果期3—6月。

【产地、生长环境与分布】产于湖北省十堰市茅箭区，生于海拔300～2100米的山坡、草地、溪边及疏林下阴湿处。

【药用部位】根或全草。

【采集加工】夏季采挖带根全草，洗净，鲜用或晒干。

【性味】味苦、涩，性微寒。

【功能主治】清热解毒，敛疮止血，散瘀止痛；主治咳喘，痢疾，肠炎，疮疖痈肿，烧烫伤，口舌生疮，骨髓炎，骨结核，瘰疬，痔疮，毒蛇咬伤，崩漏，月经过多，产后出血，外伤出血，胃痛，牙痛，胸骨痛，腰痛，跌打损伤。

【用法用量】内服：煎汤，10～15克；研末服，1～3克；或浸酒。外用：适量，捣敷；或煎水洗；或研末撒。

122. 插田泡 *Rubus coreanus* Miq.

【别名】乌泡倒触伞、两头草、乌龙毛、过江龙、楝乌泡、爬船泡、爬船莓、龙船泡刺、红刺台、高丽悬钩子、乌沙莓、荞麦泡。

【形态特征】灌木，高1～3米。茎直立或弯曲成拱形，红褐色，有钩状的扁平皮刺。奇数羽状复叶；叶柄长2～4厘米，和叶轴均散生小皮刺；托叶条形；小叶5～7；顶生小叶柄长1～2厘米，侧生小叶近无柄；叶片卵形、椭圆形或菱状卵形，长3～6厘米，宽1.5～4厘米，先端急尖，基部宽楔形或近圆形，边缘有不整齐锥状锐锯齿或缺刻状粗锯齿，下面灰绿色，沿叶脉有柔毛或茸毛。伞房花序顶生或腋生；总花梗和花梗有柔毛；花粉红色，直径8～10毫米；萼片卵状披针形，外面有毛。聚合果卵形，直径约5毫米，红色。花期4—6月，果期6—8月。

【产地、生长环境与分布】产于湖北省十堰市茅箭区，生于海拔100～1700米的山坡、灌丛或山谷、河边、路旁。

【药用部位】根。

【采集加工】9—10月采挖，洗净，切片，晒干。

【性味】味苦、涩，性凉。

【功能主治】活血止血，祛风除湿；主治跌打损伤，骨折，月经不调，吐血，衄血，风湿痹痛，水肿，小便不利，瘰疬。

【用法用量】内服：煎汤，6～15克；或浸酒。外用：适量，鲜品捣敷。

123. 高粱泡 *Rubus lambertianus* Ser.

【别名】十月红、寒扭、倒水莲、寒泡刺、乌壳子、红娘藤、十月莓、秧泡子、冬牛、冬菠、刺五泡藤。

【形态特征】半落叶藤状灌木，高1～3米。枝有棱，散生弯曲钩刺；小枝疏生细茸毛。单叶互生；叶柄长2～4厘米，疏生黄色柔毛，并散生倒钩刺；托叶离生，线状深裂，有细柔毛，常脱落；叶片卵形、阔卵形，长7.5～12厘米，宽5～10厘米，先端渐尖或短尖，基部心形，边缘明显3～5裂或呈波状，有细锯齿，上面沿脉密生淡黄色柔毛，下面密生黄色柔毛，并散生倒钩刺。花多数，密集成圆锥花序，总轴及花梗和花萼疏被灰白色短柔毛，并有橙色腺点；花瓣5；白色，椭圆形，几与萼片等长。聚合果球形，直径8～10毫米，成熟时红色。花期7—8月，果期9—11月。

【产地、生长环境与分布】产于湖北省十堰市茅箭区，生于低海拔山坡、山谷或路旁灌丛中阴湿处及林缘、草坪。

【药用部位】根。

【采集加工】全年均可采挖，除去茎叶，洗净，切碎，鲜用或晒干。

【性味】味苦、涩，性平。

【功能主治】祛风清热，凉血止血，活血祛瘀；主治风热感冒，风湿痹痛，半身不遂，咯血，衄血，便血，崩漏，闭经，痛经，产后腹痛，疮疡。

【用法用量】内服：煎汤，15～30克。外用：适量，鲜品捣敷。

124. 空心泡 *Rubus rosifolius* Smith

【别名】倒角伞。

【形态特征】灌木，高2～3米。小枝直立或倾斜，常有浅黄色腺点，具扁平皮刺，嫩枝密被白茸毛。奇数羽状复叶，互生；总叶柄长4～12厘米；小托叶2；小叶5～7，长圆状披针形，长3～5.5厘米，宽1.2～2厘米，先端渐尖，基部圆形，边缘有重锯齿，两面疏生茸毛，具浅黄色腺点。花1～2朵，顶生或腋生，直径2～3厘米；萼5裂，外被短柔毛和腺点，萼片先端长尾尖；花瓣5，白色，长于萼片。聚合果球形或卵形，长1～1.5厘米，成熟后红色。花期3—5月，果期6—7月。

【产地、生长环境与分布】产于湖北省十堰市茅箭区，生于海拔2000米的山地杂木林内阴处、草坡或高山腐殖质土壤上。

【药用部位】根或嫩枝、叶。

【采集加工】夏季采收嫩枝、叶，鲜用或晒干。秋、冬季挖根，洗净，晒干。

【性味】味涩、微辛、苦，性平。

【功能主治】清热止咳，收敛止血，解毒，接骨；主治肺热咳嗽，小儿百日咳，咯血，小儿惊风，月经不调，痢疾，跌打损伤，外伤出血，烧烫伤。

【用法用量】内服：煎汤，9～15克；或浸酒。外用：适量，鲜品捣敷；或煎水洗。

【验方参考】（1）治咳嗽，咯血：（倒触伞）根15～30克。水煎服。（《恩施中草药手册》）

（2）治小儿百日咳：倒触伞12克，破铜钱12克，钩藤根3克，蓝布正12克。煎水服。（《贵

阳民间药草》)

（3）治脱肛，红白痢：倒触伞、翻背红、枣儿红各 15 克。煎水服。（《贵阳民间药草》)

125. 山莓 *Rubus corchorifolius* L. f.

【形态特征】落叶灌木，高 1～3 米。小枝红褐色，幼时有柔毛及少数腺毛，并有皮刺。单叶；叶柄长 5～20 毫米；托叶条形，贴生于叶柄上；叶片卵形或卵状披针形，长 3～12 厘米，宽 2～5 厘米，不裂或 3 浅裂，有不整齐重锯齿，上面脉上稍有柔毛，下面及叶柄被灰色茸毛，脉上散生钩状皮刺。花单生或数朵聚生于短枝上；花白色，长 9～12 毫米，宽 6～8 毫米；萼片卵状披针形，密生灰白色柔毛。聚合果球形，直径 10～12 毫米，红色。花期 2—5 月，果期 4—6 月。

【产地、生长环境与分布】产于湖北省十堰市茅箭区，生于海拔 200～2200 米的向阳山坡、溪边、山谷、荒地和灌丛中潮湿处。

【药用部位】果实。

【采集加工】夏季果实饱满、外表呈绿色时摘收，用酒蒸后晒干或用开水浸泡 1～2 分钟后晒干。

【性味】味酸、微甘，性平。

【功能主治】醒酒止渴，化痰解毒，收涩；主治醉酒，痛风，丹毒，烫火伤，遗精，遗尿。

【用法用量】内服：煎汤，9～15 克；或生食。外用：适量，捣汁涂。

三十八、豆科

126. 扁豆 *Lablab purpureus*（L.）Sweet

【别名】白扁豆、藕豆。

【形态特征】一年生缠绕草质藤本，长达6米。茎常呈淡紫色或淡绿色，无毛或疏被柔毛。三出复叶；叶柄长4～14厘米；托叶披针形或三角状卵形，被白色柔毛。总状花序腋生；2～4花或多花丛生于花序轴的节上；小苞片舌状，2枚，早落；花萼宽钟状，边缘密被白色柔毛；花冠蝶形，白色或淡紫色，旗瓣广椭圆形，先端向内微凹，翼瓣斜椭圆形，近基部处一侧有耳状突起，龙骨瓣舟状，弯曲几成直角；雄蕊10枚，1枚单生，其余9枚的花丝部分连合成管状，将雌蕊包被；子房线形，有绢毛，基部有腺体，花柱近先端有白色髯毛，柱头头状。荚果镰形或倒卵状长椭圆形。种子2～5颗。花期6—8月，果期9月。

【产地、生长环境与分布】产于湖北省十堰市茅箭区，对土壤适应性强。

【药用部位】成熟种子。

【采集加工】挑选鲜嫩、正常的扁豆，去筋，洗净，入沸水中烫漂，待水再次沸腾时捞出，再均匀地平铺在芦席（或竹垫）上，经过7天左右阴干。

【性味】味甘，性微温。归脾、胃经。

【功能主治】健脾和中，消暑化湿；主治脾虚生湿，食少久泄，赤白带下，暑湿吐泻，烦渴胸闷，小儿疳积。

【成分】种子每100克含蛋白质23.7克，脂肪1.8克，糖类57克，钙46毫克，磷52毫克，铁1毫克，植酸钙镁247毫克，泛酸1232微克，锌2.44毫克。

【用法用量】内服：煎汤，10～15克；或生品捣研、绞汁；或入丸、散。外用：适量，捣敷。健脾止泻宜炒用，消暑养胃、解毒宜生用。

【验方参考】（1）治脾胃虚弱，饮食不进而呕吐、泄泻者：扁豆一斤半（姜汁浸，去皮，微炒），人参（去芦）、白茯苓、白术、甘草（炒）、山药各二斤，莲子肉（去皮）、桔梗（炒至深黄色）、薏苡仁、细砂仁各一斤。上为细末。每服二钱，枣汤调下，小儿量岁数加减服。（《局方》参苓白术散）

（2）治妇人赤白带下：白扁豆炒黄为末，米饮调下。（《妇人良方》）

（3）治慢性肾炎，贫血：扁豆30克，红枣20粒。水煎服。（《福建药物志》）

127. 白车轴草 *Trifolium repens* L.

【别名】白花苜蓿、三消草、螃蟹花。

【形态特征】短期多年生草本，生长期达5年，高10～30厘米。主根短，侧根和须根发达。茎匍匍蔓生，上部稍上升，节上生根，全株无毛。掌状三出复叶；托叶卵状披针形，膜质，基部抱茎成鞘状，离生部分锐尖；叶柄较长，长 10 ～ 30 厘米；小叶倒卵形至近圆形，长 8 ～ 20（30）毫米，宽 8 ～ 16（25）毫米，先端凹头至钝圆，基部楔形渐窄至小叶柄，中脉在下面隆起，侧脉约 13 对，与中脉成 50° 角展开，两面均隆起，近叶边分叉并伸达锯齿齿尖；小叶柄长 1.5 毫米，微被柔毛。花序球形，顶生，直径 15 ～ 40 毫米；总花梗甚长，比叶柄长近 1 倍，具花 20 ～ 50（80）朵，密集；无总苞；苞片披针形，膜质，锥尖；花长 7 ～ 12 毫米；花梗比花萼稍长或等长，开花立即下垂；花萼钟形，具脉纹 10 条，萼齿 5，披针形，稍不等长，短于萼筒，萼喉开张，无毛；花冠白色、乳黄色或淡红色，具香气。旗瓣椭圆形，比翼瓣和龙骨瓣长近 1 倍，龙骨瓣比翼瓣稍短；子房线状长圆形，花柱比子房略长，胚珠 3 ～ 4 个。荚果长圆形；种子通常 3 颗，阔卵形。花果期 5—10 月。

【产地、生长环境与分布】产于湖北省十堰市茅箭区南部山区，生于海拔 1580 ～ 2800 米的山地林中或灌丛。

【药用部位】全草。

【采集加工】夏、秋季花盛期采收，晒干。

【性味】味微甘，性平。

【功能主治】清热，凉血，宁心；主治癫痫，痔疮出血，硬结肿块。

【成分】叶含有异槲皮苷、亚麻子苷、百脉根苷等。

【用法用量】内服：煎汤，15 ～ 30 克。外用：适量，捣敷。

【验方参考】（1）治癫病：三消草 30 克。水煎服。并用 15 克捣绒包患者额上，使病人清醒。（《贵州民间药物》）

（2）治痔疮出血：三消草 30 克。酒、水各半煎服。（《贵州民间药物》）

128. 刺槐 *Robinia pseudocacia* L.

【别名】洋槐、胡藤。

【形态特征】落叶乔木，通常高约 15 米。树皮灰褐色，深纵裂；小枝暗褐色，具针刺，无毛；冬芽小，在落叶前藏于叶柄基部内。奇数羽状复叶，叶轴具浅沟，基部膨大；小叶 7 ～ 19，椭圆形、长圆形或卵圆形，长 2 ～ 5.5 厘米，宽 1 ～ 2 厘米，先端圆形或微凹，时有小尖刺，基部圆形或宽楔形，全缘，上面无毛或幼时背面微有细毛；小叶柄长约 2 毫米，具刺状小托叶。总状花序腋生，下垂，长 10 ～ 20 厘米，花轴有毛，花梗长 7 毫米，有密毛；花萼钟状，先端浅裂成 5 齿，微呈二唇形，具柔毛；花冠白色，芳香，旗瓣近圆形，有爪，基部有 2 黄色斑点；雄蕊 10，二体，上部分离或半分离；花柱头状，先端具柔毛。荚果条状长椭圆形，扁平，长 5 ～ 10 厘米，赤褐色，腹缝线上有窄翅，种子间不具横隔膜。种子 3 ～ 10 颗，肾形，黑褐色。花期 4—6 月，果期 7—8 月。

【产地、生长环境与分布】产于湖北省十堰市茅箭区山区，公路旁及村舍附近随处可见。

【药用部位】花。

【采集加工】6—7 月花盛开时采收花序，摘下花，晾干。

【性味】味甘，性平。

【功能主治】止血；主治头痛，肠风下血，咯血，吐血，血崩。

【成分】花含刺槐苷、刀豆酸、蓖麻毒蛋白、鞣质类、黄酮类；花蜜含多种氨基酸；叶含刺槐苷、刺槐素、鞣质等；种子含植物凝集素；树皮有毒，含毒蛋白等成分。

【用法用量】内服：煎汤，9 ～ 15 克；或泡茶饮。

129. 野大豆 *Glycine soja* Sieb. et Zucc.

【形态特征】一年生缠绕草本。茎细瘦，各部有黄色长硬毛。三出复叶，薄纸质，顶生小叶卵状披针形，长 1 ～ 5 厘米，宽 1 ～ 2.5 厘米，先端急尖，基部圆形，两面有白色短柔毛，侧生小叶斜卵状披针形；托叶卵状披针形，急尖，有黄色柔毛；小托叶狭披针形，有毛。总状花序腋生；花梗密生黄色长硬毛；花萼钟状，萼齿 5，上面 2 齿连合，披针形，有黄色硬毛；花冠紫红色，长约 4 毫米。荚果长椭圆形，长约 3 厘米，密生黄色长硬毛。种子 2 ～ 4 颗，黑色。花果期 8—9 月。

【产地、生长环境与分布】产于湖北省十堰市茅箭区，生于海拔 100 ～ 800 米的山野、路旁或灌丛中。

【药用部位】种子。

【采集加工】秋季果实成熟时，割取全株，晒干，打开果荚，收集种子再晒至足干。

【性味】味甘，性凉。归肾、肝经。

【功能主治】补益肝肾，祛风解毒；主治肾虚腰痛，风痹，筋骨疼痛，阴虚盗汗，内热消渴，头晕目眩，产后风瘗，小儿疳积，痈肿。

【用法用量】内服：煎汤，9～15克；或入丸、散。

130. 野葛 *Pueraria lobata*（Willd.）Ohwi

【别名】葛藤、葛条。

【形态特征】多年生落叶藤本，长达10米。全株被黄褐色粗毛。块根圆柱状，肥厚，外皮灰黄色，内部粉质，纤维性很强。茎基部粗壮，上部多分枝；三出复叶；顶生小叶柄较长，叶片菱状圆形，长5.5～19厘米，宽4.5～18厘米，先端渐尖，基部圆形，有时浅裂，侧生小叶较小，斜卵形，两边不等，背面苍白色，有粉霜，两面均被白色伏生短柔毛；托叶盾状着生，卵状长椭圆形，小托叶针状。总状花序腋生或顶生，花冠蓝紫色或紫色；苞片狭线形，早落，小苞片卵形或披针形，花萼钟状，长0.8～1厘米，萼齿5枚，披针形，上面2齿合生，下面1齿较长；旗瓣近圆形或卵圆形，先端微凹，基部有两短耳，翼瓣狭椭圆形，较旗瓣短，常一边的基部有耳，龙骨瓣较翼瓣稍长；雄蕊10枚，二体；子房线形，花柱弯曲。荚果线形，长6～9厘米，宽7～10毫米，密被黄褐色长硬毛。种子卵圆形，赤褐色，有光泽。花期4—8月，果期8—10月。

【产地、生长环境与分布】产于湖北省十堰市茅箭区，生于山坡、路边草丛及较阴湿的地方。除新疆、

西藏外，全国各地均有分布。

【药用部位】藤茎、叶、花、种子。

【采集加工】秋、冬季采挖，野葛多趁鲜切成厚片或小块，干燥。

【性味】味甘、辛，性凉。归脾、胃经。

【功能主治】解肌退热，生津，透疹，升阳止泻；主治外感发热头痛，项背强痛，口渴，消渴，麻疹不透，热痢，泄泻，高血压病颈项强痛。

【成分】葛根含葛根素、葛根素木糖苷、大豆黄酮、大豆黄酮苷等。

【用法用量】内服：煎汤，1.5～3钱；或捣汁。外用：适量，捣敷。

【验方参考】治太阳病，项背强几几，无汗恶风：葛根四两，麻黄二两（去节），桂枝二两（去皮），生姜三两（切），甘草二两（炙），芍药二两，大枣十二枚（擘）。以水一斗，先煮葛根、麻黄，减二升，去白沫，内诸药，煮取三升，去滓。温服一升，复取微似汗。（《伤寒论》葛根汤）

131. 杭子梢 *Campylotropis macrocarpa*（Bunge）Rehd.

【形态特征】落叶灌木，高达2米。幼枝上密被白色短柔毛。三出复叶，互生；叶柄长2～5厘米，被短柔毛；顶端小叶长圆形或椭圆形，长3～6.5厘米，宽1.5～4厘米，先端圆而微凹，有短尖，基部圆形，上面无毛，网脉明显，下面有淡黄色柔毛，侧生小叶较小；小叶柄极短，密被锈色毛；托叶披针形。总状或圆锥花序，顶生或腋生，花梗细长，长3～5厘米，有关节，被绢毛；苞片早落；花萼钟状，萼齿4，有疏柔毛；花冠蝶形，紫色，长约10毫米；雄蕊10，二体。荚果斜椭圆形，长1～1.5厘米，膜质，具网纹，先端具短喙。花期8—9月，果期9—10月。

【产地、生长环境与分布】产于湖北省十堰市茅箭区，生于海拔1000～1200米的山坡、沟谷、灌丛或林缘。

【药用部位】根或枝叶。

【采集加工】夏、秋季采挖根部或采收枝叶，洗净，切片或切段，晒干。

【性味】味苦、微辛，性平。

【功能主治】疏风解表，活血通络；主治风寒感冒，痧证，肾炎水肿，肢体麻木，半身不遂。

【用法用量】内服：煎汤，10～15克；或浸酒。

132. 红豆树 *Ormosia hosiei* Hemsl. et Wils.

【别名】红豆。

【形态特征】乔木，高20～30米。树皮灰绿色，平滑；枝绿色，幼时有黄褐色细毛；冬芽有黄褐色细毛。奇数羽状复叶，长12～23厘米；叶柄长2～4厘米；小叶1～4对，薄革质，卵形或卵状椭圆形，长3～10.5厘米，宽1.5～5厘米，先端急尖或渐尖，基部圆形或阔楔形，上面深绿色，下面淡绿色，全缘。圆锥花序顶生或腋生，长15～20厘米，下垂；花稀疏，有香气；花萼钟形，浅裂，萼齿三角形，紫绿色，密被褐色短柔毛；花冠白色或淡紫色，旗瓣倒卵形，翼瓣与龙骨瓣均为长椭圆形；雄蕊10，花药黄色；子房无毛，内有胚珠5～6，花柱紫色，线状，弯曲，柱头斜生。荚果近圆形，扁平，长3.3～4.8厘米，宽2.3～3.5厘米，先端有短喙。种子1～2颗，近圆形，红色，长1.5～1.8厘米，种脐长约9毫米，位于长轴一侧。花期4—5月，果期10—11月。

【产地、生长环境与分布】产于湖北省十堰市茅箭区，生于海拔200～900米，稀达1350米的河旁、山坡、山谷林内。

【药用部位】种子。

【采集加工】10—11月种子成熟时，打下果实，晒到果荚开裂后，筛出种子，再晒至全干。

【性味】味苦，性平。

【功能主治】理气活血，清热解毒；主治心胃气痛，疝气疼痛，闭经，无名肿毒，疔疮。

【成分】本品含N-甲基金雀花碱、红豆裂碱、18-表红豆裂碱和黄花木碱等，亦含蛋白质。

【用法用量】内服：煎汤，6～15克。

133. 尖叶铁扫帚 *Lespedeza hedysaroides* (Pall.) Kitag.

【别名】夜关门、扁座、野鸡花。

【形态特征】小灌木，高可达1米。全株被伏毛，分枝或上部分枝呈扫帚状。托叶线形，长约2毫米；叶柄长0.5～1厘米；羽状复叶具3小叶；小叶倒披针形、线状长圆形或狭长圆形，长1.5～3.5厘米，宽（2）3～7毫米，先端稍尖或钝圆，有小刺尖，基部渐狭，边缘稍反卷，上面近无毛，下面密被伏毛。总状花序腋生，稍超出于叶，有 3～7 朵排列较密集的花，近似伞形花序；总花梗长；苞片及小苞片卵状披针形或狭披针形，长约 1 毫米；花萼狭钟状，长 3～4 毫米，5 深裂，裂片披针形，先端锐尖，外面被白色状毛，花开后具明显 3 脉；花冠白色或淡黄色，旗瓣基部带紫斑。荚果宽卵形，两面被白色伏毛，稍超出宿存萼。花期 7—9 月，果期 9—10 月。

【产地、生长环境与分布】产于湖北省十堰市茅箭区南部山区，生于海拔 1500 米以下的山坡灌丛间。

【药用部位】全株。

【采集加工】秋季采收，切段，晒干。

【性味】味苦，性微寒。

【功能主治】止泻利尿，止血；主治痢疾，遗精，吐血，子宫脱垂。

【成分】不详。

【用法用量】内服：配方用，3～5 钱；治吐血，全株 2 两，煎汤。

134. 槐 *Sophora japonica* L.

【别名】国槐、槐树、豆槐、白槐、细叶槐、家槐。

【形态特征】乔木，高达 25 米；树皮灰褐色，具纵裂纹。当年生枝绿色，无毛。羽状复叶长达 25 厘米；叶轴初被疏柔毛，旋即脱净；叶柄基部膨大，包裹着芽；托叶形状多变，有时呈卵形、叶状，有时呈线形或钻状，早落；小叶 4～7 对，对生或近互生，纸质，卵状披针形或卵状长圆形，长 2.5～6 厘米，宽 1.5～3 厘米，先端渐尖，具小尖头，基部宽楔形或近圆形，稍偏斜，下面灰白色，初疏被短柔毛，旋变无毛；小托叶 2 枚，钻状。圆锥花序顶生，常呈金字塔形，长达 30 厘米；花梗比花萼短；小苞片 2 枚，形似小托叶；花萼浅钟状，长约 4 毫米，萼齿 5，近等大，圆形或钝三角形，被灰白色短柔毛，萼管近无毛；花冠白色或淡黄色，旗瓣近圆形，长和宽约 11 毫米，具短柄，有紫色脉纹，先端微缺，基部浅心形，翼瓣卵状长圆形，长 10 毫米，宽 4 毫米，先端浑圆，基部斜截形，无皱褶，龙骨瓣阔卵状长圆形，与翼瓣等长，宽达 6 毫米；雄蕊近分离，宿存；子房近

无毛。荚果串珠状，长 2.5～5 厘米或稍长，直径约 10 毫米，种子间缢缩不明显，种子排列较紧密，具肉质果皮，成熟后不开裂，具种子 1～6 颗；种子卵球形，淡黄绿色，干后黑褐色。花期 7—8 月，果期 8—10 月。

【产地、生长环境与分布】产于湖北省十堰市茅箭区南部山区海拔 1000 米少水地带。

【药用部位】根、枝干、叶、花和果实。

【采集加工】槐花：7—8 月花盛期采收，可将花打落，或拾取自然落下的花，及时晒干，除去枝梗、泥沙等杂质。槐枝：春季采收，鲜用或晒干。槐叶：春、夏季采收，鲜用或晒干。槐根：全年均可采挖，洗净，晒干。槐角（果实）：9—11 月果实成熟近干燥时，打落或摘下，以晒干为好，防止冻干，切忌翻动，否则易变色，晒干后，除去枝梗及杂质即可。

【性味】槐叶：味苦，性平。归肝、胃经。槐角：味苦，性寒。归肝、大肠经。槐枝：味苦，性平。槐花：味苦，性微寒。槐根：味苦，性平。

【功能主治】槐叶：清肝泻火，凉血解毒，燥湿杀虫；主治小儿惊痫，壮热，肠风，尿血，痔疮，湿疹，疥癣，疔疮肿痈。

槐枝：散瘀止血，清热燥湿，祛风杀虫；主治崩漏，赤白带下，痔疮，阴囊湿痒，心痛，目赤，疥癣。

槐根：散瘀消肿，杀虫；主治痔疮，喉痹，蛔虫病。

槐角（果实）：凉血止血，清肝明目；主治痔疮出血，肠风下血，血痢，崩漏，血淋，血热吐衄，肝热目赤，头晕目眩。

槐花：凉血止血，清肝泻火。用于便血，痔血，血痢，崩漏，吐血，衄血，肝热目赤，头晕眩晕。

【成分】本品含芸香苷、葡萄糖、葡萄糖醛酸等。花蕾中含鞣质、槐花米甲素（约 14%）、槐花米乙素（1.25%）、槐花米丙素（约 0.35%）。

【用法用量】内服：煎汤，0.5～1 两；或浸酒；或入散剂。外用：煎汤熏洗；或烧沥涂。

135. 苦参 *Sophora flavescens* Alt.

【别名】地槐、好汉枝、山槐、野槐。

【形态特征】落叶半灌木，高 1.5～3 米。根圆柱状，外皮黄白色。奇数羽状复叶，长 20～25 厘米，互生；小叶 15～29，叶片披针形至线状披针形，长 3～4 厘米，宽 1.2～2 厘米，先端渐尖，基部圆形，有短柄，全缘，背面密生平贴柔毛；托叶线形。总状花序顶生，长 15～20 厘米，被短毛，苞片线形；萼钟状，扁平，长 6～7 毫米，5 浅裂；花冠蝶形，淡黄白色；旗瓣匙形，翼瓣无耳，与龙骨瓣等长；雄蕊 10，花丝分离；子房柄被细毛，柱头圆形。荚果线形，先端具长喙，成熟时不开裂，长 5～8 厘米。种子间微缢缩，呈不明显的串珠状，疏生短柔毛。种子 3～7 颗，近球形，黑色。花期 5—7 月，果期 7—9 月。

【产地、生长环境与分布】产于湖北省十堰市茅箭区，生于沙地或向阳山坡、草丛中及溪沟边。

【药用部位】根。

【采集加工】春、秋季采挖，除去根头、小支根，洗净，干燥；或趁鲜切片，干燥。

【性味】味苦，性寒。归心肺、肾、大肠经。

【功能主治】清热燥湿，杀虫，利尿；主治湿热泻痢，便血，黄疸，湿热带下，阴肿阴痒，湿疹湿疮，皮肤瘙痒，疥癣。

【成分】本品含苦参碱、氧化苦参碱、异苦参碱、槐果碱、异槐果碱、槐胺碱、氧化槐果碱等生物碱，此外还含苦参醇C、苦参醇G、异苦参酮、新苦参醇等黄酮类化合物。

【用法用量】内服：煎汤，5～10克。外用：适量，煎水洗。

136. 紫云英 *Astragalus sinicus* L.

【形态特征】二年生草本。茎直立或匍匐，高10～40厘米。奇数羽状复叶；托叶卵形，上面有毛；小叶7～13枚，倒卵形，长5～20毫米，宽5～12毫米，先端微凹或圆形，基部楔形，两面被长硬毛。总状花序近伞形，腋生，有花6～12朵；总花梗长5～15厘米；苞片三角状卵形，被硬毛；花萼钟状，外面被长硬毛，5齿，齿与萼管等长，披针形；花冠紫色或白色；旗瓣长圆形，先端圆或微缺，长7毫米，宽4.5毫米；翼瓣短，有爪和耳；龙骨瓣与旗瓣等长，有爪和耳；雄蕊10，二体，花柱无毛。荚果线状长圆形，稍弯，长1～2厘米，宽0.4厘米，黑色，无毛。花期2—6月，果期3—7月。

【产地、生长环境与分布】产于湖北省十堰市茅箭区，并广泛栽培，生于海拔400～3000米的溪边或森林中潮湿处、山坡、山径旁。

【药用部位】全草。

【采集加工】春、夏季采收，洗净，鲜用或晒干。

【性味】味微甘、辛，性平。

【功能主治】清热解毒，祛风明目，凉血止血；主治咽喉痛，风痰咳嗽，目赤肿痛，疔疮，带状疱疹，疥癣，痔疮，外伤出血，月经不调，带下，血小板减少性紫癜。

【用法用量】内服：煎汤，15～30克；或捣汁。外用：适量，鲜品捣敷；或研末调敷。

137. 赤豆 *Vigna angularis*（Willd.）Ohwi et Ohashi

【别名】红豆、小豆。

【形态特征】一年生半攀缘草本。茎长可达 1.8 米，密被倒毛。三出复叶，叶柄长 8～16 厘米；托叶披针形或卵状披针形；小叶 3 枚，披针形、矩圆状披针形至卵状披针形，长 6～10 厘米，宽 2～6 厘米，先端渐尖，基部阔三角形或近圆形，全缘或具 3 浅裂，两面均无毛，仅叶脉上有疏毛，纸质，脉三出，具柄。总状花序腋生，小花多枚，小花柄极短；小苞片 2 枚，披针状线形，长约 5 毫米，具毛；花萼短钟状，萼齿 5；花冠蝶形，黄色，旗瓣肾形，顶面中央微凹，基部心形，翼瓣斜卵形，基部具渐狭的爪，龙骨瓣狭长，有角状突起；雄蕊 10，二体，花药小；子房上位，密被短硬毛，花柱线形。荚果线状扁圆柱形；种子 6～10 颗，暗紫色，长圆形，两端圆，有直而凹陷的种脐。花期 5—8 月，果期 8—9 月。

【产地、生长环境与分布】产于湖北省十堰市茅箭区，栽培或野生均可见。

【药用部位】种子。

【采集加工】秋季荚果成熟而未开裂时拔取全株，晒干，打下种子，除去杂质，晒干。

【性味】味甘、酸，性平；无毒。归心、小肠经。

【功能主治】除热毒，散恶血，通乳，消胀满，利小便；主治小便不利，水肿脚气，乳汁不通等。

【成分】每 100 克赤豆含蛋白质 20.7 克、脂肪 0.5 克、糖类 58 克、粗纤维 4.9 克、灰分 3.3 克、钙 67 毫克、磷 305 毫克、铁 5.2 毫克、维生素 B_1 0.31 毫克、维生素 B_2 0.11 毫克、烟酸 2.7 毫克。

【用法用量】内服：煎汤，9～30 克。外用：适量，研末调敷。

138. 决明 *Cassia obtusifolia* L.

【别名】钝叶决明、假花生。

【形态特征】一年生半灌木状草本，高 0.5～2 米。上部分枝多。叶互生，羽状复叶；叶柄长 2～3 厘米；小叶 3 对，叶片倒卵形或倒卵状长圆形，长 2～6 厘米，宽 1.5～3.5 厘米，先端圆形，基部楔形，稍偏斜，下面及边缘有柔毛，最下 1 对小叶间有 1 条形腺体，或下面 2 对小叶间各有 1 腺体。花成对腋生，最上部的聚生；总花梗极短；小花梗长 1～2 厘米；萼片 5，倒卵形；花冠黄色，花瓣 5，倒卵形，长 12～15 毫米，基部有爪；雄蕊 10，发育雄蕊 7，3 个较大的花药先端急狭成瓶颈状；子房细长，花柱弯曲。荚果细长，近四棱形，长 15～20 厘米，宽 3～4 毫米，果柄长 2～4 厘米。种子多数，菱柱形或菱形，略扁，淡褐色，光亮，两侧各有 1 条线形斜凹纹。花期 6—8 月，果期 8—10 月。

【产地、生长环境与分布】产于湖北省十堰市茅箭区，生于丘陵、路边、荒山、山坡疏林下。

【药用部位】干燥成熟种子。

【采集加工】秋末果实成熟、荚果变黄褐色时采收，将全株割下，晒干，打下种子，除去杂质即可。

【性味】味苦、甘、咸，性微寒。归肝、肾、大肠经。

【功能主治】清肝明目，利水通便；主治目赤肿痛，羞明多泪，青盲，雀目，头痛头晕，视物昏暗，肝硬化腹水，小便不利，习惯性便秘，肿毒，疥癣。

【用法用量】内服：煎汤，6～15克，大量可用至30克；或研末；或泡茶饮。外用：适量，研末调敷。

139. 落花生 *Arachis hypogaea* L.

【别名】番豆。

【形态特征】一年生草本。茎高30～70厘米，匍匐或直立，有棱，被棕黄色长毛。偶数羽状复叶，互生；叶柄长2～5厘米，被棕色长毛；托叶大，基部与叶柄基部连生，披针形，长3～4厘米，脉纹明显。小叶通常4枚，椭圆形至倒卵形，有时为长圆形，长2～6厘米，宽1～2.5厘米，先端圆或钝。花黄色，单生或簇生于叶腋，开花期几无花梗；萼管细长，萼齿上面3个合生，下面1个分离成二唇形；花冠蝶形，旗瓣近圆形，宽大，翼瓣与龙骨瓣分离；雄蕊9，合生，1个退化，花药5个长圆形，4个近于圆形；花柱细长，柱头顶生，疏生细毛，子房内有1至数个胚珠，胚珠受精后，子房柄伸长至地下，发育为荚果。荚果长椭圆形，种子间常缢缩，果皮厚，革质，具突起网脉，长1～5厘米。种子1～4颗。花期6—7月，果期9—10月。

【产地、生长环境与分布】生于湖北省十堰市茅箭区南部山区疏松的沙土、沙壤土中。

【药用部位】成熟种子。

【采集加工】秋末挖取果实，剥去果壳，取出种子，晒干。

【性味】味甘，性平。归脾、肺经。

【功能主治】健脾养胃，润肺化痰；主治脾虚不运，反胃不舒，乳妇奶少，脚气，肺燥咳嗽，大便燥结。

【用法用量】内服：煎汤，30～100克；生研冲汤，每次10～15克；炒熟或煮熟，30～60克。

140. 马棘 *Indigofera pseudotinctoria* Mats.

【别名】狼牙草、野蓝枝子。

【形态特征】小灌木，高1～3米。茎多分枝，幼枝灰褐色，有棱，被丁字毛。叶互生；叶柄长1～1.5厘米，被平贴丁字毛；托叶小，狭三角形，长约1毫米，早落；奇数羽状复叶，小叶7～11片，叶片椭圆形、倒卵形或倒卵状椭圆形，长1～2.5厘米，先端圆或微凹，有小尖头，基部阔楔形或近圆形，两面有白色丁字毛。总状花序长3～11厘米，花密集；花萼钟形，外被白色和棕色平贴丁字毛，萼筒长1～2毫米，萼齿不等长，与萼筒近等长或略长；蝶形花淡红色或紫红色，旗瓣倒阔卵形，长4.5～6.5毫米，先端螺壳状，翼瓣基部有耳状附属物，龙骨瓣距长约1毫米，基部具耳；雄蕊10，二体。荚果线状圆形，2.5～4（5.5）厘米，先端渐尖，幼时密被短丁字毛，种子间有横隔，仅在横隔上有紫红色斑点。种子椭圆形。花期5—8月，果期9—10月。

【产地、生长环境与分布】产于湖北省十堰市茅箭区，生于海拔100～1300米的山坡、林缘及灌丛中。

【药用部位】根或地上部分。

【采集加工】在播种后的第2年8—9月收获，选晴天，离地10厘米处，采割地上部分，晒干即成，以后可每年收割1次。其根宜在秋后采收，切段，鲜用或晒干。

【性味】味苦、涩，性平。

【功能主治】清热解表，散瘀消积；主治风热感冒，肺热咳嗽，烧烫伤，疔疮，毒蛇咬伤，瘰疬，跌打损伤，食积腹胀。

【用法用量】内服：煎汤，20～30克。外用：适量，鲜品捣敷；干品或炒炭存性研末，调敷。

141. 豌豆 *Pisum sativum* L.

【别名】麦豆、雪豆。

【形态特征】一年生攀缘草本，高0.5～2米。全株绿色，光滑无毛，被粉霜。叶具小叶4～6片，托叶比小叶大，叶状，心形，下缘具细齿。小叶卵圆形，长2～5厘米，宽1～2.5厘米；花于叶腋单生或数朵排成总状花序；花萼钟状，深5裂，裂片披针形；花冠颜色多样，随品种而异，但多为白色和紫色，雄蕊二体。子房无毛，花柱扁，内面有髯毛。荚果肿胀，长椭圆形，长2.5～10厘米，宽0.7～14厘米，顶端斜急尖，背部近伸直，内侧有坚硬纸质的内皮。种子2～10颗，圆形，青绿色，有皱纹或无，干后变为黄色。花期6—7月，果期7—9月。

【产地、生长环境与分布】产于湖北省十堰市茅箭区南部山区。

【药用部位】全株。

【采集加工】夏、秋季果实成熟时采收荚果，晒干，打出种子。

【性味】味甘，性平；无毒。

【功能主治】和中下气，通乳利水，解毒；主治消渴，吐逆，泄泻，腹胀，霍乱转筋，乳少，脚气水肿，疮痈。

【成分】本品含蛋白质、脂肪、糖类、胡萝卜素、凝集素、灰分、钙、磷、铁等。

【用法用量】内服：煎汤，60～125克；或煮食。外用：适量，煎水洗；或研末调涂。

142. 蚕豆 *Vicia faba* L.

【别名】佛豆、胡豆、南豆、马齿豆。

【形态特征】越年或一年生草本，高30～180厘米。茎直立，不分枝，无毛。偶数羽状复叶；托叶大，半箭状，边缘白色膜质，具疏锯齿，无毛，叶轴顶端具退化卷须；小叶2～6枚，叶片椭圆形或广椭圆形至长圆形，长4～8厘米，宽2.5～4厘米，先端圆形或钝，具细尖，基部楔形，全缘。总状花序腋生或单生；花萼钟状，膜质，5裂，裂片披针形，上面2裂片稍短；花冠蝶形，白色，具红紫色斑纹，旗瓣倒卵形，先端钝，向基部渐狭，翼瓣椭圆形，先端圆，基部耳状三角形，

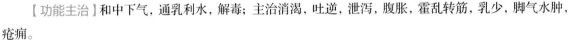

一侧有爪，龙骨瓣三角状半圆形，有爪；雄蕊10，二体；子房无柄，无毛，花柱先端背部有一丛白色髯毛。荚果长圆形，肥厚，长5～10厘米，宽约2厘米。种子2～4颗，椭圆形，略扁平。花期3—4月，果期6—8月。

【产地、生长环境与分布】产于湖北省十堰市茅箭区，生于田间地头。

【药用部位】种子。

【采集加工】7—9月果实成熟呈黑褐色时，拔取全株，晒干，打下种子，扬净后再晒干；或鲜嫩时用。

【性味】味甘、微辛，性平。

【功能主治】健脾利水，解毒消肿；主治噎膈，水肿，疮毒。

【成分】叶含对羟基苯甘氨酸及有机酸；种子含巢菜碱苷0.5%、蛋白质28.1%～28.9%及磷脂、胆碱、哌啶酸，尚含植物凝集素。

【用法用量】内服：煎汤，30～60克；或研末，或作食品。外用：捣敷；或烧灰敷。

143. 救荒野豌豆 *Vicia sativa* L.

【别名】野豌豆（中药名）、马豆草。

【形态特征】一年生或二年生草本，高15～90（105）厘米。茎斜升或攀缘，单一或多分枝，具棱，被微柔毛。偶数羽状复叶长2～10厘米，叶轴顶端卷须有2～3分叉；托叶戟形，通常2～4裂齿，长0.3～0.4厘米，宽0.15～0.35厘米；小叶2～7对，长椭圆形或近心形，长0.9～2.5厘米，宽0.3～1厘米，先端圆或平截有凹，具短尖头，基部楔形，侧脉不甚明显，两面被贴伏黄柔毛。花1～2（4）朵腋生，近无梗；花萼钟形，外面被柔毛，萼齿披针形或锥形；花冠紫红色或红色，旗瓣长倒卵圆形，先端圆，微凹，中部缢缩，翼瓣短于旗瓣，长于龙骨瓣；子房线形，微被柔毛，胚珠4～8，子房具短柄，花柱上部被淡黄白色髯毛。荚果线长圆形，长4～6厘米，宽0.5～0.8厘米，表皮土黄色，种间缢缩，有毛，成熟时背腹开裂，果瓣扭曲。种子4～8，圆球形，棕色或黑褐色，种脐长相当于种子圆周的1/5。花期4—7月，果期7—9月。

【产地、生长环境与分布】产于湖北省十堰市茅箭区南部山区，生于海拔 1000 ～ 2200 米的山坡、林缘、草丛。

【药用部位】全草。

【采集加工】夏季采收，鲜用或晒干。

【性味】味甘、辛，性温。

【功能主治】补肾调经，祛痰止咳；主治肾虚腰痛，遗精，月经不调，咳嗽痰多，外用治疔疮。

【成分】本品含萜类、黄酮类、氨基酸等。

【用法用量】内服：煎汤，15 ～ 30 克。外用：适量，鲜草捣敷；或煎水洗。

144. 皂荚 *Gleditsia sinensis* Lam.

【形态特征】落叶乔木，高达 30 米。刺粗壮，通常分枝，长可达 16 厘米，圆柱形。小枝无毛。一回偶数羽状复叶，长 12 ～ 18 厘米；小叶 6 ～ 14 片，长卵形、长椭圆形至卵状披针形，长 3 ～ 8 厘米，宽 1.5 ～ 3.5 厘米，先端钝或渐尖，基部斜圆形或斜楔形，边缘有细锯齿，无毛。花杂性，排成腋生的总状花序；花萼钟状，有 4 枚披针形裂片；花瓣 4，白色；雄蕊 6 ～ 8；子房条形，沿缝线有毛。荚果条形，不扭转，长 12 ～ 30 厘米，宽 2 ～ 4 厘米，微厚，黑棕色，被白色粉霜。花期 4—5 月，果期 5—10 月。

【产地、生长环境与分布】产于湖北省十堰市茅箭区赛武当自然保护区海拔 1000 ～ 2050 米山坡灌丛下，路边、沟旁、住宅附近有分布。

【药用部位】干燥不育果实。

【采集加工】栽培 5 ～ 6 年后即结果，秋季果实成熟变黑时采摘，晒干。

【性味】味辛、咸，性温；有毒。归肺、肝、胃、大肠经。

【功能主治】祛痰止咳，开窍通闭，杀虫散结；主治痰咳喘满，中风口噤，痰涎壅盛，神昏不语，癫痫，喉痹，二便不通，疮疖痈肿。

【用法用量】内服：1 ～ 3 克，多入丸、散。外用：适量，研末搐鼻；或煎水洗；或研末掺、调敷；或熬膏涂；或烧烟熏。

三十九、酢浆草科

145. 酢浆草 *Oxalis corniculata* L.

【别名】酸箕、三叶酸草、酸母草。

【形态特征】多年生草本。茎匍匐或斜升，多分枝，长达 50 厘米，上被疏长毛，节节生根。叶互生，掌状复叶，叶柄长 2.5 ～ 5 厘米；托叶与叶柄连生，小型；小叶 3 枚，倒心形，长 5 ～ 10 毫米，无柄。花 1 至数朵呈腋生的伞状花序，花序柄与叶柄等长；苞片线形；萼片 5，花瓣 5，黄色，倒卵形；雄蕊 10，花丝下部连合成筒；子房心皮 5，5 室，花柱 5，离生，柱头头状。蒴果近圆柱形，长 1 ～ 1.5 厘米，有 5 棱，被柔毛，熟时裂开将种子弹出。种子小，扁卵形，褐色。花期 5—7 月。

【产地、生长环境与分布】产于湖北省十堰市茅箭区南部山区，生于山坡草地、河谷沿岸、路边、田边、荒地或林下阴湿处等。

【药用部位】全草。

【采集加工】全年均可采收，尤以夏、秋季为宜，洗净，鲜用或晒干。

【性味】味酸，性寒。

【功能主治】清热利湿，凉血散瘀，消肿解毒；主治泄泻，痢疾，黄疸，淋病，赤白带下，麻疹，吐血，衄血，咽喉肿痛，疮疖痈肿，痔疾，脱肛，跌打损伤，烫火伤。

【成分】全草含抗坏血酸、去氢抗坏血酸、丙酮酸、乙醛酸、牡荆素、异牡荆素、牡荆素葡萄糖苷、2- 庚烯醛、2- 戊基呋喃，并含中性类脂化合物、糖脂、磷脂以及脂肪酸（C10 ～ C14）、α - 生育酚、β - 生育酚。

【用法用量】内服：煎汤，9 ～ 15 克（鲜品 30 ～ 60 克）；或研末；或鲜品绞汁饮。外用：适量，煎水洗；或捣敷；或捣汁涂；或煎水漱口。

四十、牻牛儿苗科

146. 野老鹳草 *Geranium carolinianum* L.

【形态特征】一年生草本，高 20 ～ 60 厘米，根纤细，单一或分枝，茎直立或仰卧，单一或多数，具棱角，密被倒向短柔毛。基生叶早枯，茎生叶互生或最上部对生；托叶披针形或三角状披针形，长 5 ～ 7 毫米，宽 1.5 ～ 2.5 毫米，外被短柔毛；茎下部叶具长柄，柄长为叶片的 2 ～ 3 倍，被倒向短柔毛，上部叶柄渐短；叶片圆肾形，长 2 ～ 3 厘米，宽 4 ～ 6 厘米，基部心形，掌状 5 ～ 7 裂近基部，裂片楔状倒卵形或菱形，下部楔形、全缘，上部羽状深裂，小裂片条状矩圆形，先端急尖，表面被短伏毛，背面主要沿脉被短伏毛。花序腋生和顶生，长于叶，被倒生短柔毛和开展的长腺毛，每总花梗具 2 花，顶生总花梗常数个集生，花序呈伞状；花梗与总花梗相似，等于或稍短于花；苞片钻状，长 3 ～ 4 毫米，被短柔毛；萼片长卵形或近椭圆形，长 5 ～ 7 毫米，宽 3 ～ 4 毫米，先端急尖，具长约 1 毫米尖头，外被短柔毛或沿脉被开展的糙柔毛和腺毛；花瓣淡紫红色，倒卵形，稍长于萼，先端圆形，基部宽楔形，雄蕊稍短于萼片，中部以下被长糙柔毛；雌蕊稍长于雄蕊，密被糙柔毛。蒴果长约 2 厘米，被短糙毛，果瓣由喙上部先裂向下卷曲。花期 4—7 月，果期 5—9 月。

【产地、生长环境与分布】产于湖北省十堰市茅箭区茅塔乡、卡子村等乡镇。生于平原和低山荒坡、杂草丛中。

【药用部位】带果实的全草。

【采集加工】夏、秋季果实将成熟时，割取地上部分或将全株拔起，除净泥土和杂质，晒干。

【性味】味苦、微辛，性平。归肝、大肠经。

【功能主治】主治风湿痹痛，肌肤麻木，筋骨酸楚，跌打损伤，泄泻，痢疾，疮毒。

【成分】本品含挥发油，油中主要成分为牻牛儿醇，还含槲皮素及色素等。

【用法用量】内服：煎汤，9 ～ 15 克；或浸酒；或熬膏。外用：适量，捣烂加酒炒热外敷；或制成软膏涂敷。

【验方参考】（1）治腰扭伤：野老鹳草根 30 克，苏木 15 克，煎汤，血余炭 9 克，冲服，每日 1 剂，每日服 2 次。（《全国中草药新医疗法展览会资料选编》）

（2）治急慢性肠炎、腹泻：野老鹳草 18 克，红枣 9 枚，煎浓汤，一日 3 回分服。（《现代实用中药》）

四十一、大戟科

147. 蓖麻 *Ricinus communis* L.

【别名】红蓖麻、天麻子果、蓖麻子。

【形态特征】灌木或小乔木，在北方为高大一年生草本。茎直立，无毛，绿色或稍带紫色，被白粉，节明显。单叶互生，具长柄，柄端具腺体；叶片盾状圆形；掌状分裂，深达叶片的一半以上，裂片一般 7～9，先端长尖，边缘有不规则的锯齿，齿端具腺体，下面被白粉。夏末开花，总状花序或似总状圆锥花序顶生，长 10～30 厘米或更长；花单性，同株，下部生雄花，上部生雌花；雄花萼 3～5 裂，雄蕊多数，花丝多分枝；雌花萼 3～5 裂，子房 3，每室 1 胚珠，花柱 3，深红色，2 裂。蒴果球形，有 3 个纵槽，外被刺状物，成熟后 3 裂。种子矩圆形而稍扁，长 0.9～1.8 厘米，宽 0.5～1.1 厘米，一面平，一面较隆起，表面光滑，有灰白色与黑棕色或黄棕色与红棕色交错的大理石样纹理，一端有灰白色至浅棕色突起的种阜。

【产地、生长环境与分布】产于湖北省十堰市茅箭区，生于海拔 20～500 米的村旁疏林或河流两岸冲积地，呈多年生灌木。

【药用部位】种子、叶、根。

【采集加工】秋、冬季采收种子，拣去杂质，晒干。夏、秋季采根及叶，分别鲜用或晒干备用。

【性味】种子、叶：味甘、辛，性平。根：味淡、微辛，性平。

【功能主治】种子：消肿，排脓，拔毒。种仁油（蓖麻油）：润肠通便。叶：消肿拔毒，止痒。根：祛风活血，止痛镇静。

【用法用量】种子：治子宫脱垂、脱肛，捣烂敷头顶百会穴；治难产、胎盘不下，捣烂敷足心、涌泉穴；治面部神经麻痹，捣烂外敷，病左敷右，病右敷左；治疮疡化脓未溃、淋巴结核，竹、木刺金属入肉，捣成膏状外敷。

种仁油（蓖麻油）：治肠内积滞，大便秘结，用量 10 ～ 20 毫升，顿服。

叶：治疮疡肿毒，鲜品捣烂外敷；治湿疹瘙痒，煎水洗；灭蛆、杀子孓，取叶或种仁外壳 0.5 千克，加水 5 千克，煎 30 分钟，药液按 5% 的比例放入污水或粪坑中。

根：治风湿关节痛、破伤风、癫痫、精神分裂症，用量 30 ～ 60 克，煎汤。

148. 地锦草 *Euphorbia humifusa* Willd.

【别名】小虫儿卧单、血风草、雀儿卧单、狮狻头草、扑地锦、奶花草、奶汁草、铺地锦、铺地红、红莲草、斑鸠窝、三月黄花、地蓬草、铁线马齿苋、蜈蚣草。

【形态特征】一年生匍匐小草本，茎纤细，长约 20 厘米，呈叉状分枝，初带红色，秋季变为紫红色，无毛或疏生短细毛。全草含白色乳汁。叶通常对生，无柄或具短柄，叶片长圆形或椭圆形，长 5 ～ 10 毫米，宽 3 ～ 6 毫米，先端钝圆，基部偏斜，边缘有不甚明显的细锯齿，绿色或带红紫色，两面无毛或疏生短毛。杯状聚伞花序单生于叶腋；总苞倒圆锥形，浅红色或绿色，顶端 4 裂，裂片长三角形；腺体 4，横长圆形，具白色花瓣状附属物；子房 3 室，花柱 3，2 裂。蒴果三棱状球形，无毛。种子卵形，黑褐色或黑灰色，外被白色蜡粉，长约 1.2 毫米。花期 7—8 月，果期 8—10 月。

【产地、生长环境与分布】产于湖北省十堰市茅箭区大川镇，生于田野路旁及庭园间。

【药用部位】全草。

【采集加工】夏、秋季采收，除去杂质，干燥。

【性味】味辛，性平。归肝、大肠经。

【功能主治】清热解毒，凉血止血；主治痢疾，泄泻，咯血，尿血，便血，崩漏，疮疖痈肿。

【用法用量】内服：煎汤，10 ～ 15 克（鲜品 15 ～ 30 克）；或入散剂。外用：适量，鲜品捣敷；或干品研末撒。

149. 乳浆大戟 *Euphorbia esula* L.

【形态特征】多年生草本。根圆柱状，长 20 厘米以上，直径 3 ～ 5（6）毫米，不分枝或分枝，常曲折，褐色或黑褐色。茎单生或丛生，单生时自基部多分枝，高30～60厘米，直径3～5毫米；不育枝常发自基部，较矮，有时发自叶腋。叶线形至卵形，变化极不稳定，长2～7厘米，宽4～7毫米，先端尖或钝尖，基部楔形至平截；无叶柄；不育枝叶常为松针状，长2～3厘米，直径约1毫米；无柄；总苞叶3～5枚，与茎生叶同型；伞幅3～5，长2～4（5）厘米；苞叶2枚，常为肾形，少为卵形或三角状卵形，长4～12毫米，宽4～10毫米，先端渐尖或近圆，基部近平截。花序单生于二歧分枝的顶端，基部无柄；总苞钟状，高约3毫米，直径2.5～3毫米，边缘5裂，裂片半圆形至三角形，边缘及内侧被毛；腺体4，新月形，两端具角，角长而尖或短而钝，变异幅度较大，褐色。雄花多枚，苞片宽线形，无毛；雌花1枚，子房柄明显伸出总苞之外；子房光滑无毛；花柱3，分离；柱头2裂。蒴果三棱状球形，长与直径均5～6毫米，具3个纵沟；花柱宿存；成熟时分裂为3个分果爿。种子卵球状，长2.5～3毫米，直径2～2.5毫米，成熟时黄褐色；种阜盾状，无柄。花果期4—10月。

【产地、生长环境与分布】分布于湖北省十堰市茅箭区各乡镇，生于路旁、杂草丛、山坡、林下、河沟边、荒山、沙丘及草地。

【药用部位】全草。

【采集加工】夏、秋季采割，除去杂质，晒干。生用，亦用鲜品。

【性味】味微苦，性平，有毒。归大肠、膀胱经。

【功能主治】利尿消肿，散结，杀虫。主治水肿，鼓胀，瘰疬，皮肤瘙痒。

【成分】本品根含大戟苷、生物碱等。新鲜叶含维生素C。红芽大戟根含游离蒽醌类和结合性蒽醌类成分。

【用法用量】内服：煎汤，0.9～2.4克。外用：适量，捣敷。

150. 续随子 *Euphorbia lathyris* L.

【别名】千金子、千两金、菩萨豆、拒冬子、联步。

【形态特征】二年生草本，全株无毛。根柱状，长20厘米以上，直径3～7毫米，侧根多而细。茎直立，基部单一，略带紫红色，顶部二歧分枝，灰绿色，高可达1米。叶交互对生，于茎下部密集，于茎上部稀疏，线状披针形，长6～10厘米，宽4～7毫米，先端渐尖或尖，基部半抱茎，全缘；侧脉不明显；无叶柄；总苞叶和茎叶均为2枚，卵状长三角形，长3～8厘米，宽2～4厘米，先端渐尖或急尖，基部近平截或半抱茎，全缘，无柄。花序单生，近钟状，高约 4 毫米，直径 3～5 毫米，边缘 5 裂，裂片三角状长圆形，边缘浅波状；腺体 4，新月形，两端具短角，暗褐色。雄花多数，伸出总苞边缘；雌花 1 枚，子房柄与总苞近等长；子房光滑无毛，直径 3～6 毫米；花柱细长，3 枚，分离；柱头 2 裂。蒴果三棱状球形，长与直径均约 1 厘米，光滑无毛，花柱早落，成熟时不开裂。种子柱状至卵球状，长 6～8 毫米，直径 4.5～6 毫米，褐色或灰褐色，无皱纹，具黑褐色斑点；种阜无柄，极易脱落。花期 4—7 月，果期 6—9 月。

【产地、生长环境与分布】产于湖北省十堰市茅箭区，生于向阳山坡。

【药用部位】种子、叶及茎中白色乳汁。

【采集加工】种子：8 月至 9 月上旬，待果实变黑褐色时采收，晒干，脱粒，扬净，再晒至全干。茎中白色乳汁：夏、秋季折断茎部，取汁液，随采随用。叶：随采随用，捣敷或调涂。

【性味】味辛，性温；有毒。归肝、肾、大肠经。

【功能主治】种子：逐水消肿，破血消癥，攻毒杀虫；主治水肿，膨胀，癥瘕，闭经，疥癣，恶疮肿毒等。叶：去斑，解毒，敛疮；主治白癜风，蝎蜇伤。茎中白色乳汁：主治白癜风，蛇咬伤。

【用法用量】内服：制霜入丸、散，1～2 克。外用：适量，捣敷；或研末醋调涂。

151. 泽漆 *Euphorbia helioscopia* L.

【形态特征】一年生草本。根纤细，长 7～10 厘米，直径 3～5 毫米，下部分枝。茎直立，单一或自基部多分枝，分枝斜展向上，高 10～30（50）厘米，直径 3～5（7）毫米，光滑无毛。叶互生，倒卵形或匙形，长 1～3.5 厘米，宽 5～15 毫米，先端具齿，中部以下渐狭或呈楔形；总苞叶 5 枚，倒卵状长圆形，长 3～4 厘米，宽 8～14 毫米，先端具齿，基部略渐狭，无柄；总伞幅 5 枚，长 2～4 厘米；苞叶 2 枚，卵圆形，先端具齿，基部呈圆形。花序单生，有柄或近无柄；总苞钟状，高约 2.5 毫米，直径约 2 毫米，光滑无毛，边缘 5 裂，裂片半圆形，边缘和内侧具柔毛；腺体 4，盘状，中部内凹，基部具短柄，淡褐色。雄花数枚，明显伸出总苞外；雌花 1 枚，子房柄略伸出总苞边缘。蒴果三棱状阔圆形，光滑，无毛；具明显的三纵沟，长 2.5～3 毫米，直径 3～4.5 毫米；成熟时分裂为 3 个分果爿。种子卵状，长约 2 毫米，直径约 1.5 毫米，暗褐色，具明显的脊网；种阜扁平状，无柄。花果期 4—10 月。

【产地、生长环境与分布】分布于湖北省十堰市茅箭区各乡镇，常生于山坡、路旁、沟边、湿地、荒地、草丛中。

【药用部位】全草。

【采集加工】4—5 月开花时采收地上部分，晒干。

【性味】味辛、苦，性微寒；有毒。归大肠、小肠、脾经。

【功能主治】主治水气肿满，痰饮喘咳，疟疾，细菌性痢疾，瘰疬，结核性瘘管，骨髓炎。

【成分】本品含槲皮素、槲皮素 –3–O– 半乳糖苷、金丝桃苷等黄酮类成分。

【用法用量】内服：煎汤，3 ～ 5 钱。外用：适量，捣敷。

【验方参考】（1）治心下有物大如杯，不得食者：葶苈（熬）60 克，大黄 60 克，泽漆 120 克。捣筛，炼蜜为丸，和捣千杵。服如梧桐子大二丸，日三服，稍加。（《补辑肘后方》）

（2）治瘰疬：泽漆一二捆，井水二桶，锅内熬至一桶，去滓澄清，再熬至一碗，瓶收。每以椒、葱、槐枝，煎汤洗疮净，乃搽此膏。（《本草纲目》引《便民方》）

（3）治疥癣有虫：泽漆晒干为末，香油调搽。（《卫生易简方》）

（4）治神经性皮炎：鲜泽漆白浆敷癣上或用椿树叶捣碎同敷。（《兄弟省市中草药单方验方、新医疗法选编》）

152. 山麻杆 *Alchornea davidii* Franch.

【形态特征】落叶灌木，高 1 ～ 4（5）米；嫩枝被灰白色短茸毛，一年生小枝具微柔毛。叶薄纸质，阔卵形或近圆形，长 8 ～ 15 厘米，宽 7 ～ 14 厘米，顶端渐尖，基部心形、浅心形或近截平，边缘具粗锯齿或细齿，齿端具腺体，上面沿叶脉具短柔毛，下面被短柔毛，基部具斑状腺体 2 或 4 个；基出脉 3 条；小托叶线状，长 3 ～ 4 毫米，具短毛；叶柄长 2 ～ 10 厘米，具短柔毛，托叶披针形，长 6 ～ 8 毫米，基部宽 1 ～ 1.5 毫米，具短毛，早落。雌雄异株，雄花序穗状，1 ～ 3 个生于一年生枝已落叶腋部，长 1.5 ～ 2.5（3.5）厘米，花序梗几无，呈柔黄花序状，苞片卵形，长约 2 毫米，顶端近急尖，具柔毛，未开花时覆瓦状密生，雄花 5 ～ 6 朵簇生于苞腋，花梗长约 2 毫米，无毛，基部具关节；小苞片长约 2 毫米；雌花序总状，顶生，长 4 ～ 8 厘米，具花 4 ～ 7 朵，各部均被短柔毛，苞片三角形，长 3.5 毫米，小苞片披针形，长 3.5 毫米；花梗短，长约 5 毫米。雄花：花萼花蕾时球形，无毛，直径约 2 毫米，萼片 3（4）枚；雄蕊 6 ～ 8 枚。雌花：萼片 5 枚，长三角形，长 2.5 ～ 3 毫米，具短柔毛；子房球形，被茸毛，花柱 3 枚，线状，长 10 ～ 12 毫米，合生部分长 1.5 ～ 2 毫米。蒴果近球形，具 3 圆棱，直径 1 ～ 1.2 厘米，密生柔毛；种子卵状三角形，长约 6 毫米，种皮淡褐色或灰色，具小瘤体。花期 3—5 月，果期 6—7 月。

【产地、生长环境与分布】分布于湖北省十堰市茅箭区小川村等乡镇，生于海拔 300 ～ 700（1000）米的沟谷或溪畔、河边的坡地、灌丛中，或栽种于坡地。为阳性树种，但也能耐阴，抗寒能力较弱，对土壤要求不高，在疏松肥沃、富含有机质的沙壤土中生长最好。

【药用部位】茎皮及叶。

【采集加工】5—7 月采收，除去泥土，鲜用或晒干。

【性味】味淡，性平。归大肠经。

【功能主治】解毒，杀虫，止痛；主治疯狗咬伤，蛇咬伤，蛔虫病，腰痛。

【用法用量】内服：煎汤，3 ～ 6 克。外用：适量，鲜品捣敷患处。

【验方参考】（1）治蛇咬伤：鲜山麻杆适量，捣敷患处。

（2）治疯狗咬伤：山麻杆叶 10 克，水煎服，服后有呕吐反应。

153. 铁苋菜 *Acalypha australis* L.

【别名】血见愁、海蚌念珠、叶里藏珠。

【形态特征】一年生草本，高 0.2 ～ 0.5 米，小枝细长，被柔毛，毛逐渐稀疏。叶膜质，长卵形、近菱状卵形或阔披针形，长 3 ～ 9 厘米，宽 1 ～ 5 厘米，顶端短渐尖，基部楔形，稀圆钝，边缘具圆锯齿，上面无毛，下面沿中脉具柔毛；基出脉 3 条，侧脉 3 对；叶柄长 2 ～ 6 厘米，具短柔毛；托叶披针形，长 1.5 ～ 2 毫米，具短柔毛。雌雄花同序，花序腋生，稀顶生，长 1.5 ～ 5 厘米，花序梗长 0.5 ～ 3 厘米，花序轴具短毛，雌花苞片 1 ～ 2（4）枚，卵状心形，花后增大，长 1.4 ～ 2.5 厘米，宽 1 ～ 2 厘米，边缘具三角形齿，外面沿掌状脉具疏柔毛，苞腋具雌花 1 ～ 3 朵；花梗无；雄花生于花序上部，排列成穗状或头状，雄花苞片卵形，长约 0.5 毫米，苞腋具雄花 5 ～ 7 朵，簇生；花梗长 0.5 毫米。雄花：花蕾时近球形，无毛，花萼裂片 4 枚，卵形，长约 0.5 毫米；雄蕊 7 ～ 8 枚。雌花：萼片 3 枚，长卵形，长 0.5 ～ 1

毫米，具疏毛；子房具疏毛，花柱 3 枚，长约 2 毫米，撕裂 5 ～ 7 条。蒴果直径 4 毫米，具 3 个分果爿，果皮具疏生毛和毛基变厚的小瘤体；种子近卵状，长 1.5 ～ 2 毫米，种皮平滑，假种阜细长。花果期 4—12 月。

【产地、生长环境与分布】分布于湖北省十堰市茅箭区小川村等乡镇，生于山坡、草地、路旁及耕地中。

【药用部位】全草或地上部分。

【采集加工】5—7 月采收，除去泥土，晒干。

【性味】味苦、涩，性凉。归心、肺、大肠、小肠经。

【功能主治】清热解毒，利湿消积，收敛止血；主治肠炎，细菌性痢疾，阿米巴痢疾，小儿疳积，吐血，衄血，尿血，便血，子宫出血，疮疡痈疖，外伤出血，湿疹，皮炎，毒蛇咬伤等。

【成分】本品可能含生物碱、苷类、还原性糖类或其他还原性物质，鞣质、淀粉、油脂或蜡等。

【用法用量】内服：煎汤，10 ～ 15 克（鲜品 30 ～ 60 克）。外用：适量，煎水洗；或捣敷。

【验方参考】（1）治细菌性痢疾：①铁苋菜 60 克（鲜品 250 克），水煎分 3 次服。②铁苋菜 30 克，马齿苋 15 克，水煎服。

（2）治急性肠炎、细菌性痢疾：铁苋菜、凤尾草各 60 克，石榴皮 15 克，水煎服。

（3）治小儿疳积：轻者任选一法，重者二法并用。①外敷：鲜铁苋菜 15 克，姜、葱各 30 克，鸭蛋 1 个，捣烂外敷脚心，敷一夜去掉，隔 3 天敷 1 次，需要敷 5 ～ 7 次。②内服：铁苋菜 60 克，煎水去渣，加猪肝 90 克再煎，吃肝喝汤，连服 5 ～ 6 次。

154. 乌桕 *Sapium sebiferum*（L.）Roxb.

【别名】桕树、木蜡树、木梓树、蜡烛树。

【形态特征】乔木，高可达 15 米，各部均无毛而具乳状汁液；树皮暗灰色，有纵裂纹；枝广展，具皮孔。叶互生，纸质，叶片菱形、菱状卵形，稀菱状倒卵形，长 3 ～ 8 厘米，宽 3 ～ 9 厘米，顶端骤然紧缩具长短不等的尖头，基部阔楔形或钝，全缘；中脉两面微突起，侧脉 6 ～ 10 对，纤细，斜上升，离缘 2 ～ 5 毫米弯拱网结，网状脉明显；叶柄纤细，长 2.5 ～ 6 厘米，顶端具 2 腺体；托叶顶端钝，长约 1 毫米。花单性，雌雄同株，聚集成顶生、长 6 ～ 12 厘米的总状花序，雌花通常生于花序轴最下部，或罕有在雌花下部亦有少数雄花着生，雄花生于花序轴上部，或有时整个花序全为雄花。雄花：花梗纤细，长 1 ～ 3 毫米，向上渐粗；苞片阔卵形，长和宽近相等，约 2 毫米，顶端略尖，基部两侧各具一近肾形的腺体，每一苞片内具 10 ～ 15 朵花；小苞片 3，不等大，边缘撕裂状；花萼杯状，3 浅裂，裂片钝，具不规则的细齿；雄蕊 2 枚，罕有 3 枚，伸出花萼之外，花丝分离，与球状花药近等长。雌花：花梗粗壮，长 3 ～ 3.5 毫米；苞片深 3 裂，裂片渐尖，基部两侧的腺体与雄花的相同，每一苞片内仅

1 朵雌花，间有 1 朵雌花和数朵雄花同聚生于苞腋内；花萼 3 深裂，裂片卵形至卵状披针形，顶端短尖至渐尖；子房卵球形，平滑，3 室，花柱 3，基部合生，柱头外卷。蒴果梨状球形，成熟时黑色，直径 1～1.5 厘米。具 3 种子，分果爿脱落后而中轴宿存；种子扁球形，黑色，长约 8 毫米，宽 6～7 毫米，外被白色、蜡质的假种皮。花期 4—8 月。

【产地、生长环境与分布】产于湖北省十堰市茅箭区，生于旷野、塘边或疏林中。

【药用部位】根皮、树皮、叶。

【采集加工】根皮及树皮全年均可采收，切片，晒干。叶多鲜用，或晒干。

【性味】味苦，性微温。归肺、肾、脾、大肠经。

【功能主治】利水消肿，解毒杀虫；主治血吸虫病，肝硬化腹水，大小便不利，毒蛇咬伤，外用治疗疮，鸡眼，乳腺炎，跌打损伤，湿疹，皮炎。

【用法用量】内服：煎汤，9～12 克；或入丸、散。外用：适量，煎水洗；或研末调敷。

155. 石岩枫 *Mallotus repandus*（Willd.）Muell. Arg.

【别名】杠香藤、万刺藤、犁头枫、木贼枫藤、黄豆树。

【形态特征】灌木或乔木，有时藤本状，高 4～10 米，长可达 13～19 米。枝柔弱，无毛，红褐色，小枝密被锈色星状茸毛。单叶互生；叶柄长 2～4 厘米，密被黄色茸毛；叶片膜质、卵形、长圆形或菱状卵形，长 3.5～9 厘米，宽 2～7 厘米，先端渐尖或急尖，基部圆形、截平或稍呈心形，全缘或呈波状，幼时两面均被黄色毛，老时上面无毛而有微点及腺体，下面被毛及黄色透明小腺点；基出脉 3 条。花单性异株；雄花序为总状或圆锥状，单一或分枝，腋生或顶生，长 5～15 厘米，密被锈色毛；花梗长 4 毫米，每一苞片内有花 1～5 朵；雄花萼片 3～4 裂，卵状长圆形，密被锈色茸毛，雄蕊 40～75；雌花序总状，顶生或腋生，不分枝或稀有分枝，较雄花序略短；雌花萼片 3～5 裂，子房球形，被锈色短茸毛及腺点，通常 2～3 室，花柱 3，分离，柱头羽状，3 裂。蒴果球形，通常有 3 个分果爿，高约 5 毫米，直径 8～12 毫米，被锈色短茸毛；种子近球形，腹面稍平，黑色，微有光泽。花期 4—6 月，果期 7—9 月。

【产地、生长环境与分布】产于湖北省十堰市茅箭区，生于山坡裸岩旁或石阶上，常缘石蔓生，喜石灰质土壤。

【药用部位】根、茎、叶。

【采集加工】根、茎：全年均可采挖，洗净，切片，晒干。叶：夏、秋季采收，鲜用或晒干。

【性味】味苦、辛，性温。归心、肝、脾经。

【功能主治】祛风除湿，活血通络，解毒消肿，驱虫止痒；主治风湿痹痛，腰腿疼痛，口眼歪斜，跌打损伤，疮疖痈肿，绦虫病，湿疹，疥癣，蛇犬咬伤。

【用法用量】内服；煎汤，9～30克。外用：适量，干叶研末，调敷；或鲜叶捣敷。

四十二、芸香科

156. 花椒 *Zanthoxylum bungeanum* Maxim.

【别名】大椒、秦椒、南椒、巴椒。

【形态特征】落叶灌木或小乔木，高3～7米，具香气。茎干通常有增大的皮刺，当年生枝具短柔毛。奇数羽状复叶互生；叶轴腹面两侧有狭小的叶翼，背面散生向上弯的小皮刺；叶柄两侧常有一对扁平、基部特宽的皮刺；小叶无柄；叶片5～11，卵形或卵状长圆形，长1.5～7厘米，宽1～3厘米，先端急尖或短渐尖，通常微凹，基部楔尖，边缘具钝锯齿或波状圆锯齿，齿缝处有大而透明的腺点，上面无刺毛，下面中脉常有斜向上生的小皮刺，基部两侧被一簇锈褐色长柔毛，纸质。聚伞圆锥花序顶生，长2～6厘米，花轴密被短毛，花枝扩展；苞片细小，早落；花单性，花被片4～8，1轮，狭三角形或披针形，长1～2毫米；雄花雄蕊4～8，通常5～7；雌花心皮4～6，通常3～4，无子房柄，花柱外弯，柱头头状。成熟心皮通常2～3，蓇葖果球形，红色或紫红色，密生粗大而突出的腺点。种子卵圆形，直径约3.5毫米，有光泽。花期4—6月，果期9—10月。

【产地、生长环境与分布】产于湖北省十堰市茅箭区南部山区，喜生于阳光充足、温暖肥沃处。

【药用部位】果皮。

【采集加工】培育2～3年，9—10月果实成熟，选晴天，剪下果穗，摊开晾晒，待果实开裂、果皮与种子分开后，晒干。

【性味】味辛，性温。归脾、胃、肾经。

【功能主治】温中止痛，除湿止泻，杀虫止痒；主治脾胃虚寒之脘腹冷痛，蛔虫腹痛，呕吐泄泻，肺寒咳喘，龋齿牙痛，阴痒带下，湿疹皮肤瘙痒。

【用法用量】内服：煎汤，3～6克；或入丸、散。外用：适量，煎水洗、含漱；或研末调敷。

157. 箣檔花椒 *Zanthoxylum avicennae*（Lam.）DC.

【别名】狗花椒、鹰不泊。

【形态特征】落叶乔木，高稀达 15 米；树干有鸡爪状刺，刺基部扁圆而增厚，形似鼓钉，并有环纹，幼苗的小叶甚小，但多达 31 片，幼龄树的枝及叶密生刺，各部无毛。叶有小叶 11～21 片，稀较少；小叶通常对生或偶有不整齐对生，斜卵形、斜长方形或呈镰刀状，有时倒卵形，幼苗小叶多为阔卵形，长 2.5～7 厘米，宽 1～3 厘米，顶部短尖或钝，两侧甚不对称，全缘或中部以上有疏裂齿，鲜叶的油点肉眼可见，也有油点不明显的，叶轴腹面有狭窄、绿色的叶质边缘，常呈狭翼状。花序顶生，花多；花序轴及花梗有时紫红色；雄花梗长 1～3 毫米；萼片及花瓣均 5 片；萼片宽卵形，绿色；花瓣黄白色，雌花的花瓣比雄花的稍长，长约 2.5 毫米；雄花的雄蕊 5 枚；退化雌蕊 2 浅裂；雌花有心皮 2 个，很少 3 个；退化雄蕊极小。果梗长 3～6 毫米，总梗比果梗长 1～3 倍；分果瓣淡紫红色，单个分果瓣直径 4～5 毫米，顶端无芒尖，油点大且多，微凸起；种子直径 3.5～4.5 毫米。花期 6—8 月，也有 10 月开花的，果期 10—12 月。

【产地、生长环境与分布】产于湖北省十堰市茅箭区小川村，生于低海拔平地、坡地或谷地，多见于次生林中。耐干旱瘠薄，特别适宜在梯田、边隙地、荒地、果园四周等处栽植。

【药用部位】根、果、叶。

【采集加工】根全年均可采收；叶随时可采；果冬季采收，晒干。

【性味】味苦、辛，性微温。

【功能主治】祛风除湿，活血止痛。根：主治黄疸型肝炎，肾炎水肿，风湿性关节炎。果：主治胃痛，腹痛。叶：主治跌打损伤，腰肌劳损，乳腺炎，疖肿。

【验方参考】民间用作草药，有祛风去湿、行气化痰、止痛等功效，治多类痛症，又作驱蛔虫剂。

158. 砚壳花椒 *Zanthoxylum dissitum* Hemsl.

【别名】白皮两面针、铁杆椒、单面针、钻山虎。

【形态特征】攀缘藤本；老茎的皮灰白色，枝干上的刺多劲直，叶轴及小叶中脉上的刺向下弯钩，刺褐红色。叶有小叶 5～9 片，稀 3 片；小叶互生或近对生，形状多样，长达 20 厘米，宽 1～8 厘米或更宽，全缘或叶边缘有裂齿（针边砚壳花椒），两侧对称，稀一侧稍偏斜，顶部渐尖至长尾状，厚纸质或近革质，无毛，中脉在叶面凹陷，油点甚小，在放大镜下不易察见；小叶柄长 3～10 毫米。花序腋生，长通常不超过 10 厘米，花序轴有短细毛；萼片及花瓣均 4 片，油点不明显；萼片紫绿色，宽卵形，长不及 1 毫米；花瓣淡黄绿色，宽卵形，长 4～5 毫米；雄花的花梗长 1～3 毫米；雄蕊 4 枚，花丝长 5～6 毫米；退化雌蕊顶端 4 浅裂；雌花无退化雄蕊。果密集于果序上，果梗短；果棕色，外果皮比内果皮宽大，外果皮平滑，边缘较薄，干后显出弧形环圈，长 10～15 毫米，残存花柱位于一侧；种子直径 8～10 毫米。花期 4—5 月，果期 9—10 月。

【产地、生长环境与分布】产于湖北省十堰市茅箭区，生于海拔 300～1500 米的坡地、杂木林或灌丛中，尤以石灰岩山坡多见。

【药用部位】根、茎。

【采集加工】培育 2～3 年，9—10 月果实成熟时，选晴天，剪下果穗，摊开晾晒，待果实开裂、果皮与种子分开后，晒干。

【性味】味辛，性热；有小毒。归脾、胃、肾经。

【功能主治】祛风止痛，理气化痰，活血散瘀；主治多类痛症及跌打扭伤。

159. 黄檗 *Phellodendron amurense* Rupr.

【别名】檗木、檗皮、黄柏。

【形态特征】落叶乔木，高 10～25 米。树皮厚，外皮灰褐色，木栓层发达，不规则网状纵沟裂，内皮鲜黄色。小枝通常灰褐色或淡棕色，罕为红棕色，有小皮孔。奇数羽状复叶对生，小叶柄短；小叶 5～15 枚，披针形至卵状长圆形，长 3～11 厘米，宽 1.5～4 厘米，先端长渐尖，叶基不等的广楔形或近圆形，边缘有细钝齿，齿缝有腺点，上面暗绿色无毛，下面苍白色，仅中脉基部两侧密被柔毛，薄纸质。雌雄异株；圆锥状聚伞花序，花轴及花枝幼时被毛；花小，黄绿色；雄花雄蕊 5，伸出花瓣外，花丝基部有毛；雌花的退化雄蕊呈小鳞片状；雌蕊 1，子房有短柄，5 室，花枝短，柱头 5 浅裂。浆果状核果呈球形，直径 8～10 毫米，密集成团，熟后紫黑色，内有种子 2～5 颗。花期 5—6 月，果期 9—10 月。

【产地、生长环境与分布】产于湖北省十堰市茅箭区，生于山地、杂木林中或山谷溪流附近。

【药用部位】树皮。

【采集加工】立夏至夏至采收栽植 10 年以上的树皮，趁鲜刮去粗皮，晒干，或切片后晒干。

【性味】味苦，性寒。归肾、膀胱经。

【功能主治】清热燥湿，泻火除蒸，解毒疗疮；主治湿热泻痢，黄疸，带下，热淋，脚气，骨蒸劳热，盗汗，遗精，疮疡肿毒，湿疹瘙痒。盐黄柏滋阴降火；主治阴虚火旺，盗汗骨蒸。

【用法用量】内服：煎汤，3～9 克；或入丸、散。外用：适量，研末调敷；或煎水浸洗。降实火，宜生用；清虚热，宜盐水炒用；止血，宜炒炭用。

【验方参考】（1）治妊娠下痢不止：黄柏、干姜、赤石脂各二两，酸石榴皮二枚。上切细，以水八升，煮取二升，分三服。（《普济方》）

（2）治伤寒身黄，发热：肥栀子十五个（擘），甘草一两（炙），黄柏二两。上三味，以水四升，煮取一升半，去滓，分温再服。（《伤寒论》栀子柏皮汤）

四十三、苦木科

160. 臭椿 *Ailanthus altissima*（Mill.）Swingle

【别名】臭椿皮、大果臭椿。果实中药名为凤眼草，别名椿荚、樗荚、凤眼子、樗树凸凸、樗树子、臭椿子、春铃子。

【形态特征】落叶乔木，高可达 20 余米，树皮平滑而有直纹；嫩枝有髓，幼时被黄色或黄褐色柔毛，后脱落。叶为奇数羽状复叶，长 40～60 厘米，叶柄长 7～13 厘米，有小叶 13～27；小叶对生或近对生，纸质，卵状披针形，长 7～13 厘米，宽 2.5～4 厘米，先端长渐尖，基部偏斜，截形或稍圆，两侧各具 1 或 2 个粗锯齿，齿背有腺体 1 个，叶面深绿色，背面灰绿色，揉碎后具臭味。圆锥花序长 10～30 厘米；花淡绿色，花梗长 1～2.5 毫米；萼片 5，覆瓦状排列，裂片长 0.5～1 毫米；花瓣 5，长 2～2.5 毫米，基部两侧被硬粗毛；雄蕊 10，花丝基部密被硬粗毛，雄花中的花丝长于花瓣，雌花中的花丝短于花瓣；花药长圆形，长约 1 毫米；心皮 5，花柱黏合，柱头 5 裂。翅果长椭圆形，长 3～4.5 厘米，宽 1～1.2 厘米；种子位于翅的中间，扁圆形。花期 4—5 月，果期 8—10 月。

【产地、生长环境与分布】产于湖北省十堰市茅箭区卡子村，喜光，不耐阴。适应性强，除黏土外，各种土质和中性、酸性及钙质土都能生长，但在重黏土和积水区生长不良。耐微碱，pH 的适宜范围为 5.5～8.2。适合生于深厚、肥沃、湿润的沙壤土中。耐寒、耐旱、不耐水湿，长期积水会烂根死亡，深根性。垂直分布于海拔 100～2000 米。在年平均气温 7～19 ℃、年降雨量 400～2000 毫米条件下生长正常；年平均气温 12～15 ℃、年降雨量 550～1200 毫米最适合生长。各地均产，为阳性树种，喜生于向阳山坡或灌丛中，村庄宅前屋后多有栽培，常作为行道树。

【药用部位】树皮、根皮、果实。

【采集加工】树皮、根皮：全年均可采收，剥下根皮或干皮，刮去外层粗皮，晒干，切段或切丝，生用或麸炒用。果实：8—9 月果熟时采收，除去果柄，晒干。

【性味】味苦、涩，性凉。归大肠、肝经。

【功能主治】清热燥湿，解毒杀虫；主治痢疾，便血，崩漏，带下，疮痈。用于西医诊为阴道炎、宫颈炎、慢性结肠炎、细菌性痢疾、阿米巴痢疾、功能性子宫出血、痔疮出血、消化道出血等疾病者。

【用法用量】根皮：内服，煎汤，6 ～ 12 克，或入丸、散；外用，适量，煎水洗，或熬膏涂。果实：内服，煎汤，3 ～ 9 克，或研末；外用，适量，煎水洗。

四十四、楝科

161. 楝 *Melia azedarach* L.

【别名】金铃子、苦楝子、楝子、楝树果、川楝子、川楝实。

【形态特征】落叶乔木，高10米以上。树皮灰褐色，幼嫩部分密被鳞片。二回羽状复叶，小叶5 ～ 11，有短柄，叶片狭卵形或长卵形，长4 ～ 7厘米，宽2 ～ 3厘米，先端渐尖，基部圆形，常偏斜，全缘或疏有小齿，幼时两面密被黄色毛，后仅主脉及叶面有小疏毛，圆锥花序腋生。花萼5 ～ 6，花瓣5 ～ 6，紫色或淡紫色，雄蕊为花瓣的2倍，花丝连合成筒状，子房上位，瓶状，6 ～ 8室。核果椭圆形或近圆形，长1.5 ～ 3厘米，直径1.3 ～ 2.5厘米，黄色或黄棕色，内果皮木质，通常有6 ～ 8棱。种子扁平，长椭圆形，长约1厘米，黑色。花期3—4月，果期9—11月。

【产地、生长环境与分布】产于湖北省十堰市茅箭区小川村，生于海拔500 ～ 2100米的杂木林和疏林内，或平坝、丘陵的湿润处，常栽培于村旁或公路边。

【药用部位】果实。

【采集加工】冬季果实成熟时采收，除去杂质，干燥。

【性味】味苦，性寒；有小毒。归肝、小肠、膀胱经。

【功能主治】疏肝泄热，行气止痛，杀虫；主治脘腹、胁肋疼痛，疝气疼痛，虫积腹痛，疥癣。

【用法用量】内服：煎汤，3～10克；或入丸，散。外用：适量，研末调涂。行气止痛炒用，杀虫生用。

162. 香椿 *Toona sinensis*（A. Juss.）Roem.

【别名】红椿、椿芽树、椿花、香铃子。

【形态特征】落叶乔木，高5～12（25）米。树皮红褐色，片状剥落；幼枝被柔毛。偶数羽状复叶，长25～50厘米，有特殊气味；小叶10～22片，对生，具短柄，叶片纸质，矩圆形或披针状矩圆形，长8～15厘米，宽2～4厘米，先端长尖，基部不对称，圆形或阔楔形，边缘具疏锯齿或近全缘，两面无毛或仅下面脉腋内有长髯毛。春末开白色小花，圆锥花序顶生，花芳香；萼短小；花瓣5；退化雄蕊5，与5个发育雄蕊互生；子房有沟纹5条。蒴果狭椭圆形，长1.5～2.5厘米，5瓣裂开。种子椭圆形，一端有膜质长翅。

【产地、生长环境与分布】产于湖北省十堰市茅箭区小川村，常栽培于海拔2700米以下的房前屋后、村边、路旁。

【药用部位】根皮、叶、嫩枝及果。

【采集加工】根皮全年均可采收。夏、秋季采叶及嫩枝，秋后采果。

【性味】味苦、涩，性温。归肺、肝、大肠经。

【功能主治】祛风利湿，止血止痛；主治痢疾，肠炎，尿路感染，便血，血崩，带下，风湿腰腿痛，痢疾，胃、十二指肠溃疡，慢性胃炎。

四十五、远志科

163. 瓜子金 *Polygala japonica* Houtt.

【别名】金锁匙、神砂草、地藤草、远志草、辰砂草、惊风草、瓜米细辛、鱼胆草、兰花草、产后草。

【形态特征】多年生草本，高15～20厘米。茎绿褐色，直立或斜生。枝有纵棱，圆柱形，被卷曲短柔毛。单叶互生；黄褐色，被短柔毛；叶纸质至近革质，卵形，绿色，先端钝，基部圆形至阔楔形，全缘，反卷；主脉在上表面凹陷，侧脉3～5对。花两性，总状花序与叶对生；花少，具早落披针形小苞片；萼片5，宿存；花瓣3，白色至紫色；雄蕊8，花丝合生成鞘，花药卵形，顶孔开裂；子房倒卵形，具翅，花柱肥厚，弯曲，柱头 2。蒴果绿色，圆形，具阔翅。种子卵形，黑色，密被白色短柔毛。花期 4—5 月，果期 5—7 月。

【产地、生长环境与分布】产于湖北省十堰市茅箭区，生于海拔 800～2100 米的山坡或田埂上。喜温暖湿润的气候，是一种既喜阳又较耐旱的植物。对土壤要求不高，在排水良好、疏松肥沃的沙壤土中生长较好，在重黏性土中生长不良。

【药用部位】全草。

【采集加工】8—10 月采收，晒干。

【性味】味苦、微辛，性平。归肺、肝、心经。

【功能主治】祛痰止咳，散瘀止血，宁心安神，解毒消肿；主治咳嗽痰多，跌打损伤，风湿痹痛，吐血便血，心悸失眠，咽喉肿痛，疮疖痈肿，毒蛇咬伤。

【用法用量】内服：煎汤，6～15 克（鲜品 30～60 克）；或研末；或浸酒。外用：适量，捣敷；或研末调敷。

四十六、马桑科

164. 马桑 *Coriaria nepalensis* Wall.

【形态特征】灌木，高 1.5～2.5 米，分枝水平开展，小枝四棱形或成四狭翅，幼枝疏被微柔毛，后变无毛，常带紫色，老枝紫褐色，具显著圆形突起的皮孔；芽鳞膜质，卵形或卵状三角形，长 1～2 毫米，紫红色，无毛。叶对生，纸质至薄革质，椭圆形或阔椭圆形，长 2.5～8 厘米，宽 1.5～4 厘米，先端急尖，基部圆形，全缘，两面无毛或沿脉上疏被毛，基出 3 脉，弧形伸至顶端，在叶面微凹，叶背突起；叶短柄，长 2～3 毫米，疏被毛，紫色，基部具垫状突起物。总状花序生于二年生的枝条上，雄花序先于叶开放，长 1.5～2.5 厘米，多花密集，序轴被腺状微柔毛；苞片和小苞片卵圆形，长约 2.5 毫米，宽约 2 毫米，膜质，半透明，内凹，上部边缘具流苏状细齿；花梗长约 1 毫米，无毛；萼片卵形，长 1.5～2 毫米，宽 1～1.5 毫米，边缘半透明，上部具流苏状细齿；花瓣极小，卵形，长约 0.3 毫米，里面龙骨状；雄蕊 10，花丝线形，长约 1 毫米，开花时伸长，长 3～3.5 毫米，花药长圆形，长约 2 毫米，具细小疣状体，药隔伸出，花药基部短尾状；不育雌蕊存在；雌花序与叶同出，长 4～6 厘米，序轴被腺状微柔毛；苞片稍大，长约 4 毫米，带紫色；花梗长 1.5～2.5 毫米；萼片与雄花同；花瓣肉质，较小，龙骨状；雄蕊较短，花丝长约 0.5 毫米，花药长约 0.8 毫米，心皮 5，耳形，长约 0.7 毫米，宽约 0.5 毫米，侧向压扁，花柱长约 1 毫米，具小疣体，柱头上部外弯，紫红色，具多数小疣体。果球形，果期花瓣肉质增大包于果外，成熟时由红色变紫黑色，直径 4 ～ 6 毫米；种子卵状长圆形。

【产地、生长环境与分布】产于湖北省十堰市茅箭区南部山区海拔 400 ～ 3200 米的山地灌丛中。

【药用部位】根、叶。

【采集加工】根：冬季采挖，刮去外皮，晒干。叶：夏季采收，晒干。

【性味】味苦、辛，性寒；有大毒。

【功能主治】清热解毒，活血，祛风通络。叶：主治烫伤，黄水疮，肿毒，痈疽等。根：主治风湿麻木，风火牙痛，跌打损伤等。树皮：主治白口疮。

【成分】本品含马桑内酯（马桑毒素）、γ－丁内酯、马桑宁、马桑亭等倍半萜内酯类成分。

【用法用量】外用：适量，煎水洗；或外敷。因有大毒，一般只作外用。

【验方参考】（1）治肿疡：马桑叶煎水洗。（《湖南药物》）

（2）治疥疮：马桑叶、地星宿各等份为末，调油搽。（《贵阳民间药草》）

四十七、漆树科

165. 黄连木 *Pistacia chinensis* Bunge

【别名】楷木、黄连茶、岩拐角、凉茶树、茶树、药树、药木、黄连树、鸡冠果、烂心木、鸡冠木、黄儿茶、田苗树、木蓼树、黄连芽、木黄连、药子树。

【形态特征】落叶乔木，高 25 ～ 30 米；树干扭曲。树皮暗褐色，呈鳞片状剥落，幼枝灰棕色，具细小皮孔，疏被微柔毛或近无毛。羽状复叶互生，有小叶 5 ～ 6 对，叶轴具条纹，被微柔毛，叶柄上面平，被微柔毛；小叶对生或近对生，纸质，披针形、卵状披针形或线状披针形，长 5 ～ 10 厘米，宽 1.5 ～ 2.5 厘米，先端渐尖或长渐尖，基部偏斜，全缘，两面沿中脉和侧脉被卷曲微柔毛或近无毛，侧脉和细脉两面突起；小叶柄长 1～2 毫米。花单性异株，先花后叶，圆锥花序腋生，雄花序排列紧密，长 6～7 厘米，雌花序排列疏松，长 15～20 厘米，均被微柔毛；花小，花梗长约 1 毫米，被微柔毛；苞片披针形或狭披针形，内凹，长 1.5～2 毫米，外面被微柔毛，边缘具睫毛状毛。雄花：花被片 2～4，披针形或线状披针形，大小不等，长 1～1.5 毫米，边缘具睫毛状毛；雄蕊 3～5，花丝极短，长不到 0.5 毫米，花药长圆形，大，长约 2 毫米；雌蕊缺。雌花：花被片 7～9，大小不等，长 0.7～1.5 毫米，宽 0.5～0.7 毫米，外面 2～4 片较狭，披针形或线状披针形，外面被柔毛，边缘具睫毛状毛，里面 5 片卵形或长圆形，外面无毛，边缘具睫毛状毛；不育雄蕊缺；子房球形，无毛，直径约 0.5 毫米，花柱极短，柱头 3，厚，肉质，红色。核果倒卵状球形，略压扁，直径约 5 毫米，成熟时紫红色，干后具纵向细条纹，先端细尖。枝密叶繁，秋叶变为橙黄色或鲜红色；雌花序紫红色，能一直保持到深秋，甚美观；宜作庭荫树及山地风景树种。木材坚硬致密，可作雕刻用材；种子可榨油。

【产地、生长环境与分布】分布于湖北省十堰市茅箭区各乡镇。喜光，幼时稍耐阴；喜温暖，畏严寒；耐干旱、瘠薄，对土壤要求不高，微酸性、中性和微碱性的沙质、黏质土均能适应，尤以在肥沃、湿润而排水良好的石灰岩山地中生长最好。深根性，主根发达，抗风性强；萌芽力强。生长较慢，寿命可超过 300 年。对二氧化硫、氯化氢和煤烟的抗性较强。

【药用部位】树皮及叶可入药，根、枝、叶、皮还可制农药。

【采集加工】全年可采树皮，夏、秋季采叶，晒干。

【性味】味苦，性寒；有小毒。

【功能主治】清热，利湿，解毒；主治痢疾，淋证，肿毒，牛皮癣，痔疮，风湿疮及漆疮初起等。

【成分】本品主要含漆酚、儿茶酚、鞣质、没食子酸、漆酶、漆树素、漆树酸、黄颜木素、硫黄菊素、杨梅树素、莽草酸、葡萄糖苷等。

【用法用量】内服：煎汤，1～2 钱。外用：适量，煎水洗；或研末敷。

166. 黄栌 Cotinus coggygria Scop.

【别名】红叶、路木炸、浓茂树。

【形态特征】落叶灌木或乔木，高达 8 米。单叶互生，倒卵形，长 3～8 厘米，宽 2.5～6 厘米，先端圆或微凹，基部圆形或阔楔形，全缘，无毛或仅下面脉上有短柔毛，侧脉 6～11 对，先端常分叉；叶柄细，长 1.5 厘米。大型圆锥花序顶生；花杂性，直径约 3 毫米；萼片 5，披针形；花瓣 5，长圆形，长于萼片；雄蕊 5，短于花瓣；子房上位，具 2 ～ 3 短而侧生的花柱。果穗长 5 ～ 20 厘米，有多数不孕花的细长花梗宿存，呈紫绿色羽毛状。核果肾形，直径 3 ～ 4 毫米，熟时红色。花期 4 月，果期 6 月。

【产地、生长环境与分布】分布于湖北省十堰市茅箭区小川村等乡镇，常生于向阳山坡。

【药用部位】根、树枝及叶。

【采集加工】根随时可采；夏季枝叶茂密时砍下枝条，摘下叶，分别晒干。

【性味】味苦，性寒；无毒。

【功能主治】清热解毒，散瘀止痛。根、茎：主治急性黄疸型肝炎，慢性肝炎，无黄疸型肝炎，麻疹不出。叶：主治丹毒，漆疮。

【成分】木材含硫黄菊素及其葡萄糖苷，又含杨梅树皮素及没食子酸等鞣质成分。

【用法用量】内服：1 ～ 3 钱（治肝炎，成人每日 1 两，小儿减半，煎 2 次，合并药液，早晚各服 1 次）。外用：枝、叶煎水洗；或叶捣敷患处。

【验方参考】（1）治黄疸型传染性肝炎：黄栌 3 钱，水煎服。

（2）治水火烫伤皮肤未破及漆疮：黄栌适量，煎水洗患处。

167. 红麸杨 *Rhus punjabensis* var. *sinica*（Diels）Rehd. et Wils.

【形态特征】落叶乔木或小乔木，高 4 ～ 15 米，树皮灰褐色，小枝被微柔毛。奇数羽状复叶有小叶 3 ～ 6 对，叶轴上部具狭翅，极稀不明显；叶卵状长圆形或长圆形，长 5 ～ 12 厘米，宽 2 ～ 4.5 厘米，先端渐尖或长渐尖，基部圆形或近心形，全缘，叶背疏被微柔毛或仅脉上被毛，侧脉较密，约 20 对，不达边缘，在叶背明显突起；叶无柄或近无柄。圆锥花序长 15 ～ 20 厘米，密被微茸毛；苞片钻形，长 1 ～ 2 厘米，被微茸毛；花小，直径约 3 毫米，白色；花梗短，长约 1 毫米；花萼外面疏被微柔毛，裂片狭三角形，长约 1 毫米，宽约 0.5 毫米，边缘具细毛，花瓣长圆形，长约 2 毫米，宽约 1 毫米，两面被微柔毛，边缘具细毛，开花时先端外卷；花丝线形，长约 2 毫米，中下部被微柔毛，在雌花中较短，长约 1 毫米，花药卵形；花盘厚，紫红色，无毛；子房球形，密被白色柔毛，直径约 1 毫米，雄花中有不育子房。核果近球形，略压扁，直径约 4 毫米，成熟时暗紫红色，被具节柔毛和腺毛；种子小。

【产地、生长环境与分布】产于湖北省十堰市茅箭区，生于海拔 460 ～ 3000 米的石灰岩灌丛或密林中。

【药用部位】根。

【采集加工】秋季采挖，洗净，切片，晒干。

【性味】味酸、涩，性平。

【功能主治】涩肠；主治痢疾，腹泻。

【成分】叶含贝壳杉双黄酮、穗花杉双黄酮、南方贝壳杉双黄酮、扁柏双黄酮。

【用法用量】内服：煎汤，3～5钱。

四十八、槭树科

168. 飞蛾槭 *Acer oblongum* Wall. ex DC.

【别名】飞蛾树、飞蛾楠、蝴蝶树、鸡火树。

【形态特征】常绿乔木，常高 10 米，稀达 20 米。树皮灰色或深灰色，粗糙，裂成薄片脱落。小枝细瘦，近圆柱形；当年生嫩枝紫色或紫绿色，近无毛；多年生老枝褐色或深褐色。冬芽小，褐色，近无毛。叶革质，长圆状卵形，长 5～7 厘米，宽 3～4 厘米，全缘，基部钝形或近圆形，先端渐尖或钝尖；下面有白粉；主脉在上面显著，在下面突起，侧脉 6～7 对，基部的一对侧脉较长，其长度为叶片的 1/3～1/2，小叶脉显著，呈网状；叶柄长 2～3 厘米，黄绿色，无毛。花杂性，绿色或黄绿色，雄花与两性花同株，常成被短毛的伞房花序，顶生于具叶的小枝；萼片 5，长圆形，先端钝尖，长 2 毫米；花瓣 5，倒卵形，长 3 毫米；雄蕊 8，细瘦，无毛，花药圆形；花盘微裂，位于雄蕊外侧；子房被短柔毛，在雄

花中不发育，花柱短，无毛，2 裂，柱头反卷；花梗长 1～2 厘米，细瘦。翅果嫩时绿色，成熟时淡黄褐色；小坚果突起成四棱形，长 7 毫米，宽 5 毫米；翅与小坚果长 1.8～2.5 厘米，宽 8 毫米，张开近直角；果梗长 1～2 厘米，细瘦，无毛。花期 4 月，果期 9 月。

【产地、生长环境与分布】产于湖北省十堰市茅箭区赛武当自然保护区海拔 1000～2050 米的阔叶林中。喜阳耐阴，喜湿怕涝，喜土壤肥厚、疏松地段。

【药用部位】嫩枝和果实。

【采集加工】果实：夏季采收，晒干。嫩枝：春末夏初采收，晒干。

【性味】味苦、咸，性平。

【功能主治】止咳，敛疮；主治新久咳嗽，鹅口疮。

【用法用量】内服：煎汤，5～10 克。外用：适量，研末撒。

四十九、七叶树科

169. 七叶树 *Aesculus chinensis* Bunge

【形态特征】落叶乔木，高达 25 米，树皮深褐色或灰褐色，小枝圆柱形，黄褐色或灰褐色，无毛或嫩时有微柔毛，有圆形或椭圆形淡黄色的皮孔。冬芽大型，有树脂。掌状复叶，由 5～7 小叶组成，叶柄长 10～12 厘米，有灰色微柔毛；小叶纸质，长圆状披针形至长圆状倒披针形，稀长椭圆形，先端短锐尖，基部楔形或阔楔形，边缘有钝尖细锯齿，长 8～16 厘米，宽 3～5 厘米，上面深绿色，无毛，下面除中肋及侧脉的基部嫩时有疏柔毛外，其余部分无毛；中肋在上面显著，在下面突起，侧脉 13～17 对，在上面微显著，在下面显著；中央小叶的小叶柄长 1～1.8 厘米，两侧的小叶柄长 5～10 毫米，有灰色微柔毛。花序圆筒形，连同长 5～10 厘米的总花梗在内共长 21～25 厘米，花序总轴有微柔毛，小花序常由 5～10 朵花组成，平斜向伸展，有微柔毛，长 2～2.5 厘米，花梗长 2～4 毫米。花杂性，雄花与两性花同株，花萼管状钟形，长 3～5 毫米，外面有微柔毛，不等的 5 裂，裂片钝形，边缘有短纤毛；花瓣 4，白色，长圆状倒卵形至长圆状倒披针形，长 8～12 毫米，宽 5～1.5 毫米，边缘有纤毛，基部爪状；雄蕊 6，长 1.8～3 厘米，花丝线状，无毛，花药长圆形，淡黄色，长 1～1.5 毫米；子房在雄花中不发育，在两性花中发育良好，卵圆形，花柱无毛。果实球形或倒卵圆形，顶部短尖或钝圆而中部略凹下，直径 3～4 厘米，黄褐色，无刺，具很密的斑点，果壳干后厚 5～6 毫米，种子常 1～2 颗发育，近球形，直径 2～3.5 厘米，栗褐色；种脐白色，约占种子体积的 1/2。花期 4—5 月，果期 10 月。

【产地、生长环境与分布】产于湖北省十堰市茅箭区，生于海拔 700 米以下的山地。喜光，稍耐阴；喜温暖气候，也能耐寒；喜深厚、肥沃、湿润而排水良好的土壤。

【药用部位】皮、根可制肥皂，叶、花可制染料，种子可提取淀粉、榨油，也可食用。

【采集加工】果实成熟时采收，取出种子，除去外壳及杂质，用时打碎。

【性味】味甘，性温。归肝、胃经。

【功能主治】理气宽中，和胃止痛；主治胸腹胀闷，胃脘疼痛。

【成分】七叶树的果实含有大量的皂角苷，称为七叶树素，是破坏红细胞的有毒物质。七叶树种子含脂肪31.8%、淀粉36%、纤维14.7%、粗蛋白1.1%，脂肪主要为油酸和甘油酯。

【用法用量】内服：煎汤，3～9克。

【验方参考】（1）治胃痛：娑罗子（中药名）一枚去壳，捣碎煎服，能令虫从大便出，三服。（《百草镜》）

（2）治九种心痛：娑罗子烧灰，冲酒服。（《杨春涯经验方》）

五十、凤仙花科

170. 耳叶凤仙花 *Impatiens delavayi* Franch.

【形态特征】一年生草本，高30～40厘米。茎细弱，直立，分枝或不分枝，全株无毛。叶互生，下部和中部叶具柄，宽卵形或卵状圆形，长3～5厘米，宽1～2厘米，薄膜质，顶端钝；基部急狭成长2～3厘米的细柄，上部叶无柄或近无柄，长圆形，基部心形，稍抱茎，边缘有粗圆齿，齿间有小刚毛，侧脉4～6对，无毛。总花梗纤细，长2～3厘米，生于茎枝上部叶腋，具1～5花；花梗细短，花下部仅有1卵形苞片；苞片宿存。花较大，长2～3厘米，淡紫红色或污黄色；侧生萼片2，斜卵形或卵圆形，顶端尖；旗瓣圆形，兜状，背面中肋圆钝；翼瓣、旗瓣基部楔形，基部裂片小，近方形，上部裂片大，斧形，急尖，背面具大小耳；唇瓣囊状，基部急狭成内弯的短距，距端2浅裂；花药钝。蒴果线形，长3～4厘米。种子椭圆状长圆形，褐色，具瘤状突起。花期7—9月。

【产地、生长环境与分布】产于湖北省十堰市茅箭区。

【药用部位】全草。

【采集加工】7—9月开花时采收，切段，晒干。

【性味】味甘、微苦，性温。

171. 凤仙花 *Impatiens balsamina* L.

【别名】指甲花、金凤花。

【形态特征】一年生草本，高40～100厘米。茎肉质，直立，粗壮。叶互生；叶柄长1～3厘米，两侧有数个腺体；叶片披针形，长4～12厘米，宽1～3厘米，先端长渐尖，基部渐狭，边缘有锐锯齿，侧脉5～9对。花梗短，单生或数枚簇生于叶腋，密生短柔毛；花大，通常粉红色或杂色，单瓣或重瓣；萼片2，宽卵形，疏被短柔毛；旗瓣圆，先端凹，有小尖头，背面中肋有龙骨突；翼瓣宽大，有短柄，2裂，基部裂片近圆形，上部裂片宽斧形，先端2浅裂；唇瓣舟形，疏被短柔毛，基部突然延长成细而内弯的距；花药钝。蒴果纺锤形，熟时一触即裂，密生茸毛。种子多数，球形，黑色。

【产地、生长环境与分布】产于湖北省十堰市茅箭区，中国南北各地均有栽培。

【药用部位】根、茎、花及种子。

【采集加工】根：秋季采挖，洗净，鲜用或晒干。全草：夏、秋季植株生长茂盛时，割取地上部分，除去叶及花果，洗净，晒干。花：夏、秋季开花时采收，鲜用或阴干、烘干。种子：8—9 月当蒴果由绿转黄时，要及时分批采摘，否则果实过熟就会将种子弹射出去，造成损失。将蒴果脱粒，筛去果皮及杂质，即得药材急性子。

【性味】味甘、微苦，性温。

【功能主治】花：活血消肿；主治跌打损伤，花外搽可治鹅掌风，又能除狐臭。种子：活血通经、祛风除湿，活血止痛，解毒杀虫；主治风湿肢体痿废，腰胁疼痛，妇女闭经腹痛，产后瘀血未尽，跌打损伤，骨折，痈疽疮毒，毒蛇咬伤，带下，鹅掌风，灰指甲；煎膏外搽，可治麻木酸痛。。

【成分】凤仙花含各种花色苷，由此分得矢车菊素、飞燕草素、蹄纹天竺素、锦葵花素，又含山奈酚、槲皮素，以及一种萘醌成分（可能是指甲花醌）。凤仙根含矢车菊素苷、指甲花醌、2- 甲氧基 -1，4- 萘醌。全草含山奈酚 -3-O- 葡萄糖苷、槲皮素 -3-O- 葡萄糖苷、蹄纹天竺素 -3-O- 葡萄糖苷、矢车菊素 -3-O- 葡萄糖苷等。

【用法用量】内服：煎汤，5 ～ 10 克（鲜品 10 ～ 15 克）。外用：适量，捣敷；或煎汤熏洗。孕妇忌服。

【验方参考】（1）治风湿卧床不起：金凤花、柏子仁、朴硝、木瓜各适量，煎汤洗浴，每日二三次。内服独活寄生汤。（《扶寿精方》）

（2）治腰胁引痛不可忍者：凤仙花适量，研饼，晒干，为末，空心每酒服三钱。（《本草纲目》）

（3）治跌打损伤筋骨，并血脉不行：凤仙花三两，当归尾二两，浸酒饮。（《兰台集》）

（4）治骨折疼痛异常，不能动手术投接，可先服本药酒止痛：干凤仙花一钱（鲜者三钱），泡酒，内服一小时后，患处麻木，便可投骨。（《贵州民间方药集》）

（5）治蛇咬伤：凤仙花适量，擂酒服。（《本草纲目》）

（6）治百日咳，呕血，咯血：鲜凤仙花七至十五朵，水煎服，或和冰糖少许炖服更佳。（《闽东本草》）

（7）治带下：凤仙花五钱（或根一两），墨鱼一两，水煎服，每日一剂。（《江西草药》）

（8）治鹅掌风：鲜凤仙花外擦。（《上海常用中草药》）

（9）治灰指甲：白凤仙花捣烂外敷。（《陕甘宁青中草药选》）

五十一、冬青科

172. 猫儿刺 *Ilex pernyi* Franch.

【别名】老鼠刺。

【形态特征】常绿灌木或乔木，高 1 ～ 8 米；树皮银灰色，纵裂；幼枝黄褐色，具纵棱槽，被短柔毛，2 ～ 3 年生小枝圆形或近圆形，密被污灰色短柔毛；顶芽卵状圆锥形，急尖，被短柔毛。叶片革质，卵形或卵状披针形，长 1.5 ～ 3 厘米，宽 5 ～ 14 毫米，先端三角形渐尖，基部截形或近圆形，边缘具深波状刺齿 1 ～ 3 对，叶面深绿色，具光泽，背面淡绿色，两面均无毛，中脉在叶面凹陷，在近基部被微柔毛；

托叶三角形，急尖。花序簇生于 2 年生枝的叶腋内，多为 2～3 花聚生成簇，每分枝仅具 1 花；花淡黄色，全部 4 基数。退化子房圆锥状卵形，先端钝，长约 1.5 毫米。雌花花梗长约 2 毫米；花萼像雄花；花瓣卵形。果球形或扁球形，直径 7～8 毫米，成熟时红色，宿存花萼四角形，直径约 2.5 毫米，具缘毛，宿存柱头厚盘状，4 裂、分核 4，轮廓倒卵形或长圆形，内果皮木质。花期 4—5 月，果期 10—11 月。

【产地、生长环境与分布】产于湖北省十堰市茅箭区。喜光，也耐半阴；耐寒，耐干旱、瘠薄土壤，以深厚、肥沃而排水良好的沙壤土中生长佳，为中国特有植物。

【药用部位】根。

【采集加工】夏、秋季采收，洗净，晒干。

【性味】味苦，性寒。归肺经。

【功能主治】清肺止咳，利咽，明目；主治肺热咳嗽，咯血，咽喉肿痛，翳膜遮睛等。

【用法用量】内服：煎汤，15～30 克。

【验方参考】（1）治肺热咳嗽：老鼠刺 30 克，石枣子 15 克，一朵云 15 克，水煎服。（《四川中药志》）

（2）治咯血：老鼠刺 30 克，仙鹤草 30 克，藕节 12 克，水煎服。（《四川中药志》）

五十二、卫矛科

173. 苦皮藤 *Celastrus angulatus* Maxim.

【形态特征】藤状灌木。小枝常具 4～6 纵棱，皮孔密生，圆形至椭圆形，白色，腋芽卵圆状，长 2～4 毫米。叶大，近革质，长方状阔椭圆形、阔卵形、圆形，长 7～17 厘米，宽 5～13 厘米，先端圆阔，中央具尖头，侧脉 5～7 对，在叶面明显突起，两面光滑或稀于叶背的主侧脉上被短柔毛；叶柄长 1.5～3 厘米；托叶丝状，早落。聚伞圆锥花序顶生，下部分枝长于上部分枝，略呈锥塔形，长 10～20 厘米，花序轴及小花轴光滑或被锈色短毛；小花梗较短，关节在顶部；花萼镊合状排列，三角形至卵形，长约 1.2 毫米，近全缘；花瓣长方形，长约 2 毫米，宽约 1.2 毫米，边缘不整齐；花盘肉质，浅盘状或盘状，5 浅裂；雄蕊着生于花盘之下，长约 3 毫米，在雌花中退化雄蕊长约 1 毫米；雌蕊长 3 ~ 4 毫米，子房球状，柱头反曲，在雄花中退化雌蕊长约 1.2 毫米。蒴果近球状，直径 8 ~ 10 毫米；种子椭圆状，长 3.5 ~ 5.5 毫米，直径 1.5 ~ 3 毫米。花期 5—6 月。

【产地、生长环境与分布】产于湖北省十堰市茅箭区，生于海拔 1000 ~ 2500 米的山地丛林及山坡灌丛中。

【药用部位】根及根皮。

【采集加工】全年均可采收，剥取树皮，洗净，晒干。

【性味】味辛、苦，性凉；有小毒。

【功能主治】清热燥湿，解毒杀虫；主治湿疹，疮毒，疥癣，蛔虫病，急性肠胃炎。

【成分】苦皮藤的根皮和茎皮均含有多种强力杀虫成分，已从根皮或种子中分离鉴定出数十个新化合物，特别是从种油中获得 4 个结晶，即苦皮藤酯 I ~ IV，从根皮中获得 5 个纯天然产物，即苦皮藤素 I ~ V。苦皮藤中的杀虫活性成分均简称为苦皮藤素，这是从苦皮藤中第一个分离出的非生物碱活性化合物。在此之前，人们都认为卫矛科植物杀虫活性成分是生物碱。之后的研究成果也表明，其杀虫有效成分基本上是以二氢沉香呋喃为骨架的多元醇酯类化合物。

【用法用量】内服：25 ~ 50 克。外用：适量。

【验方参考】（1）治闭经：苦皮藤 50 克，大过路黄根 50 克。煨水服，以酒为引。

（2）治黄水疮：苦皮藤研粉，菜油调敷患处。

174. 南蛇藤 *Celastrus orbiculatus* Thunb.

【形态特征】落叶藤状灌木。小枝光滑无毛，灰棕色或棕褐色，具稀而不明显的皮孔；腋芽小，卵状至卵圆状，长 1 ~ 3 毫米。叶通常阔倒卵形、近圆形或长方椭圆形，长 5 ~ 13 厘米，宽 3 ~ 9 厘米，先端圆阔，具小尖头或短渐尖，基部阔楔形至近钝圆形，边缘具锯齿，两面光滑无毛或叶背脉上具稀疏短柔毛，侧脉 3 ~ 5 对；叶柄长 1 ~ 2 厘米。聚伞花序腋生，间有顶生，花序长 1 ~ 3 厘米，小花 1 ~ 3 朵，偶仅 1 ~ 2 朵，小花梗关节在中部以下或近基部；雄花萼片钝三角形；花瓣倒卵状椭圆形或长方形，长 3 ~ 4 厘米，宽 2 ~ 2.5 毫米；花盘浅杯状，裂片浅，顶端圆钝；雄蕊长 2 ~ 3 毫米，退化雌蕊不发达；

雌花花冠较雄花窄小，花盘稍深厚，肉质，退化雄蕊极短小；子房近球状，花柱长约1.5毫米，柱头3深裂，裂端再2浅裂。蒴果近球状，直径8～10毫米；种子椭圆状稍扁，长4～5毫米，直径2.5～3毫米，赤褐色。花期5—6月，果期7—10月。

【产地、生长环境与分布】一般多野生于山地沟谷及林缘灌丛中。垂直分布可达海拔1500米处。性喜阳耐阴，分布广，抗寒耐旱，对土壤要求不高。在背风向阳、湿润而排水好、肥沃的沙壤土中生长最好，若栽于半阴处，也能生长。

【药用部位】根、藤、果、叶。

【采集加工】根、藤：全年采收。叶：夏季采收。果：秋季采收。

【性味】味苦、辛，性凉。归肝、脾、大肠经。

【功能主治】祛风除湿，活血止痛，消肿解毒；主治腰酸背痛，肢体麻木，闭经腹痛，跌打损伤，牙痛，毒蛇咬伤等。

【用法用量】根、藤：内服，煎汤，3～5钱；或浸酒。果：内服，煎汤，2～5钱。叶：外用，适量，研末调敷；或捣敷患处。

175. 卫矛 *Euonymus alatus*（Thunb.）Sieb.

【形态特征】灌木，高1～3米；小枝常具2～4列宽阔木栓翅；冬芽圆形，长2毫米左右，芽鳞边缘具不整齐细齿。叶卵状椭圆形、窄长状椭圆形，稀倒卵形，长2～8厘米，宽1～3厘米，边缘具细锯齿，两面光滑无毛；叶柄长1～3毫米。聚伞花序1～3花；花序梗长约1厘米，小花梗长5毫米；花白绿色，直径约8毫米，4数；萼片半圆形；花瓣近圆形；雄蕊着生于花盘边缘，花丝极短，开花后稍增长，花药宽阔长方形，2室顶裂。蒴果1～4深裂，裂瓣椭圆状，长7～8毫米；种子椭圆状或阔椭圆状，长5～6毫米，种皮褐色或浅棕色，假种皮橙红色，全包种子。花期5—6月，果期7—10月。

【产地、生长环境与分布】产于湖北省十堰市茅箭区赛武当自然保护区海拔1000～2050米的山地丛林及山坡灌丛中。喜光，也稍耐阴；对气候和土壤适应性强，能耐干旱、瘠薄和寒冷，在中性、酸性及石灰性土上均能生长。萌芽力强，耐修剪，对二氧化硫有较强抗性。

【药用部位】木翅。

【采集加工】全年均可采收，割取枝条后，取嫩枝，晒干；或收集其翅状物，晒干。

【性味】味苦，性寒；无毒。归肝、脾经。

【功能主治】行血通经，散瘀止痛；主治月经不调，产后瘀血腹痛，跌打损伤肿痛。

【用法用量】内服：煎汤，3～10克。

【验方参考】（1）治产后败血（脐腹坚胀，恶露不净）：当归（炒）、卫矛（去中心木）、红蓝花各一两。每服三钱，以酒一大碗，煎至七成，饭前温服。

（2）治疟疾：卫矛、鲮鲤甲（煤灰）各二钱半，共研为末。每取二三分，病发时吹鼻中。卫矛末一分，砒霜一钱，五灵脂一两，共研为末。病发时冷水冲服一钱。

五十三、黄杨科

176. 顶花板凳果 *Pachysandra terminalis* Sieb. et Zucc.

【形态特征】亚灌木，茎稍粗壮，被极细毛，下部根茎状，长约30厘米，横卧，屈曲或斜上，布满长须状不定根，上部直立，高约30厘米，生叶。叶薄革质，在茎上每间隔2～4厘米有4～6叶接近着生，似簇生状，叶片菱状倒卵形，长2.5～5（9）厘米，宽1.5～3（6）厘米，上部边缘有齿牙，基部楔形，渐狭成长1～3厘米的叶柄，叶面脉上有微毛。花序顶生，长2～4厘米，直立，花序轴及苞片均无毛，花白色，雄花数超过15，无花梗，雌花1～2，生于花序轴基部，有时最上1～2叶的叶腋又各生1雌花。雄花：苞片及萼片均阔卵形，苞片较小，萼片长2.5～3.5毫米，花丝长约7毫米，不育雌蕊高约0.6毫米。雌花：连柄长4毫米，苞片及萼片均卵形，覆瓦状排列，花柱受粉后伸出花外甚长，上端旋曲。果卵形，长5～6毫米，花柱宿存，粗而反曲，长5～10毫米。花期4—5月。

【产地、生长环境与分布】产于湖北省十堰市茅箭区。性喜阴湿耐寒，喜温暖湿润环境，要求肥水充足，喜微酸、疏松、腐殖质含量高的土壤。

【药用部位】全草。

【采集加工】全年均可采收，洗净，切段，阴干或晒干。

【性味】味苦，辛，性凉。

【功能主治】祛风除湿，舒筋活络；主治跌打损伤，风痹麻木。

【用法用量】内服：煎汤，9～15克；或研末，3～6克；或浸酒。

【成分】全草含有 20 种以上的孕甾烷类生物碱：粉蕊黄杨碱 A～D、表粉蕊黄杨碱 A、粉蕊黄杨胺 A～B、表粉蕊黄杨胺 A～F，粉蕊黄杨醇碱、粉蕊黄杨二醇 A、粉蕊黄杨酮醇、无羁萜、表无羁萜醇、环木菠萝烯醇、24- 亚甲基环木菠萝烷醇、23- 去氢 -3β，25- 二羟基环木菠萝烷等。

五十四、鼠李科

177. 多花勾儿茶 *Berchemia floribunda*（Wall.）Brongn.

【别名】熊柳根、黄鳝藤。

【形态特征】藤状或直立灌木；幼枝黄绿色，光滑无毛。叶纸质，上部叶较小，卵形或卵状椭圆形至卵状披针形，长 4～9 厘米，宽 2～5 厘米，顶端锐尖，下部叶较大，椭圆形至矩圆形，长达 11 厘米，宽达 6.5 厘米，顶端钝或圆形，稀短渐尖，基部圆形，稀心形，上面绿色，无毛，下面干时栗色，无毛或仅沿脉基部被疏短柔毛，侧脉每边 9～12 条，两面稍突起；叶柄长 1～2 厘米，稀 5.2 厘米，无毛；托叶狭披针形，宿存。花多数，通常数个簇生排成顶生宽聚伞圆锥花序，或下部兼腋生聚伞总状花序，花序长可达 15 厘米，侧枝长在 5 厘米以下，花序轴无毛或被疏微毛；花芽卵球形，顶端急狭成锐尖或渐尖；花梗长 1～2 毫米；花萼三角形，顶端尖；花瓣倒卵形，雄蕊与花瓣等长。核果圆柱状椭圆形，长 7～10 毫米，直径 4～5 毫米，有时顶端稍宽，基部有盘状的宿存花盘；果梗长 2～3 毫米，无毛。花期 7—10 月，果期翌年 4—7 月。

【产地、生长环境与分布】产于湖北省十堰市茅箭区。

【药用部位】茎、叶或根。

【采集加工】茎、叶：夏、秋季采收，鲜用或切段，晒干。根：秋后采收，鲜用或切片，晒干。

【性味】味甘、微涩，性平。

【功能主治】祛风除湿，活血止痛；主治风湿痹痛，胃痛，痛经，产后腹痛，跌打损伤，骨关节结核，骨髓炎，小儿疳积，肝炎，肝硬化。

【用法用量】内服：煎汤，15～30克，大剂量60～120克。外用：适量，鲜品捣敷。

【验方参考】（1）钩藤根30克，猪脚1个。水煎服。（《福建药物》）

（2）隔汤炖后，去渣加红糖30克内服。（《浙南本草新编》）

（3）治心胃痛，湿热黄疸，小儿脾积风：熊柳根30克煎服。（《闽东本草》）

（4）治损伤肿痛：①多花勾儿茶60克，山木鳖根及八角枫各30克，75%乙醇500毫升，浸泡10天，去渣取液外搽患处。（《浙南本草新编》）②黄鳝藤鲜根皮捣烂，或干根研末，调红酒外敷。（《福建中草药》）

（5）治风毒流注：熊柳根90～120克，羊肉120克，酌加酒、水齐半或用开水炖服。（《福建药物志》）

（6）治慢性骨髓炎：勾儿茶、白筋花根各60克，羊肉125克，酌加酒、水炖服。

（7）治肺结核，内伤咯血：勾儿茶30～60克，水煎服。（《陕西中草药》）

178. 猫乳 *Rhamnella franguloides*（Maxim.）Weberb.

【别名】鼠矢枣、长叶绿柴。

【形态特征】落叶灌木或小乔木，高2～9米；幼枝绿色，被短柔毛或密柔毛。叶倒卵状矩圆形、倒卵状椭圆形、矩圆形、长椭圆形，稀倒卵形，长4～12厘米，宽2～5厘米，顶端尾状渐尖、渐尖或骤然收缩成短渐尖，基部圆形，稀楔形，稍偏斜，边缘具细锯齿，上面绿色，无毛，下面黄绿色，被柔毛或仅沿脉被柔毛，侧脉每边5～11（13）条；叶柄长2～6毫米，被密柔毛；托叶披针形，长3～4毫米，基部与茎离生，宿存。花黄绿色，两性，6～18个排成腋生聚伞花序；总花梗长1～4毫米，被疏柔毛或无毛；萼片三角状卵形，边缘被疏短毛；花瓣宽倒卵形，顶端微凹；花梗长1.5～4毫米，疏被毛或无毛。核果圆柱形，长7～9毫米，直径3～4.5毫米，成熟时红色或橘红色，干后变黑色或紫黑色；果梗长3～5毫米，被疏柔毛或无毛。花期5—7月，果期7—10月。

【产地、生长环境与分布】产于湖北省十堰市茅箭区。

【药用部位】成熟果实或根。

【采集加工】果实成熟后采收，晒干。秋后挖根，洗净，切片，晒干。

【性味】味苦，性平。归脾、肝、肾经。

【功能主治】补脾益肾，疗疮；主治体质虚弱，劳伤乏力，疥疮。

【用法用量】内服：煎汤，6～15克。外用：适量，煎水洗。

【验方参考】治霉季或暑天劳伤乏力：长叶绿柴根30克，石菖蒲、仙鹤草各15～18克，坚漆柴根、野刚子根各9～12克，水煎，冲糖、酒服。（《浙江天目山药用植物志》）

179. 薄叶鼠李 *Rhamnus leptophylla* Schneid.

【形态特征】灌木或稀小乔木，高达5米。小枝对生或近对生，褐色或黄褐色，稀紫红色，平滑无毛，有光泽，芽小，鳞片数个，无毛。叶纸质，对生或近对生，或在短枝上簇生，倒卵形至倒卵状椭圆形，稀椭圆形或矩圆形，长3～8厘米，宽2～5厘米，顶端短突尖或锐尖，稀近圆形，基部楔形，边缘具圆齿或钝锯齿，上面深绿色，无毛或沿中脉被疏毛，下面浅绿色，仅脉腋有簇毛，侧脉每边3～5条，具不明显的网脉，上面下陷，下面突起；叶柄长0.8～2厘米，上面有小沟，无毛或疏被短毛；托叶线形，早落。花单性，雌雄异株，4基数，有花瓣，花梗长4～5毫米，无毛；雄花10～20个簇生于短枝端；雌花数个至10余个簇生于短枝端或长枝下部叶腋，退化雄蕊极小，花柱2半裂。核果球形，直径4～6毫米，长5～6毫米，基部有宿存的萼筒，有2～3个分核，成熟时黑色；果梗长6～7毫米；种子宽倒卵圆形，背面具长为种子2/3～3/4的纵沟。花期3—5月，果期5—10月。

【产地、生长环境与分布】产于湖北省十堰市茅箭区赛武当自然保护区海拔1000～2050米的山地丛林及山坡灌丛中，石灰岩山上。

【药用部位】全草。

【采集加工】8—9月果实成熟时采收，鲜用或晒干。

【性味】味甘、苦，性凉；有毒。归肝、肾经。

【功能主治】清热，解毒，活血。在广西用根、果及叶利水行气、消积通便、清热止咳。

【用法用量】内服：煎汤，10～20克；或研末；或熬膏。外用：捣敷。

180. 枣 *Ziziphus jujuba* Mill.

【别名】枣子、大枣、刺枣、贯枣。

【形态特征】落叶小乔木，稀灌木，高达10米；树皮褐色或灰褐色；有长枝，短枝和无芽小枝（即新枝）比长枝光滑，紫红色或灰褐色，呈"之"字形曲折，具2个托叶刺，长刺可达3厘米，粗直，短刺下弯，长4～6毫米；短枝短粗，矩状，自老枝发出；当年生小枝绿色，下垂，单生或2～7个簇生于短枝上。叶纸质，卵形、卵状椭圆形或卵状矩圆形，长3～7厘米，宽1.5～4厘米，顶端钝或圆形，稀锐尖，具小尖头，基部稍不对称，近圆形，边缘具圆齿状锯齿，上面深绿色，无毛，下面浅绿色，无毛或仅沿脉多少疏被微毛，基生三出脉；叶柄长1～6毫米，在长枝上的可达1厘米，无毛或疏被微毛；托叶刺纤细，后期常脱落。花黄绿色，两性，5基数，无毛，具短总花梗，单生或2～8个密集成腋生聚伞花序；花梗长2～3毫米；萼片卵状三角形；花瓣倒卵圆形，基部有爪，与雄蕊等长；花盘厚，肉质，圆形，5裂；子房下部藏于花盘内，与花盘合生，2室，每室有1胚珠，花柱2半裂。核果矩圆形或长卵圆形，长2～3.5厘米，直径1.5～2厘米，成熟时红色，后变紫红色，中果皮肉质，厚，味甜，核顶端锐尖，基部锐尖或钝，2室，具1或2颗种子，果梗长2～5毫米；种子扁椭圆形，长约1厘米，宽8毫米。花期5—7月，果期8—9月。

【产地、生长环境与分布】产于湖北省十堰市茅箭区南部山区海拔1000～2050米的山地丛林及山坡灌丛中。

【药用部位】成熟果实。

【采集加工】8—10月。

【性味】味甘，性温，归脾、胃经。

【功能主治】补脾和胃，益气生津，调和营卫，解药毒；主治胃虚食少，脾弱便溏，气血津液不足，营卫不和，心悸怔忡，妇人脏躁。

【用法用量】内服：煎汤，10 ～ 30 克。

【验方参考】（1）治胃痉挛：5 颗大枣，6 克甘草，10 克茯苓，110 克白芍煎服。

（2）治非血小板减少性紫癜：30 克生红枣，洗净。每次 10 颗，每日 3 次，煎汤服食，直至紫癜完全消失。

181. 枳椇 *Hovenia acerba* Lindl.

【别名】拐枣、鸡爪子、枸、万字果、鸡爪树、金果梨、南枳椇。

【形态特征】高大乔木，高 10 ～ 25 米；小枝褐色或黑紫色，被棕褐色短柔毛或无毛，有明显白色的皮孔。叶互生，厚纸质至纸质，宽卵形、椭圆状卵形或心形，长 8 ～ 17 厘米，宽 6 ～ 12 厘米，顶端长渐尖或短渐尖，基部截形或心形，稀近圆形或宽楔形，边缘常具整齐浅而钝的细锯齿，上部或近顶端的叶有不明显的齿，稀近全缘，上面无毛，下面沿脉或脉腋常被短柔毛或无毛；叶柄长 2 ～ 5 厘米，无毛。二歧式聚伞圆锥花序，顶生和腋生，被棕色短柔毛；花两性，直径 5 ～ 6.5 毫米；萼片具网状脉或纵条纹，无毛，长 1.9 ～ 2.2 毫米，宽 1.3 ～ 2 毫米；花瓣椭圆状匙形，长 2 ～ 2.2 毫米，宽 1.6 ～ 2 毫米，具短爪；花盘被柔毛；花柱半裂，稀浅裂或深裂，长 1.7 ～ 2.1 毫米，无毛。浆果状核果近球形，直径 5 ～ 6.5 毫米，无毛，成熟时黄褐色或棕褐色；果序轴明显膨大；种子暗褐色或黑紫色，直径 3.2 ～ 4.5 毫米。花期 5—7 月，果期 8—10 月。

【产地、生长环境与分布】产于湖北省十堰市茅箭区赛武当自然保护区海拔 1000 ～ 2050 米的山地丛林及山坡灌丛中。

【药用部位】果实。

【性味】味甘，性平。归脾、胃经。

【功能主治】解酒止渴；主治酒醉不醒，口干烦渴，消渴。

【成分】枳椇果实利用价值高，有肥大的果序梗，肉质多汁，营养丰富。每 100 克果实中葡萄糖含量高达 45%，氨基酸总量达 2.41%，每 100 克鲜重含维生素 C 23 毫克、酸 345.8 毫克、蛋白质 0.31 毫克、钙 1.22 克、铁 3.47 毫克、磷 0.8 毫克、锌 0.12 毫克、铜 0.74 毫克、锰 0.2 毫克，营养价值远大于常见水果。枳椇果实含有大量的葡萄糖、苹果酸钙，有较强的利尿作用，能促进乙醇的分解和排出，显著降低乙醇在血液中的浓度，并能消除乙醇在体内产生的自由基，阻止过氧化脂质的形成，从而减轻乙醇对肝组织的损伤，避免酒精中毒导致的各种代谢异常及相关疾病。

　　【验方参考】（1）治脚转筋（腓肠肌痉挛）：拐枣树皮 15 克，煨水服；另用 60 克，煨水外洗。（《贵州草药》）

　　（2）治风湿麻木：拐枣树皮、叶 120 克，白酒 500 毫升。浸泡 3～5 天，每次服一小酒杯，每日 2 次。（《安徽中草药》）

　　（3）治酒痨：拐枣皮、淫羊藿各 120 克。炖杀口肉服。（《重庆草药》）

五十五、葡萄科

182. 白蔹 *Ampelopsis japonica*（Thunb.）Makino

　　【形态特征】木质藤本。小枝圆柱形，有纵棱纹，无毛。卷须不分枝或卷须顶端有短的分叉，相隔 3 节以上间断与叶对生。叶为掌状 3～5 小叶，小叶片羽状深裂或小叶边缘有深锯齿而不分裂，羽状分裂者裂片宽 0.5～3.5 厘米，顶端渐尖或急尖，掌状 5 小叶者中央小叶深裂至基部，并有 1～3 个关节，关节间有翅，翅宽 2～6 毫米，侧小叶无关节或有 1 个关节，3 小叶者中央小叶有 1 个或无关节，基部狭窄成翅状，翅宽 2～3 毫米，上面绿色，无毛，下面浅绿色，无毛或有时在脉上被稀疏短柔毛；叶柄长 1～4 厘米，无毛；托叶早落。聚伞花序通常集生于花序梗顶端，直径 1～2 厘米，通常与叶对生；花序梗长 1.5～5 厘米，常呈卷须状卷曲，无毛；花梗极短或几无梗，无毛；花蕾卵球形，高 1.5～2 毫米，顶端圆形；花萼碟形，边缘呈波状浅裂，无毛；花瓣 5，卵圆形，高 1.2～2.2 毫米，无毛；雄蕊 5，花药卵圆形，长、宽近相等；花盘发达，边缘波状浅裂；子房下部与花盘合生，花柱短棒状，柱头不明显扩大。果实球形，直径 0.8～1 厘米，成熟后带白色，有种子 1～3 颗；种子倒卵形，顶端圆形，基部喙短钝，种脐在种子背面中部呈带状椭圆形，向上渐狭，表面无肋纹，背部种脊突出，腹部中棱脊突出，两侧洼穴呈沟状，从基部向上达种子上部 1/3 处。花期 5—6 月，果期 7—9 月。

　　【产地、生长环境与分布】产于湖北省十堰市茅箭区。

　　【药用部位】根，果实（白蔹子）亦供药用。

　　【采集加工】春、秋季采挖，除去茎及细须根，洗净，多纵切成两瓣、四瓣或斜片后晒干。

　　【性味】味苦、辛，微寒。归心、胃、肝经。

　　【功能主治】清热解毒，消痈散结；主治痈疽发背，疔疮，瘰疬，水火烫伤。

　　【用法用量】内服：煎汤，4.5～9 克。外用：适量，煎水洗；或研末敷患处。

　　【成分】本品含黏液质、淀粉等。

　　【验方参考】（1）治痈肿：①白蔹二分，藜芦一分，为末，酒和如泥，贴上，日三。（《补辑肘后方》）

②白蔹、乌头（炮）、黄芩各等份。捣末筛，和鸡子白敷上。（《普济方》白蔹散）

（2）敛疮：白蔹、白及、络石各半两，取干者。为细末，干撒疮上。（《鸡峰普济方》白蔹散）

（3）治聤耳出脓血：白蔹、黄连（去须）、龙骨、赤石脂、乌贼鱼骨（去甲）各一两。上五味，捣罗为散。先以绵拭脓干，用药一钱匕，绵裹塞耳中。（《圣济总录》白蔹散）

（4）治白癜风，遍身斑点瘙痒：白蔹三两，天雄三两（炮裂去皮脐），商陆一两，黄芩二两，干姜二两（炮裂、锉），踯躅花一两（酒拌炒令干）。上药捣罗为细散，每于食前，以温酒调下二钱。（《太平圣惠方》白蔹散）

（5）治冻耳成疮，或痒或痛者：黄柏、白蔹各半两，为末。先以汤洗疮，后用香油调涂。（《仁斋直指方》白蔹散）

（6）治瘰疬生于颈腋，结肿寒热：白蔹、甘草、玄参、木香、赤芍药、川大黄各半两。上药捣细罗为散，以醋调为膏，贴于患上，干即易之。（《太平圣惠方》白蔹散）

（7）治皮肤中热痱、瘰疬：白蔹、黄连各二两，生胡粉一两。上捣筛，用脂调和敷之。（《刘涓子鬼遗方》白蔹膏）

（8）治扭挫伤：生白蔹二个，食盐适量，捣烂外敷。（《全展选编·外科》）

（9）治汤火灼烂：白蔹末敷之。（《肘后备急方》）

（10）治吐血、咯血不止：白蔹三两，阿胶二两（炙令燥）。上二味，粗捣筛，每服二钱匕，酒水共一盏，入生地黄汁二合，同煎至七分，去滓，食后温服。如无生地黄汁。入生地黄一分同煎亦得。（《圣济总录》白蔹汤）

183. 乌蔹莓 *Cayratia japonica*（Thunb.）Gagnep.

【别名】五叶藤、母猪藤、五爪龙。

【形态特征】草质藤本。小枝圆柱形，有纵棱纹，无毛或微被疏柔毛。卷须2～3叉分枝，相隔2节间断与叶对生。叶为鸟足状5小叶，中央小叶长椭圆形或椭圆状披针形，长2.5～4.5厘米，宽1.5～4.5厘米，顶端急尖或渐尖，基部楔形，侧生小叶椭圆形或长椭圆形，长1～7厘米，宽0.5～3.5厘米，顶端急尖或圆形，基部楔形或近圆形，边缘每侧有6～15个锯齿，上面绿色，无毛，下面浅绿色，无毛或微被毛；侧脉5～9对，网脉不明显；叶柄长1.5～10厘米，中央小叶柄长0.5～2.5厘米，侧生小叶无柄或有短柄，侧生小叶总柄长0.5～1.5厘米，无毛或微被毛；托叶早落。花序腋生，复二歧聚伞花序；

花序梗长 1～13 厘米，无毛或微被毛；花梗长 1～2 毫米，几无毛；花蕾卵圆形，高 1～2 毫米，顶端圆形；花萼碟形，边缘全缘或波状浅裂，外面被乳突状毛或几无毛；花瓣 4，三角状卵圆形，高 1～1.5 毫米，外面被乳突状毛；雄蕊 4，花药卵圆形，长、宽近相等；花盘发达，4 浅裂；子房下部与花盘合生，花柱短，柱头微扩大。果实近球形，直径约 1 厘米，有种子 2～4 颗；种子三角状倒卵形，顶端微凹，基部有短喙，种脐在种子背面近中部呈带状椭圆形，上部种脊突出，表面有突出肋纹，腹部中棱脊突出，两侧洼穴呈半月形，从近基部向上达种子近顶端。花期 3—8 月，果期 8—11 月。

【产地、生长环境与分布】产于湖北省十堰市茅箭区。

【药用部位】全草。

【采集加工】夏、秋季采收，除去杂质，切段，鲜用或晒干备用。

【性味】味苦、酸，性寒。归心、肝、胃经。

【功能主治】清热利湿，解毒消肿，利尿，止血；主治疮疖痈肿，丹毒，咽喉肿痛，蛇虫咬伤，水火烫伤，风湿痹痛，黄疸，泄泻，白浊，尿血。

【用法用量】内服：煎汤，15～30 克；或研末；或泡酒；或捣烂取汁。外用：适量，捣敷。

【验方参考】（1）治一切肿毒、发背、乳痈、便毒、恶疮初起者：五叶藤或根一握，生姜一块。捣烂，入好酒一盏，绞汁热服，取汗，以渣敷之。用大蒜代姜亦可。（《寿域神方》）

（2）治项下热肿：五叶藤捣敷之。（《丹溪纂要》）

（3）治带状疱疹：乌蔹莓根，磨烧酒与雄黄，抹患处。（《福建药物志》）

（4）治风湿瘫痪，行走不便：母猪藤 45 克，大山羊 30 克，大风藤 30 克，泡酒 500 克，每服 15～30 克，日服 2 次，经常服用。（《贵阳民间药草》）

（5）治白浊，色白若泔浆浊，在尿后不痛者，乃湿热所致：五爪龙藤连根一两，土茯苓、牛膝各八钱。生白酒三碗，煎至一碗，空心服三次愈，并治下疳如神。（《文堂集验方》）

（6）治毒蛇咬伤，眼前发黑，视物不清：鲜乌蔹莓全草捣烂绞取汁 60 克，米酒冲服。外用鲜全草捣烂敷伤处。（《江西民间草药》）

五十六、锦葵科

184. 锦葵 *Malva sinensis* Cavan.

【形态特征】二年生或多年生直立草本，高 50 ～ 90 厘米，分枝多，疏被粗毛。叶圆心形或肾形，具 5 ～ 7 圆齿状钝裂片，长 5 ～ 12 厘米，宽几相等，基部近心形至圆形，边缘具圆锯齿，两面均无毛或仅脉上疏被短糙伏毛；叶柄长 4 ～ 8 厘米，近无毛，但上面槽内被长硬毛；托叶偏斜，卵形，具锯齿，先端渐尖。花 3 ～ 11 朵簇生，花梗长 1 ～ 2 厘米，无毛或疏被粗毛；小苞片 3，长圆形，长 3 ～ 4 毫米，宽 1 ～ 2 毫米，先端圆形，疏被柔毛；花萼杯状，长 6 ～ 7 毫米，萼裂片 5，宽三角形，两面均疏被柔毛；花紫红色或白色，直径 3.5 ～ 4 厘米，花瓣 5，匙形，长 2 厘米，先端微缺，爪具髯毛；雄蕊柱长 8 ～ 10 毫米，被刺毛，花丝无毛；花柱分枝 9 ～ 11，被微细毛。果扁圆形，直径 5 ～ 7 毫米，分果片 9 ～ 11，肾形，被柔毛；种子黑褐色，肾形，长 2 毫米。花期 5—10 月。

【产地、生长环境与分布】产于湖北省十堰市茅箭区南部山区海拔 1000 ～ 2050 米的山地丛林及山坡灌丛中。

【药用部位】茎、叶、花。

【采集加工】夏、秋季采收，晒干。

【性味】味咸，性寒。归肺、大肠、膀胱经。

【功能主治】清热利湿，理气通便；主治大便不畅，脐腹痛，瘰疬，带下。

【用法用量】内服：煎汤，3 ～ 9 克；或研末，1 ～ 3 克，开水送服。

【验方参考】（1）治胸膜炎：锦葵 6 ～ 9 克，水煎服。（《华山药物志》）

（2）治大小便不畅，淋巴结核，妇人带下及脐腹痛：锦葵 3 克。研末，白开水冲服。（《华山药物志》）

185. 木槿 *Hibiscus syriacus* L.

【形态特征】落叶灌木，高 3～4 米，小枝密被黄色茸毛。叶菱形至三角状卵形，长 3～10 厘米，宽 2～4 厘米，具深浅不同的 3 裂或不裂，有明显三主脉，先端钝，基部楔形，边缘具不整齐齿缺，下面沿叶脉微被毛或近无毛；叶柄长 5～25 毫米，上面被柔毛；托叶线形，长约 6 毫米，疏被柔毛。花单生于枝端叶腋间，花梗长 4～14 毫米，被短茸毛；小苞片 6～8，线形，长 6～15 毫米，宽 1～2 毫米，疏密被茸毛；花萼钟形，长 14～20 毫米，密被短茸毛，裂片 5，三角形；花钟形，色彩有纯白、淡粉红、淡紫、紫红等，直径 5～6 厘米，花瓣倒卵形，长 3.5～4.5 厘米，外面疏被纤毛和长柔毛；雄蕊柱长约 3 厘米；花柱分枝无毛。蒴果卵圆形，直径约 12 毫米，密被黄色茸毛；种子肾形，成熟种子黑褐色，背部被黄白色长柔毛。花期 7—10 月。

【产地、生长环境与分布】产于湖北省十堰市茅箭区。

【药用部位】花、果、根、叶和皮。

【性味】味甘，性平；无毒。

【功能主治】花内服可治反胃，痢疾，脱肛，吐血，疥腮，白带过多等，外敷可治疗疮疖肿。

【成分】花含肥皂草苷、异牡荆素、皂苷等，对金黄色葡萄球菌和伤寒杆菌有一定抑制作用，可治疗肠风泻血。利用木槿花制成的木槿花汁，具有止渴醒脑的保健作用。高血压患者常食素木槿花汤有良好的食疗作用。

【验方参考】（1）治痢疾：木槿花 50 克，水煎，兑蜂蜜服，忌酸冷。

（2）治白带过多：木槿鲜根，50～100 克，装入重 500 克左右的公鸡腹内，酌加开水烧两小时，食前分 2～3 次吃肉喝汤。

（3）治水肿：木槿鲜根 50 克、灯心草 50 克，水煎，食前服，日服 2 次。

（4）治疮疖痈肿：木槿鲜花适量，甜酒少许，捣烂外敷；或鲜叶和食盐捣烂敷患处。

（5）治烫伤：木槿花研末，麻油调敷。

（6）治疗癣湿痒：木槿皮 25 克、马齿苋 50 克、白鲜皮 50 克，煎汤，熏洗患处。

（7）治气管炎：木槿枝条 120 克，水煎浓缩，每日 2 次分服。

（8）治肺热咳嗽、干咳、燥咳：木槿花 9 克，水煎加白糖冲服，或加卷柏 9 克，水煎服。

（9）治乳腺炎：木槿花适量，搅酒研碎，敷贴患处。

（10）治肾炎、水肿：木槿鲜根 120 克，切片用白酒炒，水煎服。或木槿根 30～45 克、灯心草 20～30 克，水煎服或加冰糖 30 克服。

（11）治痔疮出血、肿痛：木槿花 15 克，水煎服。木槿根或根皮适量，煎汤，先熏后洗患处。

（12）治脱肛：木槿皮或木槿叶适量，煎汤熏洗后，再用白矾、五倍子合研末敷之。

（13）治阴囊湿疹：木槿根皮 60 克、蛇床子 60 克，水煎服，熏洗患处。

五十七、椴树科

186. 扁担杆 *Grewia biloba* G. Don

【形态特征】灌木或小乔木，高 1～4 米，多分枝；嫩枝被粗毛。叶薄革质，椭圆形或倒卵状椭圆形，长 4～9 厘米，宽 2.5～4 厘米，先端锐尖，基部楔形或钝，两面疏被粗毛，基出脉 3 条，两侧脉上行过半，中脉有侧脉 3～5 对，边缘有细锯齿；叶柄长 4～8 毫米，被粗毛；托叶钻形，长 3～4 毫米。聚伞花序腋生，多花，花序柄长不到 1 厘米；花柄长 3～6 毫米；苞片钻形，长 3～5 毫米；萼片狭长圆形，长 4～7 毫米，外面被毛，内面无毛；花瓣长 1～1.5 毫米；雌雄蕊柄长 0.5 毫米，有毛；雄蕊长 2 毫米；子房有毛，花柱与萼片平齐，柱头扩大，盘状，有浅裂。核果红色，有 2～4 颗分核。花期 5～7 月。

【产地、生长环境与分布】产于湖北省十堰市茅箭区。生于丘陵、低山路边草地、灌丛或疏林；广西、广东、湖南、贵州、云南、四川、湖北、江西、浙江、江苏、安徽、山东、河北、山西、河南、陕西等地均有分布。

【药用部位】根或全株。

【采集加工】夏、秋季采挖，洗净，切片，晒干。

【性味】味辛、甘，性温。

【功能主治】健脾益气，固精止带，祛风除湿；主治小儿疳积，脾虚久泻，遗精，红崩，带下，子宫脱垂，脱肛。

【用法用量】内服：煎汤，5～30 克；亦可适量浸酒服。

五十八、瑞香科

187. 芫花 *Daphne genkwa* Sieb. et Zucc.

【别名】药鱼草、老鼠花、闹鱼花、头痛花、闷头花、头痛皮、石棉皮、泡米花、泥秋树、黄大戟、蜀桑、鱼毒。

【形态特征】落叶灌木，高 0.3～1 米，多分枝；树皮褐色，无毛；小枝圆柱形，细瘦，干燥后多具皱纹，幼枝黄绿色或紫褐色，密被淡黄色丝状柔毛，老枝紫褐色或紫红色，无毛。叶对生，稀互生，纸质，卵形或卵状披针形至椭圆状长圆形，长 3～4 厘米，宽 1～2 厘米，先端急尖或短渐尖，基部宽楔形或钝圆形，边缘全缘，上面绿色，干燥后黑褐色，下面淡绿色，干燥后黄褐色，幼时密被绢状黄色柔毛，老时则仅叶脉基部散生绢状黄色柔毛，侧脉 5～7 对，在下面较上面显著；叶柄短或几无，长约 2 毫米，具灰色柔毛。花比叶先开放，花紫色或淡蓝紫色，常 3～6 花簇生于叶腋或侧生，易与其他种相区别。花梗短，具灰黄色柔毛；花萼筒细瘦，筒状，长 6～10 毫米，外面具丝状柔毛，裂片 4，卵形或长圆形，长 5～6 毫米，宽 4 毫米，顶端圆形，外面疏生短柔毛；雄蕊 8，2 轮，分别着生于花萼筒的上部和中部，花丝短，长约 0.5 毫米，花药黄色，卵状椭圆形，长约 1 毫米，伸出喉部，顶端钝尖；花盘环状，不发达；子房长倒卵形，长 2 毫米，密被淡黄色柔毛，花柱短或无，柱头头状，橘红色。果实肉质，白色，椭圆形，长约 4 毫米，包藏于宿存花萼筒的下部，具 1 颗种子。花期 3—5 月，果期 6—7 月。

【产地、生长环境与分布】产于湖北省十堰市茅箭区。

【药用部位】花蕾。

【采集加工】拣净杂质，筛去泥土。醋芫花：取干净芫花，加醋拌匀，润透，置锅内用文火炒至醋吸尽，呈微黄色，取出，晾干。

【性味】味辛、苦，性温；有毒。归肺、脾、肾经。

【功能主治】用醋炒芫花配合雄黄，研末内服，治虫积腹痛；芫花研末，用猪油拌和，外涂治疥癣。逐水，涤痰；主治痰饮癖积，咳喘，水肿，胁痛，食物中毒，疟疾，痈肿。

【用法用量】内服：煎汤，1.5～3克；研末，0.6～1克，每日1次。外用：适量，研末调敷，或煎水洗。体质虚弱或有严重心脏病、溃疡病、消化道出血及孕妇禁服；不宜与甘草同用；用量宜轻，逐渐增加，中病即止，不可久服。

五十九、堇菜科

188. 堇菜 *Viola verecunda* A. Gray

【形态特征】多年生草本，高5～20厘米。根状茎短粗，长1.5～2厘米，粗约5毫米，斜生或垂直，节间缩短，节较密，密生多条须根。地上茎通常数条丛生，稀单一，直立或斜升，平滑无毛。基生叶叶片宽心形、卵状心形或肾形，长1.5～3厘米（包括垂片），宽1.5～3.5厘米，先端圆或微尖，基部宽心形，两侧垂片平展，边缘具向内弯的浅波状圆齿，两面近无毛；茎生叶少，与基生叶相似，但基生叶的弯缺较深，幼叶的垂片常卷折；叶柄长1.5～7厘米，基生叶之柄较长具翅，茎生叶之柄较短具极狭的翅；基生叶的托叶褐色，下部与叶柄合生，上部离生呈狭披针形，长5～10毫米，先端渐尖，边缘疏生细齿，茎生叶的托叶离生，绿色，卵状披针形或匙形，长6～12毫米，通常全缘，稀具细齿。花小，白色或淡紫色，生于茎生叶的叶腋，具细弱的花梗；花梗远长于叶片，中部以上有2枚近对生的线形小苞片；萼片卵状披针形，长4～5毫米，先端尖，基部附属物短，末端平截具浅齿，边缘狭膜质；上方花瓣长倒卵形，长约9毫米，宽约2毫米，侧方花瓣长圆状倒卵形，长约1厘米，宽约2.5毫米，上部较宽，下部变狭，里面基部有短须毛，下方花瓣连距长约1厘米，先端微凹，下部有深紫色条纹；距呈浅囊状，长1.5～2毫米；雄蕊的花药长约1.7毫米，药隔顶端附属物长约1.5毫米，下方雄蕊的背部具短距；距呈三角形，长约1毫米，粗约1.5毫米，末端钝圆；子房无毛，花柱棍棒状，基部细且明显向前膝曲，向上渐增粗，柱头2裂，裂片稍肥厚而直立，中央部分稍隆起，前方位于2裂片间的基部有斜升的短喙，喙端具圆形的柱头孔。蒴果长圆形或椭圆形，长约8毫米，先端尖，无毛。种子卵球形，淡黄色，长约1.5毫米，直径约 1 毫米，基部具狭翅状附属物。花果期 5—10 月。

【产地、生长环境与分布】产于湖北省十堰市茅箭区赛武当自然保护区的低海拔地区，湿草地、山坡、草丛、灌丛、杂木林林缘、田野、宅旁等处均有分布。

【药用部位】全草。

【采集加工】5—10 月。

【性味归经】味苦，性寒。归肝经。

【功能主治】清热解毒；主治疮疖痈肿。

【用法用量】内服：煎汤，15 ～ 30 克。外用：适量，鲜品捣敷。

189. 犁头叶堇菜 *Viola magnifica* C. J. Wang et X. D. Wang

【别名】犁头草。

【形态特征】多年生草本，高约 28 厘米，无地上茎。根状茎粗壮，长 1 ～ 2.5 厘米，粗可达 0.5 厘米，向下发出多条圆柱状支根及纤维状细根。叶均基生，通常 5 ～ 7 枚，叶片果期较大，三角形、三角状卵形或长卵形，长 7 ～ 15 厘米，宽 4 ～ 8 厘米，在基部处最宽，先端渐尖，基部宽心形或深心形，两侧垂片大而开展，边缘具粗锯齿，齿端钝而稍内曲，上面深绿色，两面无毛或下面沿脉疏生短毛；叶柄长可达 20 厘米，上部有极窄的翅，无毛；托叶大型，1/2 ～ 2/3 与叶柄合生，分离部分线形或狭披针形，边缘近全缘或疏生细齿。花未见。蒴果椭圆形，长 1.2 ～ 2 厘米，直径约 5 毫米，无毛；果梗长 4 ～ 15 厘米，在近中部和中部以下有 2 枚小苞片；小苞片线形或线状披针形，长 7 ～ 10 毫米；宿存萼片狭卵形，长 4 ～ 7 毫米，基部附属物长 3 ～ 5 毫米，末端齿裂。果期 7—9 月。

【产地、生长环境与分布】产于湖北省十堰市茅箭区赛武当自然保护区海拔 700 ～ 2050 米的林缘、山坡林下及谷地的阴湿处，目前尚未由人工引种栽培。

【药用部位】全草。

【采集加工】夏、秋季开花时采收全草，晒干。

【性味】味苦、微辛，性寒。

【功能主治】清热解毒，凉血消肿；主治急结膜炎，咽喉炎，急性黄疸型肝炎，乳腺炎，疮疖痈肿，化脓性骨髓炎，毒蛇咬伤。

【用法用量】内服：干品 25 ～ 50 克（鲜品 50 ～ 100 克）。外用：适量，鲜品捣烂敷患处。服药后不可喝热水、吃热食。

【验方参考】（1）治外伤出血：犁头草、酢浆草各适量，捣烂，外敷患处，纱布加压包扎；或单用犁头草捣敷。（江西《草药手册》）

（2）治盐卤中毒：鲜犁头草捣汁，开水送服。（《浙江民间常用草药》）

190. 紫花地丁 *Viola philippica* Cav.

【别名】野堇菜、光瓣堇菜。

【形态特征】多年生草本，无地上茎，高 4 ～ 14 厘米，果期高可达 20 厘米。根状茎短，垂直，淡褐色，长 4 ～ 13 毫米，粗 2 ～ 7 毫米，节密生，有数条淡褐色或近白色的细根。叶多数，基生，莲座状；叶片下部者通常较小，呈三角状卵形或狭卵形，上部者较长，呈长圆形、狭卵状披针形或长圆状卵形，长 1.5 ～ 4 厘米，宽 0.5 ～ 1 厘米，先端圆钝，基部截形或楔形，稀微心形，边缘具较平的圆齿，两面无毛或被细短毛，有时仅下面沿叶脉被短毛，果期叶片增大，长可达 10 厘米，宽可达 4 厘米；叶柄在花期长为叶片的 1 ～ 2 倍，上部具极狭的翅，果期长可达 10 厘米，上部具较宽的翅，无毛或被细短毛；托叶膜质，苍白色或淡绿色，长 1.5 ～ 2.5 厘米，2/3 ～ 4/5 与叶柄合生，离生部分线状披针形，边缘疏生具腺体的流苏状细齿或近全缘。花中等大，紫堇色或淡紫色，稀呈白色，喉部色较淡并带有紫色条纹；花梗通常多数细弱，与叶片等长或高出于叶片，无毛或有短毛，中部附近有 2 枚线形小苞片；萼片卵状披针形或披针形，长 5 ～ 7 毫米，先端渐尖，基部附属物短，长 1 ～ 1.5 毫米，末端圆形或截形，边缘具膜质白边，无毛或有短毛；花瓣倒卵形或长圆状倒卵形，侧方花瓣长 1 ～ 1.2 厘米，里面无毛或有须毛，下方花瓣连距长 1.3 ～ 2 厘米，里面有紫色脉纹；距细管状，长 4 ～ 8 毫米，末端圆；花药长约 2 毫米，药隔顶部的附属物长约 1.5 毫米，下方 2 枚雄蕊背部的距细管状，长 4 ～ 6 毫米，末端稍细；子房卵形，无毛，花柱棍棒状，比子房稍长，基部稍膝曲，柱头三角形，两侧及后方稍增厚成微隆起的缘边，顶部略平，前方具短喙。蒴果长圆形，长 5 ～ 12 毫米，无毛；种子卵球形，长 1.8 毫米，淡黄色。花果期 4 月中下旬至 9 月。

【产地、生长环境与分布】产于湖北省十堰市茅箭区。

【药用部位】全草。

【采集加工】取原药材，除去杂质，洗净，切段，干燥。炮制后贮干燥容器内，置阴凉干燥处，防潮。

【性味】味苦、辛，性寒。归心、肝经。

【功能主治】清热解毒，凉血消肿，清热利湿；主治疮疖痈肿，瘰疬，黄疸，痢疾，腹泻，目赤，喉痹，毒蛇咬伤。

【用法用量】内服：煎汤，15～30克。外用：适量，捣敷。

【验方参考】（1）凡各种疮疖痈肿，红肿热痛者，可单用鲜品捣汁服，并用其渣敷患处；或与金银花、蒲公英、野菊花配伍。

（2）若气血亏虚者，可加入当归、黄芪；若湿热凝结骨痈疼痛高肿者，可与茯苓、车前子、金银花、牛膝同用，以利湿清热。

（3）凡颈项瘰疬结核者，可与夏枯草、玄参、贝母、牡蛎相合，以散结消肿。

六十、葫芦科

191. 绞股蓝 *Gynostemma pentaphyllum*（Thunb.）Makino

【形态特征】草质攀缘植物；茎细弱，具分枝，具纵棱及槽，无毛或疏被短柔毛。叶膜质或纸质，鸟足状，具3～9小叶，通常5～7小叶，叶柄长3～7厘米，被短柔毛或无毛；小叶片卵状长圆形或披针形，中央小叶长3～12厘米，宽1.5～4厘米，侧生小叶较小，先端急尖或短渐尖，基部渐狭，边缘具波状齿或圆齿状齿，上面深绿色，背面淡绿色，两面均疏被短硬毛，侧脉6～8对，上面平坦，背面突起，细脉网状；小叶柄略叉开，长1～5毫米。卷须纤细，2歧，稀单一，无毛或基部被短柔毛。花雌雄异株。雄花圆锥花序，花序轴纤细，多分枝，长10～15（30）厘米，分枝广展，长3～4（15）厘米，有时基部具小叶，被短柔毛；花梗丝状，长1～4毫米，基部具钻状小苞片；花萼筒极短，5裂，裂片三角形，长约0.7毫米，先端急尖；花冠淡绿色或白色，5深裂，裂片卵状披针形，长2.5～3毫米，宽约1毫米，先端长渐尖，具1脉，边缘具缘毛状小齿；雄蕊5，花丝短，连合成柱，花药着生于柱之顶端。雌花圆锥花序远较雄花短小，花萼及花冠似雄花；子房球形，2～3室，花柱3枚，短而叉开，柱头2裂；具短小的退化雄蕊5枚。果实肉质不裂，球形，直径5～6毫米，成熟后黑色，光滑无毛，内含倒垂种子2颗。种子卵状心形，直径约4毫米，灰褐色或深褐色，顶端钝，基部心形，压扁，两面具乳突状突起。花期3—11月，果期4—12月。

【产地、生长环境与分布】产于湖北省十堰市茅箭区。

【药用部位】全草。

【采集加工】夏、秋季可采收3～4次，洗净，晒干。

【性味】味苦，微甘，性凉。归肺、脾、肾经。

【功能主治】清热解毒，止咳清肺祛痰，养心安神，补气生精。可用于降血压，降血脂，护肝，促进睡眠以及肠胃炎、气管炎、咽喉炎的治疗，并用于多种癌症的抗癌临床治疗。绞股蓝还被中国各地的茶叶加工企业成功地制成绞股蓝茶在市场销售，并获得相当的市场份额和较可观的经济效益。

【成分】本品主要有效成分是绞股蓝皂苷，此外还含有甾醇类、黄酮类成分，以及维生素 C、谷氨酸等 17 种氨基酸和铁、锌、铜等 18 种微量元素。由于其酸水解产物与人参皂苷的酸水解产物——人参二醇具有相同的理化性质，因而被称为"南方人参"。

【用法用量】内服：煎汤，15～30克；或研末，每次 3～6克；或泡茶。外用：适量，捣烂涂擦。

【验方参考】（1）绞股蓝交藤饮：绞股蓝 10克，夜交藤 15克，麦冬 12克。煎水，或沸水浸泡饮。本方以绞股蓝益气安神，夜交藤养心安神，麦冬养阴清心。主治气虚，心阴不足，心悸失眠，烦热不宁。

（2）绞股蓝杜仲茶：绞股蓝 15克，杜仲叶 10克，沸水浸泡饮。本方用二者降血压，绞股蓝兼以清热、安神。主治高血压，头痛眩晕，烦热不安，失眠烦躁。

（3）绞股蓝金钱草饮：绞股蓝 15克，金钱草 50克，加红糖适量，煎水饮。本方以绞股蓝清热解毒，金钱草清热利湿、退黄。主治病毒性肝炎，湿热黄疸，小便黄赤短少。

192. 栝楼 *Trichosanthes kirilowii* Maxim.

【形态特征】攀缘藤本，长达 10 米；块根圆柱状，粗大肥厚，富含淀粉，淡黄褐色。茎较粗，多分枝，具纵棱及槽，被白色伸展柔毛。叶片纸质，轮廓近圆形，长、宽均 5～20 厘米，常 3～5（7）浅裂至中裂，稀深裂或不分裂而仅有不等大的粗齿，裂片菱状倒卵形、长圆形，先端钝，急尖，边缘常再浅裂，叶基心形，弯缺深 2～4 厘米，上表面深绿色，粗糙，背面淡绿色，两面沿脉被长柔毛状硬毛，基出掌状脉 5 条，细脉网状；叶柄长 3～10 厘米，具纵条纹，被长柔毛。卷须 3～7 歧，被柔毛。花雌雄异株。雄总状花序单生，或与单花并生，或在枝条上部者单生，总状花序长 10～20 厘米，粗壮，具纵棱与槽，被微柔毛，顶端有 5～8 花，单花花梗长约 15 厘米，花梗长约 3 毫米，小苞片倒卵形或阔卵形，长 1.5～2.5（3）厘米，宽 1～2 厘米，中上部具粗齿，基部具柄，被短柔毛；萼筒筒状，长 2～4 厘米，顶端扩大，直径约 10 毫米，中、下部直径约 5 毫米，被短柔毛，裂片披针形，长 10～15 毫米，宽 3～5 毫米，全缘；花冠白色，裂片倒卵形，长 20 毫米，宽 18 毫米，顶端中央具 1 绿色尖头，两侧具丝状流苏，被柔毛；花药靠合，长约 6 毫米，直径约 4 毫米，花丝分离，粗壮，被长柔毛。雌花单生，花梗长 7.5 厘米，被短柔毛；萼筒圆筒形，长 2.5 厘米，直径 1.2 厘米，裂片和花冠同雄花；子房椭圆形，绿色，长 2 厘米，直径 1 厘米，花柱长 2 厘米，柱头 3。果梗粗壮，长 4～11 厘米；果实椭圆形或圆形，长 7～10.5

厘米，成熟时黄褐色或橙黄色；种子卵状椭圆形，压扁，长 11 ～ 16 毫米，宽 7 ～ 12 毫米，淡黄褐色，近边缘处具棱线。花期 5—8 月，果期 8—10 月。

【产地、生长环境与分布】产于湖北省十堰市茅箭区。

【药用部位】根（中药名天花粉）、果（中药名栝楼）、果皮（中药名栝楼皮）、种子（中药名栝楼仁），都供药用。

【采集加工】当果实表面有白粉，变成淡黄色时，分批采摘，悬通风处晾干，即成全栝楼；将果实从果蒂处剖开，取出瓜瓤和种子，晒干即成栝楼皮；瓜瓤和种子放入盆内，加草木灰。雄株在栽种后第 3 年 10 月下旬挖取块根，去净泥沙，刮去粗皮，小的切成 10 ～ 20 厘米长，大的可纵剖成 2 ～ 4 瓣，晒干或烘干，即成天花粉。

【性味】味甘，性寒。

【功能主治】润肺祛痰，利气宽胸；主治咳嗽痰黏，胸闷作痛。栝楼制剂对冠心病、心绞痛有一定疗效。

【成分】种子含脂肪油；果实含三萜皂苷、有机酸、树脂、糖类、色素等；根含蛋白质、皂苷、酸类。

【用法用量】内服：煎汤，10 ～ 30 克。

【验方参考】（1）治肺热痰实壅滞，润肺化痰，利咽膈：大栝楼（5 枚，去壳取瓤并子，剉令极匀细微，以白面同和做饼子，捣罗为末）3 两，杏仁（去皮、尖，双仁，麸炒令黄，砂盆内研令极细）、山芋各 3 两，甘草（炙，取末）1 两。上四味，更用盐花 2 分，细研同和匀，每服一钱，沸汤点服。（《圣济总录》栝楼汤）

（2）治干咳无痰：熟瓜蒌捣烂绞汁，入蜜等份，加白矾 1 钱，熬膏，频含咽汁。（《纲目》引《简便单方》）

（3）治肺痿咯血不止：栝蒌五十个（连瓤，瓦焙），乌梅肉五十个（焙），杏仁（去皮、尖，炒）二十一个，为末。每服 1 捻，以猪肺一片切薄，掺末入内，炙熟，冷嚼咽之，日 2 服。（《圣济录》）

（4）治胸痹不得卧，心痛彻背者：栝楼实 1 枚（捣），薤白 3 两，半夏半斤，白酒 1 升。上药同煮取 4 升，温服 1 升，日 3 服。（《金匮要略》栝楼薤白半夏汤）

193. 丝瓜 *Luffa cylindrica*（L.）Roem.

【形态特征】一年生攀缘藤本；茎、枝粗糙，有棱沟，被微柔毛。卷须稍粗壮，被短柔毛，通常2～4歧。叶柄粗糙，长10～12厘米，具不明显的沟，近无毛；叶片三角形或近圆形，长、宽10～20厘米，通常掌状5～7裂，裂片三角形，中间的较长，长8～12厘米，顶端急尖或渐尖，边缘有锯齿，基部深心形，弯缺深2～3厘米，宽2～2.5厘米，上面深绿色，粗糙，有疣点，下面浅绿色，有短柔毛，脉掌状，具白色的短柔毛。雌雄同株。雄花：通常15～20朵花，生于总状花序上部，花序梗稍粗壮，长12～14厘米，被柔毛；花梗长1～2厘米，花萼筒宽钟形，直径0.5～0.9厘米，被短柔毛，裂片卵状披针形或近三角形，上端向外反折，长0.8～1.3厘米，宽0.4～0.7厘米，里面密被短柔毛，边缘尤为明显，外面毛被较少，先端渐尖，具3脉；花冠黄色，辐射状，开展时直径5～9厘米，裂片长圆形，长2～4厘米，宽2～2.8厘米，里面基部密被黄白色长柔毛，外面具3～5条突起的脉，脉上密被短柔毛，顶端钝圆，基部狭窄；雄蕊通常5，稀3，花丝长6～8毫米，基部有白色短柔毛，花初开放时稍靠合，最后完全分离，药室多回折曲。雌花：单生，花梗长2～10厘米；子房长圆柱状，有柔毛，柱头3，膨大。果实圆柱状，直或稍弯，长15～30厘米，直径5～8厘米，表面平滑，通常有深色纵条纹，未熟时肉质，成熟后干燥，里面呈网状纤维，由顶端盖裂。种子多数，黑色，卵形，扁，平滑，边缘狭翼状。花果期夏、秋季。

【产地、生长环境与分布】产于湖北省十堰市茅箭区。

【药用部位】根（丝瓜根）、藤（丝瓜藤）、叶（丝瓜叶）、果实维管束（丝瓜络）、种子（丝瓜子）。

【采集加工】嫩丝瓜于夏、秋季采摘，鲜用。老丝瓜于秋后采收，晒干。

【性味】味甘，性凉。归肺、肝、胃、大肠经。

【功能主治】丝瓜根：活血，通络，消肿；主治鼻塞流涕。

丝瓜藤：通经络，止咳化痰；主治腰痛，咳嗽，鼻塞流涕，咳嗽。

丝瓜叶：止血，化痰止咳，清热解毒；主治咳嗽，暑热口渴，创伤出血，疥癣，天疱疮，痱子。

果柄：主治小儿痘疹，咽喉肿痛。

果皮：主治金疮，疔疮，臀疮。

丝瓜子：清热化痰，润燥，驱虫。

丝瓜络：主治咳嗽痰多，驱虫，便秘。

【成分】丝瓜果实含三萜皂苷成分，如丝瓜苷 A、F、J、K、L、M，3-O-β-D-吡喃葡萄糖基齐墩果酸，还含丙二酸、枸橼酸等脂肪酸，瓜氨酸等。此外，在丝瓜组织培养液中还提取出一种具抗过敏活性物质泻根醇酸。

【用法用量】内服：煎汤，15～30克。

【验方参考】（1）烧丝瓜：丝瓜800克，水发香菇50克，姜汁适量。先将水发香菇去蒂洗净，丝瓜去皮洗净切片；锅烧热，加入生油，用姜汁烹，再加丝瓜片、香菇、料酒、精盐、味精，煮沸至香菇、丝瓜入味，用湿淀粉勾芡，淋入麻油，调匀即成。此菜肴具有益气血、通经络的功效。适用于妇女产后乳汁不下、乳房胀痛等病症。

（2）西红柿丝瓜汤：丝瓜1根，西红柿2个，香葱花适量。先将西红柿洗净，切成薄片，丝瓜去皮洗净切片；锅中放入熟猪油烧至六成热，加入鲜汤500毫升烧开，放入丝瓜片、西红柿片，待熟时，加胡椒粉、细盐、味精、葱花调匀起锅。此汤味美鲜香，具有清解热毒、消除烦热的功效。暑热烦闷、口渴咽干者服之有效。

（3）炒丝瓜：丝瓜250克。先将丝瓜去皮洗净切片，锅置火上，放油少许，烧至六成热，倒入丝瓜片煸炒，待丝瓜熟时加精盐少许即成。此菜肴清淡可口，具有清热利湿、化痰止咳的作用。尤适于痰喘咳嗽、热痢、黄疸者服用。

（4）生丝瓜汁：生丝瓜1000克，蜂蜜适量。先将生丝瓜洗净，切丝绞榨取汁，加入蜂蜜（一般以10∶1比例调制），搅匀即可。此汁具有清热、止咳化痰之功效，适用于小儿百日咳患者服用。

（5）鲜丝瓜250克切块，猪瘦肉200克切片，加水适量共煮汤，煮熟后食盐调味佐膳。适用于内痔大便出血。

（6）鲜丝瓜液汁60毫升（3～6周岁量），加适量蜂蜜口服，每日2次。适用于百日咳。

（7）生丝瓜100克煎汤服食，每日2次，连服3日。适用于预防麻疹。

（8）经霜丝瓜1条切碎，水煎服。或嫩丝瓜捣汁，每服1汤匙，每日3次。适用于咽喉炎。

六十一、千屈菜科

194. 福建紫薇 *Lagerstroemia limii* Merr.

【形态特征】灌木或小乔木，高约4米；小枝圆柱形，密被灰黄色柔毛，后脱落而成褐色，光滑。叶互生至近对生，近革质至革质，顶端短渐尖或急尖，基部短尖或圆形，上面几光滑，或疏生短柔毛，下面沿中脉、侧脉及网脉密被柔毛，侧脉10～17对，其间有明显的横行小脉；叶柄长2～5毫米，密被柔毛。花为顶生圆锥花序，花轴及花梗密被柔毛；苞片线形，长约4毫米；萼筒杯状，直径约6毫米，有12条明显的棱，外面密被柔毛，棱上尤甚，5～6裂，裂片矩圆状披针形或三角形，尾尖，长3～3.5

毫米，内面无毛；附属体与花萼裂片同数，互生，生于萼筒之外，肾形，有时有 2～6 浅裂；花瓣淡红色至紫色，圆卵形，有皱纹，具长 6 毫米的柄；雄蕊着生于花萼上，长约 10 毫米，较短的约有 35 枚，花丝长约 7 毫米；子房椭圆形，无毛，花柱长 13～18 毫米。蒴果卵形，顶端圆形，长 8～12 毫米，宽 5～8毫米，褐色，光亮，有浅槽纹，约 1/4 包藏于宿存萼内，4～5 裂片；种子连翅长 8 毫米。花期 5—6 月，果期 7—8 月。

【产地、生长环境与分布】产于湖北省十堰市茅箭区。

【药用部位】根、叶。

【采集加工】根：秋、冬季采挖，洗净，切片，晒干。叶：夏、秋季采收，晒干。

【性味】味苦、涩，性平。

【功能主治】敛疮，解毒；主治痈疮肿毒。

【用法用量】外用：适量，捣敷；或研末敷；或煎水洗。

六十二、石榴科

195. 石榴 *Punica granatum* L.

【形态特征】落叶灌木或小乔木，在热带是常绿树。树冠丛状自然圆头形。树根黄褐色。生长强健，根际易生根蘖。树高可达 5～7 米，一般 3～4 米，但矮生石榴仅高 1 米或更矮。树干呈灰褐色，上有瘤状突起，多向左方扭转。树冠内分枝多，嫩枝有棱，多呈方形。小枝柔韧，不易折断。一次枝在生长旺盛的小枝上交错对生，具小刺。刺的长短与品种和生长情况有关。旺树多刺，老树少刺。芽色随季节而变化，有紫、绿、橙三色。叶对生或簇生，呈长披针形至长圆形，或椭圆状披针形，长 2～8 厘米，宽 1～2 厘米，顶端尖，表面有光泽，背面中脉突起；有短叶柄。花两性，依子房发达与否，有钟状花和筒状花之别，前者子房发达，易结果，后者常凋落不结果；一般 1 朵至数朵着生于当年新梢顶端及顶端以下的叶腋间；萼片硬，肉质，管状，5～7裂，与子房连生，宿存；花瓣倒卵形，与萼片同数而互生，覆瓦状排列。花有单瓣、重瓣之分。重瓣品种雌雄蕊多瓣花而不孕，花瓣多达数十枚；花多红色，也有白、黄、粉红和玛瑙等色。雄蕊多数，花丝无毛。雌蕊具花柱1个，长度超过雄蕊，心皮4～8，子房下位。成熟后变成大型而多室、多子的浆果，每室内有多数子粒；外种皮肉质，呈鲜红色、淡红色或白色，多汁，甜而带酸；内种皮角质，也有退化变软的，即软籽石榴。果石榴花期5—6月，榴花似火，果期9—10月。花石榴花期5—10月。

【产地、生长环境与分布】产于湖北省十堰市茅箭区赛武当自然保护区海拔1000～2050米的山林、灌丛、耕地、住宅旁等处。

【药用部位】叶、皮、花。

【采集加工】石榴每年开3次花，故有3次结果，一般以头花果或二花果发育良好。应根据品种特性、果实成熟度及气候状况等分期及时采收。石榴果实成熟的标志：①果皮由绿变黄，有色品种充分着色，果面有光泽；②果棱显现；③果肉细胞中的红色或银白色针芒充分显现；④籽粒饱满，果实汁液的可溶性固形物含量达到该品种固有的浓度。成熟果实雨前采收，阴雨天气禁止采收。扦插或分株繁殖的苗木，栽植3～4年开始结果，而用种子繁殖的实生苗需十多年才能开花结果。

【功能主治】石榴叶：收敛止泻，解毒杀虫；主治泄泻，痘风疮，癞疮，跌打损伤。

石榴皮：涩肠止泻，止血，驱虫，痢疾，肠风下血，崩漏，带下；主治鼻衄，中耳炎，创伤出血，月经不调，牙痛，吐血，久泻，久痢，便血，脱肛，滑精，崩漏，带下，虫积腹痛，疥癣。

石榴花：主治鼻衄，中耳炎，创伤出血。

【成分】果皮含鞣质10.4%，蜡0.8%，树脂4.5%，甘露醇1.8%，黏液质0.6%，没食子酸4.0%，苹果酸、果胶和草酸钙4.0%，树胶3.2%，菊糖1.0%，非结晶糖2.7%。从鞣质中分得石榴皮苦素A～B、石榴皮鞣质、2，3-O-连二没食子酰石榴皮鞣质。果皮还含反油酸、异槲皮苷、矢车菊素-3-O-葡萄糖苷、天竺葵素-3-O-葡萄糖苷等。又从果皮的甲醇提取物中分得四聚没食子酸，可抑制碳酸脱氢酶活性。果皮、茎皮、树皮均含生物碱，已分离出石榴皮碱、异石榴皮碱、伪石榴皮碱、N-甲基异石榴皮碱等。又从树皮所含鞣质中分离出石榴皮鞣质、2，3-O-连二没食子酰石榴皮鞣质、木麻黄鞣质、木麻黄鞣宁等。

【用法用量】内服：煎汤，3～10克；或入丸、散。外用：适量，煎水熏洗；或研末撒、调敷。

【验方参考】（1）治疗肿恶毒：以针刺畔，榴皮着疮上，以面围四畔炙之，以痛为度仍用榴束敷上，急裹，经宿，连根自出也。（《肘后备急方》）

（2）治汤、火烫伤：石榴果皮适量，研末，麻油调搽患处。（《贵州草药》）

（3）治牛皮癣：石榴皮蘸极细的明矾粉搓患处，初搓时微痛。（《山东中草药手册》）

（4）治绦虫病、蛔虫病：石榴皮、槟榔各等份，研细末，每次服 6 克（小儿酌减），每日二次，连服二天。（《山东中草药手册》）

（5）治脱肛：石榴皮、陈壁土各适量，加白矾少许，浓煎熏洗，再加五倍子炒研敷托上之。（《医钞类编》）

六十三、柳叶菜科

196. 丁香蓼 *Ludwigia prostrata* Roxb.

【形态特征】一年生直立草本。茎高 25～60 厘米，粗 2.5～4.5 毫米，下部圆柱状，上部四棱形，常淡红色，近无毛，多分枝，小枝近水平开展。叶狭椭圆形，长 3～9 厘米，宽 1.2～2.8 厘米，先端锐尖或稍钝，基部狭楔形，在下部骤变窄，侧脉每侧 5～11 条，至近边缘渐消失，两面近无毛或幼时脉上疏生微柔毛；叶柄长 5～18 毫米，稍具翅；托叶几乎全退化。萼片 4，三角状卵形至披针形，长 1.5～3 毫米，宽 0.8～1.2 毫米，疏被微柔毛或近无毛。花瓣黄色，匙形，长 1.2～2 毫米，宽 0.4～0.8 毫米，先端近圆形，基部楔形；雄蕊 4，花丝长 0.8～1.2 毫米；花药扁圆形，宽 0.4～0.5 毫米，开花时以四合花粉直接授在柱头上；花柱长约 1 毫米；柱头近卵状或球状，直径约 0.6 毫米；花盘围以花柱基部，稍隆起，无毛。蒴果四棱形，长 1.2～2.3 厘米，粗 1.5～2 毫米，淡褐色，无毛，熟时室背迅速不规则开裂；果梗长 3～5 毫米。种子呈一列横卧于每室内，里生，卵状，长 0.5～0.6 毫米，直径约 0.3 毫米，顶端稍偏斜，具小尖头，表面有横条排成的棕褐色纵横条纹；种脊线形，长约 0.4 毫米。蒴果有数条明显纵棱，直或略弯曲，熟时绿紫色，光滑，有时稍具微毛。种子多数，椭圆形或多面体形，细小，褐色，周边有弯曲不齐的种脊，表面粗糙。胚直立，无胚乳。千粒重 0.48 克。

【产地、生长环境与分布】产于湖北省十堰市茅箭区南部山区海拔 1000～2050 米的山地丛林及山坡灌丛中。丘陵、低山路边草地、灌丛或疏林有分布。

【药用部位】全株入药。

【采集加工】夏、秋季采集，晒干备用。

【性味】味苦，性寒。

【功能主治】清热解毒，利湿消肿；主治肠炎，痢疾，传染性肝炎，肾炎水肿，膀胱炎，带下，痔疮，外用治痈疖疔疮，蛇虫咬伤。

【用法用量】内服：煎汤，0.5～1 两；治痢疾，鲜品可用 3～4 两。外用：适量，鲜品捣敷患处。

197. 黄花月见草 *Oenothera glazioviana* Mich.

【形态特征】直立二年生至多年生草本，具粗大主根；茎高 70～150 厘米，粗 6～20 毫米，不分枝或分枝，常密被曲柔毛，并疏生伸展长毛（毛基红色疱状），在茎枝上部常密混生短腺毛。基生叶莲座状，倒披针形，长 15～25 厘米，宽 4～5 厘米，先端锐尖或稍钝，基部渐狭并下延为翅，边缘自下向上有远离的浅波状齿，侧脉 5～8 对，白色或红色，上部深绿色至亮绿色，两面被曲柔毛与长毛；叶柄长 3～4 厘米；茎生叶螺旋状互生，狭椭圆形至披针形，自下向上变小，长 5～13 厘米，宽 2.5～3.5 厘米，先端锐尖或稍钝，基部楔形，边缘疏生远离的齿突，侧脉 2～8 对，毛被同基生叶的；叶柄长 2～15 毫米，向上变短。花序穗状，生于茎枝顶，密生曲柔毛、长毛与短腺毛；苞片卵形至披针形，无柄，长 1～3.5 厘米，宽 5～12 毫米，毛被同花序上的。花蕾锥状披针形，斜展，长 2.5～4 厘米，直径 5～7 毫米，顶端具长约 6 毫米的喙；花管长 3.5～5 厘米，粗 1～1.3

毫米，疏被曲柔毛、长毛与腺毛；萼片黄绿色，狭披针形，长 3～4 厘米，宽 5～6 毫米，先端尾状，彼此靠合，开花时反折，毛被同花管的，但较密；花瓣黄色，宽倒卵形，长 4～5 厘米，宽 4～5.2 厘米，先端钝圆或微凹；花丝近等长，长 1.8～2.5 厘米；花药长 10～12 毫米；花粉约 50% 发育；子房绿色，圆柱状，具 4 棱，长 8～12 毫米，直径 1.5～2 毫米，毛被同萼片上的；花柱长 5～8 厘米，伸出花管部分长 2～3.5 厘米；柱头开花时伸出花药，裂片长 5～8 毫米。蒴果锥状圆柱形，向上变狭，长 2.5～3.5 厘米，直径 5～6 毫米，具纵棱与红色的槽，毛被同子房，但较稀疏。种子棱形，长 1.3～2 毫米，直径 1～1.5 毫米，褐色，具棱角，各面具不整齐洼点，有约一半败育。花期 5—10 月，果期 8—12 月。

【产地、生长环境与分布】产于湖北省十堰市茅箭区南部山区海拔 1000～2050 米的山地丛林及山坡灌丛中。

【药用部位】全草。

【采集加工】8—10 月。

【性味】味辛、甘，性微温。归脾、肝、心经。

【功能主治】活血化瘀，健脾利湿，醒神。

【用法用量】内服：入丸、散、剂，25 ～ 50 克。

198. 小花月见草 *Oenothera parviflora* L.

【形态特征】直立二年生草本，具主根；茎高 30 ～ 150 厘米，不分枝或分枝，疏被曲柔毛、长毛与腺毛，有时在下部仅被曲柔毛，在上部生具疱状基部的长毛。基生叶狭倒披针形或狭椭圆形，鲜绿色，长 10 ～ 25 厘米，宽 1 ～ 3.5 厘米，先端锐尖，基部渐狭，边缘具浅齿，下部具浅波状齿，侧脉 10 ～ 12 对，白色或红色，两面疏被曲柔毛；叶柄长 5 ～ 10 毫米；茎生叶披针形至狭卵形或狭椭圆形，长 5 ～ 16 厘米，宽 1 ～ 2.8 厘米，先端锐尖或长锐尖，基部渐狭或楔形，边缘具浅齿，侧脉 6 ～ 8 对，两面疏被曲柔毛；叶柄 1 ～ 5 毫米。花序穗状，生于茎枝顶部，有时分枝，直立或弯曲上升；苞片狭卵形至披针形，长 1.5 ～ 5 厘米，宽 0.5 ～ 1.5 厘米，两面疏生曲柔毛、腺毛与长毛。花蕾狭长圆状，长 0.8 ～ 1.5 厘米，直径 3 ～ 5 毫米；花管淡黄色，长 2.5 ～ 4 厘米，直径约 1 毫米，近无毛，或具腺毛与长毛；萼片绿色或黄绿色，开放时稍变红色，狭披针形，长 0.8 ～ 1.7 厘米，宽 2.5 ～ 4 毫米，彼此靠合，先端离生，长 1 ～ 5 毫米，开放时反折，毛被同花管上的；花瓣黄色或淡黄色，先端微凹；花丝长 7 ～ 13 毫米，花药长 3.5 ～ 6 毫米，花粉约 50% 发育；子房锥状圆柱形，长 1 ～ 1.3 厘米，直径 1.5 ～ 2 毫米，被曲柔毛，混生稀疏的长柔毛与腺毛；花柱长 2.5 ～ 5 厘米，伸出花管部分长 0.2 ～ 1 厘米；柱头低于或围以花药，裂片长 2.5 ～ 6 毫米。花粉直接授在裂片上。蒴果锥状圆柱形，长 2 ～ 4 厘米，直径 3.5 ～ 5 毫米，顶端渐狭，绿色，干时变黑色，毛被同子房，但较稀疏，甚至渐变无毛。种子褐色或黑色，棱形，长 1 ～ 1.6 毫米，直径 0.5 ～ 1 毫米，具棱角，各面具不整齐洼点。花期 7—9 月，果期 10 月。

【产地、生长环境与分布】产于湖北省十堰市茅箭区，生于荒坡、沟边湿润处。

六十三、八角枫科

199. 八角枫 *Alangium chinense*（Lour.）Harms

【别名】华瓜木、木八角、橙木。

【形态特征】落叶乔木或灌木，高3～5米，稀达15米，胸高直径20厘米；小枝略呈"之"字形，幼枝紫绿色，无毛或有稀疏的疏柔毛，冬芽锥形，生于叶柄的基部内，鳞片细小。叶纸质，近圆形或椭圆形、卵形，顶端短锐尖或钝尖，基部两侧常不对称，一侧微向下扩张，另一侧向上倾斜，阔楔形、截形，稀近心形，长13～19（26）厘米，宽9～15（22）厘米，不分裂或3～7（9）裂，裂片短锐尖或钝尖，叶上面深绿色，无毛，下面淡绿色，除脉腋有丛状毛外，其余部分近无毛；基出脉3～5（7），呈掌状，侧脉3～5对；叶柄长2.5～3.5厘米，紫绿色或淡黄色，幼时有微柔毛，后无毛。聚伞花序腋生，长3～4厘米，被稀疏微柔毛，有7～30（50）花，花梗长5～15毫米；小苞片线形或披针形，长3毫米，常早落；总花梗长1～1.5厘米，常分节；花冠圆筒形，长1～1.5厘米，花萼长2～3毫米，顶端分裂为5～8枚齿状萼片，长0.5～1毫米，宽2.5～3.5毫米；花瓣6～8，线形，长1～1.5厘米，宽1毫米，基部黏合，上部开花后反卷，外面有微柔毛，初为白色，后变黄色；雄蕊和花瓣同数而近等长，花丝略扁，长2～3毫米，有短柔毛，花药长6～8毫米，药隔无毛，外面有时有褶皱；花盘近球形；子房2室，花柱无毛，疏生短柔毛，柱头头状，常2～4裂。核果卵圆形，长5～7毫米，直径5～8毫米，幼时绿色，成熟后黑色，顶端有宿存的萼齿和花盘，种子1颗。花期5—7月和9—10月，果期7—11月。

【产地、生长环境与分布】产于湖北省十堰市茅箭区，主要分布于中国南部广大地区。亚洲东部和东南部亦产，生于山野、灌丛和杂林中，村边路旁也常见。

【药用部位】根和皮药效最好，根名白龙须，茎名白龙条。

【性味】味辛，微温；有毒。

【功能主治】祛风除湿，舒筋活络，散瘀止痛；主治风湿关节痛，跌打损伤，精神分裂症。

【成分】本品须根及根皮含有新烟碱、酚类、氨基酸、树脂、苷类等成分。

【用法用量】内服：煎汤，须根 1～3 克，根 3～6 克；或浸酒。外用：适量，捣敷；或煎水洗。

【验方参考】（1）治跌打损伤：八角枫根 3～6 克，水煎，临睡前服，每日 1 剂。

（2）治劳伤腰痛：八角枫根去皮 6 克，牛膝（醋炒）30 克，生杜仲 30 克，水煎服。

（3）治风湿性关节炎：八角枫侧根 30 克，白酒 1000 克，浸 7 天，每日早晚各饮酒 15 克。

六十四、五加科

200. 常春藤 *Hedera nepalensis var. sinensis*（Tobl.）Rehd.

【别名】龙鳞薜荔、三角枫。

【形态特征】多年生常绿攀缘灌木，长 3～20 米。茎灰棕色或黑棕色，光滑，有气生根，幼枝被鳞片状柔毛，鳞片通常有 10～20 条辐射肋。单叶互生；叶柄长 2～9 厘米，有鳞片；无托叶；叶二型；不育枝上的叶为三角状卵形或戟形，长 5～12 厘米，宽 3～10 厘米，全缘或 3 裂；花枝上的叶椭圆状披针形、椭圆状卵形或披针形，稀卵形或圆卵形，全缘；先端长尖或渐尖，基部楔形、宽圆形、心形；叶上表面深绿色，有光泽，下面淡绿色或淡黄绿色，无毛或疏生鳞片；侧脉和网脉两面均明显。伞形花序单个顶生，或 2～7 个总状排列或伞房状排列成圆锥花序，直径 1.5～2.5 厘米，有花 5～40 朵；花萼密生棕色鳞片，长约 2 毫米，边缘近全缘；花瓣 5，三角状卵形，长 3～3.5 毫米，淡黄白色或淡绿白色，外面有鳞片；雄蕊 5，花丝长 2～3 毫米，花药紫色；子房下位，5 室，花柱全部合生成柱状；花盘隆起，黄色。果实圆球形，直径 7～13 毫米，红色或黄色，宿存花柱长 1～1.5 毫米。花期 9—11 月，果期翌年 3—5 月。

【产地、生长环境与分布】产于湖北省十堰市茅箭区。常春藤叶形美丽，四季常青，在南方各地常作垂直绿化使用。多栽植于假山旁、墙根，让其自然附着垂直或覆盖生长，起到装饰美化环境的效果。盆栽时，以中小盆栽为主，可进行多种造型，在室内陈设。也可用来遮盖室内花园的壁面，使其室内花园景观更加自然美丽。

【药用部位】全株。

【采集加工】全年均可采收，切段，鲜用或晒干。

【性味】味苦、辛，性温。

【功能主治】祛风除湿，活血消肿，平肝，解毒；主治风湿关节痛，腰痛，跌打损伤，肝炎，头晕，口眼歪斜，衄血，目翳，急性结膜炎，肾炎水肿，闭经，痈疽肿毒，荨麻疹，湿疹。

【用法用量】内服：煎汤，5～15 克；或浸酒；或捣汁。外用：适量，煎水洗；或捣敷。

【验方参考】（1）治肝炎：常春藤、败酱草各适量，水煎服。（《草药手册》）

（2）治关节风痛及腰部酸痛：常春藤茎及根三至四钱，黄酒、水各半煎服；并用水煎汁洗患处。（《浙江民间常用草药》）

（3）治产后感风头痛：常春藤三钱，黄酒炒，加红枣七个，水煎，饭后服。（《浙江民间常用草药》）

（4）治一切痈疽：龙鳞薜荔一握，研细，以酒解汁，温服。利恶物为妙。（《外科精要》）

（5）治衄血：龙鳞薜荔研水饮之。（《圣济总录》）

（6）托毒排脓：鲜常春藤一两，水煎，加水酒兑服。（《草药手册》）

（7）治疮疖痈肿：鲜常春藤二两，水煎服；外用鲜常春藤叶捣烂，加糖及烧酒少许捣匀，外敷。（《草药手册》）

（8）治口眼歪斜：三角枫五钱，白风藤五钱，钩藤七个，泡酒一斤。每服药酒五钱，或蒸酒适量服用。（《贵阳民间药草》）

（9）治皮肤痒：三角枫全草一斤，熬水沐浴，每三天一次，经常洗用。（《贵阳民间药草》）

201. 刺楸 *Kalopanax septemlobus*（Thunb.）Koidz.

【别名】鼓钉刺、刺枫树、刺桐、云楸、茨楸、棘楸、辣枫树。

【形态特征】落叶乔木，高约10米，最高可达30米，胸径达70厘米，树皮暗灰棕色；小枝淡黄棕色或灰棕色，散生粗刺；刺基部宽阔扁平，通常长5～6毫米，基部宽6～7毫米，在苗壮枝上的长1厘米以上，宽1.5厘米以上。叶片纸质，在长枝上互生，在短枝上簇生，圆形或近圆形，直径9～25厘米，稀达35厘米，掌状5～7浅裂，裂片阔三角状卵形至长圆状卵形，长不及全叶片的1/2，苗壮枝上的叶片分裂较深，裂片长超过全叶片的1/2，先端渐尖，基部心形，上面深绿色，无毛或几无毛，下面淡绿色，幼时疏生短柔毛，边缘有细锯齿，放射状主脉5～7条，两面均明显；叶柄细长，长8～50厘米，无毛。圆锥花序大，长15～25厘米，直径20～30厘米；伞形花序直径1～2.5厘米，有花多数；总花梗细长，长2～3.5厘米，无毛；花梗细长，无关节，无毛或稍有短柔毛，长5～12毫米；花白色或淡绿黄色；萼无毛，长约1毫米，边缘有5小齿；花瓣5，三角状卵形，长约1.5毫米；雄蕊5；花丝长3～4毫米；子房2室，花盘隆起；花柱合生成柱状，柱头离生。果实球形，直径约5毫米，蓝黑色；宿存花柱长2毫米。花期7—10月，果期9—12月。

【产地、生长环境与分布】产于湖北省十堰市茅箭区。

【药用部位】树根、树皮。

【采集加工】全年均可采收，剥取树皮，洗净，晒干。炮制：用水洗净，去刺，润透，切丝，晒干。

【性味】味苦、辛，性平。归脾、胃经。

【功能主治】祛风，除湿，杀虫，活血；主治风湿痹痛，腰膝痛，痈疽，疥癣。

【用法用量】内服：煎汤，5 ～ 15 克。

202. 通脱木 *Tetrapanax papyrifer*（Hook.）K. Koch

【别名】通草。

【形态特征】常绿灌木或小乔木，高 1 ～ 3.5 米，基部直径 6 ～ 9 厘米；树皮深棕色，略有皱裂；新枝淡棕色或淡黄棕色，有明显的叶痕和大型皮孔，幼时密生黄色厚茸毛，后毛渐脱落。叶大，集生于茎顶；叶片纸质或薄革质，长 50 ～ 75 厘米，宽 50 ～ 70 厘米，掌状 5 ～ 11 裂，裂片通常为叶片全长的 1/3 或 1/2，稀至 2/3，倒卵状长圆形或卵状长圆形，通常再分裂为 2 ～ 3 小裂片，先端渐尖，上面深绿色，无毛，下面密生白色厚茸毛，边缘全缘或疏生粗齿，侧脉和网脉不明显；叶柄粗壮，长 30 ～ 50 厘米，无毛；托叶和叶柄基部合生，锥形，长 7.5 厘米，密生淡棕色或白色厚茸毛。圆锥花序长 50 厘米或更长；分枝多，长 15 ～ 25 厘米；苞片披针形，长 1 ～ 3.5 厘米，密生白色或淡棕色茸毛；伞形花序直径 1 ～ 1.5 厘米，有花多数；总花梗长 1 ～ 1.5 厘米，花梗长 3 ～ 5 毫米，均密生白色茸毛；小苞片线形，长 2 ～ 6 毫米；花淡黄白色；萼片长 1 毫米，边缘全缘或近全缘，密生白色茸毛；花瓣 4，稀 5，三角状卵形，长 2 毫米，

外面密被厚茸毛；雄蕊和花瓣同数，花丝长约 3 毫米；子房 2 室；花柱 2，离生，先端反曲。果实直径

约 4 毫米，球形，紫黑色。花期 10—12 月，果期翌年 1—2 月。

【产地、生长环境与分布】产于湖北省十堰市茅箭区。

【药用部位】茎髓。

【采集加工】全年均可采收，剥取树皮，洗净，晒干。炮制：用水洗净，去刺，润透，切丝，晒干。

【性味】味甘、淡，性微寒。归肺、胃经。

【功能主治】清热利尿，通气下乳；主治淋证涩痛，小便不利，水肿，黄疸，小便短赤，产后乳少，闭经，带下。

【成分】茎髓中含灰分 5.95%、脂肪 1.07%、蛋白质 1.11%、粗纤维 48.73%、戊聚糖 5% 及糖醛酸 28.04%，其多糖的氢氧化钠提取物经水解得到 α–半乳糖、葡萄糖与木糖，而用草酸铵提取的提取物水解后则得到半乳糖醛酸；还含天冬氨酸、苏氨酸、苯丙氨酸等 13 种氨基酸以及钙、钡、镁、铁等 18 种元素。木部含木质素。叶含通脱木皂苷、通脱木皂苷元 A～J、原通脱木皂苷元、槲皮苷等。

【用法用量】内服：煎汤，5～15 克。

【验方参考】（1）治热气淋涩，小便赤如红花汁者：通草三两，葵子一升，滑石四两（碎），石苇二两。上调，以水六升，煎取二升，去滓，分温三服；如人行八九里，又进一服。忌食五腥、热面、炙煿等物。（《普济万》通草饮子）

（2）治一身黄肿透明，亦治肾肿：通草（蜜涂炙干）、木猪草（去里皮）各等份。上为细末，并入研细土地龙、麝香少许。每服半钱或一钱，米饮调下。（《小儿卫生总微论方》通草散）

（3）治伤寒后呕哕：通草三两，生芦根（切）一升，橘皮一两，粳米三合。上四味，以水五升煮取二升，随便稍饮；不瘥更作，取瘥止。（《备急千金要方》）

（4）治鼻痈，气息不通，不闻香臭，并有息肉：木通、细辛、附子（炮，去皮、脐）各等份。上为末，蜜和。绵裹少许，纳鼻中。（《三因方》通草散）

（5）催乳：通脱木、小人参，炖猪脚食。（《湖南药物志》）

203. 五加 *Acanthopanax gracilistylus* W. W. Smith

【别名】五加皮。

【形态特征】灌木，高 2～3 米；枝灰棕色，软弱而下垂，蔓生状，无毛，节上通常疏生反曲扁刺。叶有小叶 5，稀 3～4，在长枝上互生，在短枝上簇生；叶柄长 3～8 厘米，无毛，常有细刺；小叶片膜质至纸质，倒卵形至倒披针形，长 3～8 厘米，宽 1～3.5 厘米，先端尖至短渐尖，基部楔形，两面无毛或沿脉疏生刚毛，边缘有细钝齿，侧脉 4～5 对，两面均明显，下面脉腋间有淡棕色簇毛，网脉不明显；几无小叶柄。伞形花序单个，稀 2 个腋生，或顶生在短枝上，直径约 2 厘米，有花多数；总花梗长 1～2 厘米，结实后延长，无毛；花梗细长，长 6～10 毫米，无毛；花黄绿色；萼片边缘近全缘或有 5 小齿；花瓣 5，长圆状卵形，先端尖，长 2 毫米；雄蕊 5，花丝长 2 毫米；子房 2 室；花柱 2，细长，离生或基部合生。果实扁球形，长约 6 毫米，宽约 5 毫米，黑色；宿存花柱长 2 毫米，反曲。花期 4—8 月，果期 6—10 月。

【产地、生长环境与分布】产于湖北省十堰市茅箭区。

【药用部位】根皮。

【采集加工】秋末冬初果皮变红时采收果实，用文火烘或置沸水中略烫后，及时除去果核，干燥。

【性味】味辛，性温；无毒。

【功能主治】祛风化湿，强筋骨。

【用法用量】内服：煎汤，6～30克。

【验方参考】（1）治风湿痿痹：五加皮、地榆（刮去粗皮）各一斤，装袋内，放入好酒二斗中，以坛封固，安大锅内水煮，坛上放米一合，米熟即把坛取出。等火毒出过，取药渣晒干，做成丸子，每日清晨服五十丸，药酒送下，临卧时再服一次。此方能祛风湿、壮筋骨、顺气化痰、添精补髓，功难尽述。

（2）治虚劳不足：五加皮、枸杞根白皮各一斗，加水一石五斗，煮取汁七斗。其中，以四斗浸曲一斗，以三斗拌饭，照常法酿酒，熟后常取饮服。

（3）治脚气，骨节、皮肤疼痛：五加皮四两，浸酒中，远志（去心）四两，亦浸酒中。几日后，取药晒干为末，加酒、糊做成丸子，如梧子大。每服四五十丸，空心服，温酒送下。此方名"五加皮丸"。

（4）治小儿行迟（三岁小儿还不会走路）：五加皮五钱，牛膝、木瓜各二钱半，共研为末。每服五分，米汤加几滴酒调服。

（5）治妇人血劳，憔悴困倦，喘满虚烦，噫噫少气，发热多汗，口干舌涩，不思饮食，名血风劳。油煎散：五加皮、牡丹皮、赤芍药、当归各一两，为末。每用一钱，水一盏，用青钱一文，蘸油入药，煎七分，温服。常服能肥妇人。

（6）治五劳七伤：五月五日采五加茎，七月七日采叶，九月九日取根，治下筛。每酒服方寸匕，日三服。久服去风劳。

（7）治目中息肉：五加皮（不闻水声者，捣末）一升，和酒二升，浸七日。一日服二次，禁醋。二七日遍身生疮，是毒出。不出，以生熟汤浴之，取疮愈。

（8）治服石毒发，或热噤，向冷地卧：五加皮二两，水四升，煮二升半，发时便服。

（9）治火灶丹毒，两脚起，赤如火烧：五加根、叶烧灰五两，取煅铁家槽中水和，涂之。

六十五、伞形科

204. 变豆菜 *Sanicula chinensis* Bunge

【形态特征】多年生草本，高 40～100 厘米。全株无毛。根茎粗短，有许多细长支根，茎直立，有纵沟纹，下部不分枝，上部几次叉状分枝。基生叶叶柄长 10～30 厘米，基部有透明的膜质鞘；叶片近圆形至圆心形，常 3 全裂，稀 5 裂，中裂片楔状倒卵形，长 3～10 厘米，宽 4～13 厘米，两侧裂片各有 1 深裂，很少不裂，边缘有大小不等的尖锐重锯齿；茎生叶逐渐变小，通常 3 裂，裂片边缘有大小不等的尖锐重锯齿。伞形花序二至三回叉式分枝；总苞片叶状，3 裂或近羽状分裂；伞形花序 2～3；小总苞片 8～10，卵状披针形；小伞形花序有花 6～10；萼齿窄线形，顶端渐尖；花瓣倒卵形，白色或绿白色，花柱与萼齿近等长。双悬果球状圆卵形，长 4～5 毫米，宽 3～4 毫米，皮刺直立，顶端钩状，基部膨大；果实的横剖面近圆形，胚乳腹面略凹陷，有油管 5，合生面通常 2，大而显著。花果期 4—10 月。

【产地、生长环境与分布】产于湖北省十堰市茅箭区，生于沟边、林缘阴湿地。

【药用部位】全草。

【采集加工】夏、秋季采收，鲜用或晒干。

【性味】味辛、微甘，性凉。

【功能主治】解毒，止血。

【用法用量】内服：煎汤，6～15 克。外用：适量，捣敷。

205. 白芷 *Angelica dahurica*（Fisch. ex Hoffm.）Benth. et Hook. f.

【形态特征】多年生草本，高 1～2.5 米。根圆柱形，有分枝，表面黄褐色。皮孔样的横向突起散生，断面灰白色，粉性略差，油性较大。茎粗2～5厘米，有时达7～8厘米，常带紫色，有纵沟纹。复伞形花序，花序梗长5～20厘米，总苞片通常缺，或有1～2枚，长卵形，膨大成鞘状，小总苞片5～10枚或更多；花小，无萼齿，花瓣5，白色，先端内凹。双悬果长圆形至卵圆形，黄棕色，有时带紫色，长4～7毫米，宽4～6毫米，无毛，背棱扁、厚、钝圆、松而充实，远较棱槽宽，侧棱翅状，较果体狭，棱槽中有油管1，合生面有油管2。花期7—9月，果期9—10月。

【产地、生长环境与分布】产于湖北省十堰市茅箭区，一般生于林下、林缘、溪旁、灌丛和山谷草地。

【药用部位】根。

【采集加工】8月下旬叶枯萎时采收，抖去泥土，晒干或烘干。

【性味】味辛，性温。归胃、大肠、肺经。

【功能主治】解表散寒，祛风止痛，通鼻窍，燥湿止带。

【成分】本品含挥发油、呋喃香豆素等。

【用法用量】内服：煎汤，4～10克；或入丸、散。外用：适量，研末撒；或调敷。

206. 川芎 *Ligusticum chuanxiong* Hort.

【形态特征】多年生草本，高40～60厘米。根茎发达，形成不规则的结节状拳形团块，具浓烈香气。茎直立，圆柱形，具纵条纹，上部多分枝，下部茎节膨大呈盘状（俗称苓子）。茎下部叶具柄，柄长3～10厘米，基部扩大成鞘；叶片轮廓卵状三角形，长12～15厘米，宽10～15厘米，三至四回三出式羽状全裂，羽片4～5对，卵状披针形，长6～7厘米，宽5～6厘米，末回裂片线状披针形至长卵形，长2～5毫米，宽1～2毫米，具小尖头；茎上部叶渐简化。复伞形花序顶生或侧生；总苞片3～6，线形，长0.5～2.5厘米；伞辐7～24，不等长，长2～4厘米，内侧粗糙；小总苞片4～8，线形，长3～5毫米，粗糙；萼齿不发育；花瓣白色，倒卵形至心形，长1.5～2毫米，先端具内折小尖头；花柱基圆锥状，花柱2，长2～3毫米，向下反曲。幼果两侧压扁，长2～3毫米，宽约1毫米；背棱槽内有油管1～5，侧棱槽内有油管2～3，合生面有油管6～8。花期7—8月，幼果期9—10月。

【产地、生长环境与分布】产于湖北省十堰市茅箭区，喜气候温和、雨量充沛、日照充足而又较湿润的环境。

【药用部位】根茎。

【采集加工】夏、秋季采收，鲜用或晒干。

【性味】味辛，性温。

【功能主治】行气开郁，祛风燥湿，活血止痛。

【成分】本品含川芎嗪、川芎萘呋内酯等。

【用法用量】内服：煎汤，1～2钱；或入丸、散。外用：适量，研末撒；或调敷。

207. 野胡萝卜 *Daucus carota* L.

【形态特征】二年生草本，高15～120厘米。茎单生，全体有白色粗硬毛。基生叶薄膜质，长圆形，二至三回羽状全裂，末回裂片线形或披针形，长2～15毫米，宽0.5～4毫米，顶端尖锐，有小尖头，光滑或有糙硬毛；叶柄长3～12厘米；茎生叶近无柄，有叶鞘，末回裂片小或细长。复伞形花序，花序梗长10～55厘米，有糙硬毛；总苞有多数苞片，呈叶状，羽状分裂，少有不裂的，裂片线形，长3～30毫米；伞辐多数，长2～7.5厘米，结果时外缘的伞辐向内弯曲；小总苞片5～7，线形，不分裂或2～3裂，边缘膜质，具纤毛；花通常白色，有时带淡红色；花柄不等长，长3～10毫米。果实圆卵形，长3～4毫米，宽2毫米，棱上有白色刺毛。花期5—7月。

【产地、生长环境与分布】产于湖北省十堰市茅箭区，生于山坡路旁、旷野或田间。野胡萝卜抗寒、耐旱，喜微酸性至中性土壤，喜肥喜光，适生于肥沃潮湿的开旷地上。幼苗在－38℃可安全越冬。

【药用部位】根。

【采集加工】春季播种的于夏季采收，秋季播种的于冬季采收，除去杂质，晒干。

【性味】味苦、辛，性平；有小毒。

【功能主治】杀虫，消积，止痒。

【成分】本品含挥发油、黄酮类、糖、季铵生物碱、氨基酸、甾醇等。

【用法用量】内服：煎汤，15～30克。外用：适量，捣汁涂。

208. 茴香 *Foeniculum vulgare* Mill.

【形态特征】多年生草本，有强烈香气。茎直立，圆柱形，高0.5～1.5米，上部分枝，灰绿色，表面有细纵纹。茎生叶互生，叶柄长3.5～4.5厘米；叶片三至四回羽状分裂，最终裂片线形至丝形。复伞形花序顶生，直径3～12厘米，伞梗5～20枝或更多，长2～5厘米，每一小伞形花序有花5～30，小伞梗纤细，长4～10毫米；不具总苞和小总苞；花小，无花萼；花瓣5，金黄色，广卵形，长约1.5毫米，宽约1毫米，中部以上向内卷曲，先端微凹；雄蕊5，花药卵形，2室，花丝丝状，伸出花瓣外；雌蕊1，子房下位，2室，花柱2，极短，浅裂。双悬果，卵状长圆形，长5～8毫米，宽约2毫米，外表黄绿色，顶端残留黄褐色柱基，分果椭圆形，有5条隆起的纵棱，每个棱槽内有1个油管，合生面有2个油管。花期6—9月，果期10月。

【产地、生长环境与分布】产于湖北省十堰市茅箭区，一般生于土壤疏松肥沃、光线充足、气温适宜、排水性较好的地方。

【药用部位】成熟果实。

【采集加工】9—10月果实成熟时，割取全株，晒干后，打下果实，除去杂质，晒干。

【性味】味辛，性平；无毒。

【功能主治】温肾散寒，和胃理气。

【成分】果实含挥发油3%～6%，主要成分为茴香醚50%～60%、小茴香酮18%～20%。

【用法用量】内服：煎汤，1～3钱；或入丸、散。外用：适量，研末调敷；或炒热温熨。

209. 窃衣 *Torilis scabra*（Thunb.）DC.

【形态特征】一年生或多年生草本，高10～70厘米。全株有贴生短硬毛。茎单生，有分枝，有细直纹和刺毛。叶卵形，一至二回羽状分裂，小叶片披针状卵形，羽状深裂，末回裂片披针形至长圆形，长0.2～1厘米，宽2～5毫米，边缘有条裂状粗齿至缺刻或分裂。复伞形花序顶生和腋生，花序梗长2～8厘米；总苞片通常无，很少1，钻形或线形；伞辐2～4，长1～5厘米，粗壮，有纵棱及向上紧贴的硬毛；

小总苞片 5 ~ 8，钻形或线形；小伞形花序有花 4 ~ 12；萼齿细小，三角状披针形，花瓣白色，倒圆卵形，先端内折；花柱基圆锥状，花柱向外反曲。果实长圆形，长 4 ~ 7 毫米，宽 2 ~ 3 毫米，有内弯或呈钩状的皮刺，粗糙，每棱槽下方有油管 1。花果期 4—10 月。

【产地、生长环境与分布】生于海拔 150 ~ 3000 米的杂木林下、林缘、路旁、沟边及溪边草丛中。湖北省十堰市茅箭区大坪村、小川村有分布。

【药用部位】果实或全草。

【采集加工】夏末秋初采收，鲜用或晒干。

【性味】味苦、辛，性平。

【功能主治】主治虫积腹痛，泄泻，疮疡溃烂，阴痒带下，风湿疹。

【成分】窃衣的挥发性成分中含 α – 侧柏烯、窃衣醇酮以及多种倍半萜成分。

【用法用量】内服：煎汤，6 ~ 9 克。外用：适量，捣汁涂；或煎水洗。

210. 旱芹 *Apium graveolens* L.

【形态特征】一年生或二年生草本，有强烈香气。茎圆柱形，高达 0.7 ~ 1 米，上部分枝，有纵棱及节。根出叶丛生，单数羽状复叶，倒卵形至矩圆形，具柄，柄长 36 ~ 45 厘米，小叶 2 ~ 3 对，基部小叶柄最长，越向上越短，小叶长、宽均约 5 厘米，3 裂，裂片三角状圆形或五角状圆形，尖端有时再 3 裂，边缘有粗齿；茎生叶为全裂的 3 小叶。复伞形花序侧生或顶生；无总苞及小总苞；伞辐 7 ~ 16；花小，两性，萼齿不明显；花瓣 5，白色，广卵形，先端内曲；雄蕊 5，花药小，卵形；雌蕊 1，子房下位，2 室，花柱 2，浅裂。双悬果近圆形至椭圆形，分果椭圆形，长约 1.2 毫米，具 5 条明显的肋线，肋槽内含有 1 个油槽，二分果联合面近平坦，也有 2 个油槽，分果有种子 1 颗。花期 4 月，果期 6 月。

【产地、生长环境与分布】产于湖北省十堰市茅箭区。

【药用部位】带根全草。

【采集加工】4—7 月采收，多鲜用。

【性味】味甘、辛、微苦，性凉。

【功能主治】平肝清热，祛风利湿。

【成分】茎叶含芹菜苷、佛手柑内酯、挥发油、有机酸、胡萝卜素、维生素 C、糖类等。

【用法用量】内服：煎汤，9～15克（鲜品30～60克）；或绞汁；或入丸剂。外用：适量，捣敷；或煎水洗。

211. 水芹 *Oenanthe javanica*（Bl.）DC.

【形态特征】多年生草本，高15～80厘米。全株无毛。茎直立或基部匍匐，节上生根。基生叶叶柄长达10厘米，基部有叶鞘；叶片轮廓三角形或三角状卵形，一至二回羽状分裂，末回裂片卵形或菱状披针形，长2～5厘米，宽1～2厘米，边缘有不整齐的尖齿或圆齿；茎上部叶无柄，叶较小。复伞形花序顶生；花序梗长达16厘米；无总苞；伞辐6～16，长1～3厘米；小总苞片2～8，线形；小伞形花序有花10～25；萼齿线状披针形；花瓣白色，倒卵形；花柱基圆锥形，花柱直立或叉形，每棱槽内有油管1，合生面有油管2。花期6—7月，果期8—9月。

【产地、生长环境与分布】产于湖北省十堰市茅箭区，喜生于低湿洼地或水沟中。

【药用部位】全草。

【采集加工】9—10月采割地上部分，晒干。

【性味】味甘，性凉。

【功能主治】清热，利水；主治暴热烦渴，黄疸，水肿，带下，瘰疬，痄腮。

【成分】翅叶含缬氨酸、丙氨酸、异亮氨酸等。

【用法用量】内服：煎汤，1～2两；或捣汁。外用：适量，捣敷。

212. 芫荽 *Coriandrum sativum* L.

【形态特征】一年生草本，高20～60厘米，全株光滑无毛，有强烈香气。根细长，圆锥形。茎直立，有条纹。基生叶一至二回羽状全裂，裂片广卵形或楔形，边缘深裂或具缺刻，叶柄长3～15厘米；茎生叶互生，二至三回羽状细裂，最终裂片线形，全缘。复伞形花序顶生；无总苞；伞幅2～8；小总苞片线形；伞梗4～10；花小，萼齿5，不相等；花瓣5，白色或淡红色，倒卵形，在小伞形花序外缘的花具辐射瓣。双悬果近球形，光滑，果棱稍突起。花期4—7月，果期7—9月。

【产地、生长环境与分布】产于湖北省十堰市茅箭区。芫荽对土壤要求不高，但土壤结构好、保肥保水性能强、有机质含量高的土壤有利于其生长。

【药用部位】茎梗。

【采集加工】鲜用或洗净，晒干，切碎用。

【性味】味辛，性温。

【功能主治】发表透疹，健胃；主治麻疹不透，感冒无汗。

【成分】本品含挥发油，油中主要成分为芳樟醇、对伞花烃、α－蒎烯、β－蒎烯、α－萜品烯、γ－萜品烯、龙脑、水芹烯、莰烯、脂肪油、岩芹酸等。

【用法用量】内服：煮食，30～300克；或捣汁服，20～100毫升。外用：适量，煎水洗；或捣敷。

六十七、杜鹃花科

213. 杜鹃 *Rhododendron simsii* Planch.

【形态特征】落叶灌木，高2～5米；分枝多而纤细，密被亮棕褐色扁平糙伏毛。叶革质，常集生于枝端，卵形、椭圆状卵形、倒卵形或倒卵形至倒披针形，长 1.5～5 厘米，宽 0.5～3 厘米，先端短渐尖，基部楔形或宽楔形，边缘微反卷，具细齿，上面深绿色，疏被糙伏毛，下面淡白色，密被褐色糙伏毛，中脉在上面凹陷，下面凸出；叶柄长 2～6 毫米，密被亮棕褐色扁平糙伏毛。花芽卵球形，鳞片外面中部以上被糙伏毛，边缘具毛。花 2～3（6）朵簇生于枝顶；花梗长 8 毫米，密被亮棕褐色糙伏毛；花萼 5 深裂，裂片三角状长卵形，长 5 毫米，被糙伏毛，边缘具毛；花冠阔漏斗形，玫瑰色、鲜红色或暗红色，长 3.5～4 厘米，宽 1.5～2 厘米，裂片 5，倒卵形，长 2.5～3 厘米，上部裂片具深红色斑点；雄蕊 10，长约与花冠相等，花丝线状，中部以下被微柔毛；子房卵球形，10 室，密被亮棕褐色糙伏毛，花柱伸出花冠外，无毛。蒴果卵球形，长达 1 厘米，密被糙伏毛；花萼宿存。花期 4—5 月，果期 6—8 月。

【产地、生长环境与分布】产于湖北省十堰市茅箭区南部山区，生于海拔 500～1200 米的山地疏灌丛或松林下。

【药用部位】根、叶及花。

【采集加工】春末采花，夏季采叶，秋、冬季采根，鲜用或晒干备用。

【性味】味酸、涩，性温。

【功能主治】祛风湿，活血祛瘀，止血。

【成分】花含花色苷类和黄酮苷类。

【用法用量】外用：适量，研末；或鲜品捣烂敷患处。

六十八、柿科

214. 柿 *Diospyros kaki* Thunb.

【形态特征】落叶大乔木，通常高 10 米以上，胸高直径达 65 厘米，高龄老树有高达 27 米的。枝开展，带绿色至褐色，无毛，散生纵裂的长圆形或狭长圆形皮孔。叶纸质，卵状椭圆形至倒卵形或近圆形，老叶上面有光泽，深绿色，无毛，下面绿色，有柔毛或无毛，叶柄长 8 ～ 20 毫米，上面有浅槽。花序腋生，为聚伞花序；花冠淡黄白色或黄白色而带紫红色，花冠管近四棱形，直径 6 ～ 10 毫米，裂片阔卵形；花梗长 6 ～ 20 毫米，密生短柔毛。果形种种，嫩时绿色，后变黄色、橙黄色，果肉较脆硬，老熟时果肉变成柔软多汁，呈橙红色或大红色等，有种子数颗；种子褐色，椭圆状，长约 2 厘米，宽约 1 厘米，侧扁，在栽培品种中通常无种子或有少数种子；宿存萼在花后增大增厚，宽 3 ～ 4 厘米，4 裂，方形或近圆形，近扁平，厚革质或干时近木质，外面有伏柔毛，后变无毛，里面密被棕色绢毛，裂片革质，宽 1.5 ～ 2 厘米，长 1 ～ 1.5 厘米，两面无毛，有光泽；果柄粗壮，长 6 ～ 12 毫米。花期 5—6 月，果期 9—10 月。

【产地、生长环境与分布】产于湖北省十堰市茅箭区，多为栽培种。

【药用部位】果实。

【采集加工】霜降至立冬采摘果实，经脱涩红熟后，食用。

【性味】味甘，性寒。

【功能主治】润肺生津，降压止血。

【成分】本品含黄酮苷、鞣质、酚类、树脂等。

【用法用量】内服：适量，煎汤；或烧炭研末；或在未成熟时，捣汁冲服。

六十九、安息香科

215. 野茉莉 *Styrax japonicus* Sieb. et Zucc.

【形态特征】灌木或小乔木，高 4 ～ 8 米，少数高达 10 米，树皮暗褐色或灰褐色，平滑；总状花序顶生，有花 5 ～ 8 朵，长 5 ～ 8 厘米；有时下部的花生于叶腋；花序梗无毛；花白色，长 2 ～ 2.8 厘米，花梗纤细，开花时下垂，长 2.5 ～ 3.5 厘米，无毛；小苞片线形或线状披针形，长 4 ～ 5 毫米，无毛，易脱落；花萼漏斗状，膜质，高 4 ～ 5 毫米，宽 3 ～ 5 毫米，无毛，萼齿短而不规则；花冠裂片卵形、倒卵形或椭圆形，长 1.6 ～ 2.5 毫米，宽 5 ～ 7 毫米，两面均被细柔毛，花蕾时作覆瓦状排列，花冠管长 3 ～ 5 毫米；花丝扁平，下部连合成管，上部分离，分离部分的下部被白色长柔毛，上部无毛，花药长圆形，边缘被毛，长约 5 毫米。果实卵形，长 8 ～ 14 毫米，直径 8 ～ 10 毫米，顶端具短尖头，外面密被灰色茸毛，有不规则皱纹；种子褐色，有深皱纹。花期 4—7 月，果期 9—11 月。

【产地、生长环境与分布】产于湖北省十堰市茅箭区南部山区，生于海拔 400 ～ 1800 米的林中，属阳性树种，生长迅速，喜生于酸性、疏松肥沃、土层较深厚的土壤中。

【药用部位】花、虫瘿内白粉、叶、果实。

【采集加工】叶：春、夏季采收。果实：夏、秋季果熟期采摘，鲜用或晒干。

【性味】味辛，性温。

【功能主治】祛风除湿；主治风湿痹痛。

【用法用量】外用：虫瘿内白粉、花、叶及果实共研末，烧烟熏患处。

七十、山矾科

216. 白檀 *Symplocos paniculata*（Thunb.）Miq.

【形态特征】落叶灌木或小乔木。嫩枝有灰白色柔毛，老枝无毛。叶互生；叶柄长 3 ～ 5 毫米；叶片膜质或薄纸质，阔倒卵形、椭圆状倒卵形或卵形，长 3 ～ 11 厘米，宽 2 ～ 4 厘米，先端急尖或渐尖，基部阔楔形或近圆形，边缘有细尖锯齿，叶面无毛或有柔毛，叶背通常有柔毛或仅脉上有柔毛；中脉在叶面凹下，侧脉在叶面平坦或微突起，每边 4 ～ 8 条。圆锥花序长 5 ～ 8 厘米，通常有柔毛；苞片通常条形，有褐色腺点，早落；花萼长 2 ～ 3 毫米，萼筒褐色，无毛或有疏柔毛，裂片半圆形或卵形，稍长于萼筒，淡黄色，有纵脉纹，边缘有毛；花冠白色，长 4 ～ 5 毫米，5 深裂几达基部；雄蕊 40 ～ 60；子房 2 室，花盘具 5 个凸起的腺点。核果熟时蓝色，卵状球形，稍扁斜，长 5 ～ 8 毫米，先端宿萼裂片直立。

花期 5 月，果期 7 月。

【产地、生长环境与分布】产于湖北省十堰市茅箭区，具有耐干旱瘠薄、根系发达、萌发力强、易繁殖等优点。

【药用部位】全株。

【采集加工】9—12 月挖根，4—6 月采叶，5—7 月花果期采收花或种子，晒干。

【性味】味苦，性微寒。

【功能主治】清热解毒，调气散结，祛风止痒。

【成分】本品含挥发油，根部心材含油最多可达 10%。油中 α‑檀香萜醇及 β‑檀香萜醇含量为 90% 以上，还含芥子醛、香草醛等。

【用法用量】内服：煎汤，9～24 克，单用根可至 30～45 克。外用：适量，煎水洗；或研末调敷。

七十一、木犀科

217. 连翘 *Forsythia suspensa*（Thunb.）Vahl

【形态特征】多年生草本，高 0.3～0.7 米。茎单一，直立或上升，通常不分枝，有时上部分枝，圆柱形，无毛，无腺点。叶无柄，叶片长椭圆形至长卵形，长 1.5～5 厘米，宽 0.8～1.3 厘米，先端钝。花序顶生，多花，伞房状聚伞花序，常具腋生花枝；苞片和小苞片与叶同型，长达 0.5 厘米。花直径 1.5 厘米，近平展；花梗长 1.5～3 毫米。萼片卵状披针形，长约 2.5 毫米，宽不及 1 毫米，先端锐尖，全缘，边缘及全面具黑色腺点。花瓣黄色，倒卵状长圆形，长约 7 毫米，宽 2.5 毫米，上半部有黑色腺点。雄蕊 3 束，宿存，每束有雄蕊 8～10 枚，花药具黑色腺点。子房卵珠形，长约 3 毫米，宽 1 毫米；花柱 3，自基部离生，与子房等长。蒴果卵珠形，长约 10 毫米，宽 4 毫米，具纵向条纹。种子绿褐色，圆柱形，长约 0.7 毫米，两侧具龙骨状突起，无顶生附属物，表面有细蜂窝纹。花期 7—8 月，果期 8—9 月。

【产地、生长环境与分布】产于湖北省十堰市茅箭区，生于山坡、路边、草丛中或山野较湿润处。

【药用部位】果实。

【采集加工】夏、秋季采收，鲜用或晒干。

【性味】味苦，性平。

【功能主治】清热解毒，消痈散结，疏散风热。

【用法用量】内服：煎汤，10～30克。外用：鲜品适量，捣敷；或研末敷。

218. 木犀 *Osmanthus fragrans*（Thunb.）Lour.

【形态特征】常绿乔木或灌木，高3～5米，最高可达18米；树皮灰褐色。小枝黄褐色，无毛。叶片革质，椭圆形、长椭圆形或椭圆状披针形，长7～14.5厘米，宽2.6～4.5厘米，先端渐尖，基部渐狭呈楔形或宽楔形，全缘或通常上半部具细锯齿，两面无毛，腺点在两面连成小水泡状突起，中脉在上面凹入，下面突起，侧脉6～8对，多达10对，在上面凹入，下面突起；叶柄长0.8～1.2厘米，最长可达15厘米，无毛。聚伞花序簇生于叶腋，或近帚状，每腋内有花多朵；苞片宽卵形，质厚，长2～4毫米，具小尖头，无毛；花梗细弱，长4～10毫米，无毛；花极芳香；花萼长约1毫米，裂片稍不整齐；花冠黄白色、淡黄色、黄色或橘红色，长3～4毫米，花冠管仅长0.5～1毫米；雄蕊着生于花冠管中部，花丝极短，长约0.5毫米，花药长约1毫米，药隔在花药先端稍延伸呈不明显的小尖头；雌蕊长约1.5毫米，花柱长约0.5毫米。果歪斜，椭圆形，长1～1.5厘米，呈紫黑色。花期9月至10月上旬，果期翌年3月。

【产地、生长环境与分布】湖北省十堰市茅箭区南部山区有分布，全国各地多有栽培。

【药用部位】果实。

【采集加工】4—5月果实成熟时采收，用温水浸泡后，晾晒成干品。

【性味】味甘、辛，性温。

【功能主治】温中行气止痛；主治胃寒疼痛，肝胃气痛。

【成分】本品每100克含水分63克、蛋白质0.6克、脂肪0.1克、糖类8克。

【用法用量】内服：煎汤，5～10克。

219. 女贞 *Ligustrum lucidum* Ait.

【形态特征】常绿大灌木或小乔木，高达 10 米。树皮灰色至浅灰褐色，枝条光滑，具皮孔。叶对生，叶柄长 1～2 厘米，上面有槽；叶片革质，卵形至卵状披针形，先端渐尖至锐尖，基部阔楔形，全缘，上面深绿色，有光泽，下面淡绿色，密布细小的透明腺点，主脉明显。圆锥花序顶生，长 10～15 厘米，直径 8～17 厘米；总花梗长约 4 厘米，或无；小花梗极短或几无；花萼钟状，长约 1.5 毫米，4 浅裂；花冠管约与裂片等长，裂片 4，长方卵形，长约 2 毫米，白色；雄蕊 2，着生于花冠管喉部，花丝细，伸出花冠外；雌蕊 1，子房上位，球形，2 室，花柱圆柱状，柱头浅 2 裂。浆果状核果，长椭圆形，长 6～12 毫米，幼时绿色，熟时蓝黑色。种子 1～2 颗，长椭圆形。花期 6—7 月，果期 8—12 月。

【产地、生长环境与分布】产于湖北省十堰市茅箭区，生于山野，多栽植于庭园。喜温暖湿润气候，喜光耐阴，不耐寒。

【药用部位】果实。

【采集加工】冬季果实成熟时采摘，除去枝叶晒干，或将果实略熏后，晒干；或置热水中烫过后晒干。

【性味】味甘、苦，性平。

【功能主治】滋补肝肾，明目乌发。

【成分】本品含女贞子苷，果实含齐墩果酸、乙酰齐墩果酸、熊果酸等。

【用法用量】内服：煎汤，6～15 克；或入丸剂。外用：适量，敷膏点眼。清虚热宜生用，补肝肾宜熟用。

220. 小叶女贞 *Ligustrum quihoui* Carr.

【形态特征】小灌木，高 2 ～ 3 米；小枝有微短柔毛。叶薄革质，椭圆形至椭圆状矩圆形，或倒卵状矩圆形，长 1.5 ～ 5 厘米，无毛，顶端钝，基部楔形至狭楔形，边缘略向外反卷；叶柄有短柔毛。圆锥花序长 7 ～ 21 厘米，有微短柔毛；花白色，香，无花梗；花冠筒和花冠裂片等长，花药超出花冠裂片。核果宽椭圆形，黑色，长 8 ～ 9 毫米，宽约 5 毫米。

【产地、生长环境与分布】广泛分布于湖北省十堰市茅箭区南部山区。生于石崖上或沟边、路旁、河边灌丛中，海拔 100 ～ 2500 米。分布于山东、河北、河南、山西、陕西、湖北、湖南、江西、四川、贵州、云南等地。

【药用部位】叶。

【采集加工】全年或夏、秋季采收，鲜用或晒干。

【性味】味淡、微苦，性平。归肺、心经。

【功能主治】清热祛暑，解热消肿；主治伤暑发热，风火牙痛，咽喉肿痛，口舌生疮，疮痈肿毒，水火烫伤。

【成分】本品含三萜类化合物。

【用法用量】内服：煎汤，9 ～ 15 克；或代茶饮。外用：适量，捣敷；或绞汁涂；或煎水洗；或研末撒。

221. 迎春花 *Jasminum nudiflorum* Lindl.

【形态特征】落叶灌木，直立或匍匐，高 0.3 ～ 5 米。小枝四棱形，棱上多少具狭翼。叶对生，三出复叶，小枝基部常具单叶；叶轴具狭翼；叶柄长 3 ～ 10 毫米；小叶片卵形、长卵形或椭圆形、狭椭圆形，稀倒卵形，先端锐尖或钝，具短尖头，基部楔形，叶缘反卷；顶生小叶片较大，长 1 ～ 3 厘米，宽 0.3 ～ 1.1 厘米，无柄或基部延伸成短柄，侧生小叶片长 0.6 ～ 2.3 厘米，宽 0.2 ～ 1 厘米，无柄或基部延伸成短柄；单叶为卵形或椭圆形，有时近圆形。花单生于去年生小枝的叶腋，稀生于小枝顶端；苞片小叶状，披针形、卵形或椭圆形；花梗长 2 ～ 3 毫米；花萼绿色，裂片 5 ～ 6 枚，窄披针形，先端锐尖；花冠黄色，直径 2 ～ 2.5 厘米，花冠管长 0.8 ～ 2 厘米，宽 3 ～ 6 毫米，向上渐扩大，裂片 5 ～ 6 枚，长圆形或椭圆形，长 0.8 ～ 1.3

厘米，宽 3 ～ 6 毫米，先端锐尖或圆钝；雄蕊 2，着生于花冠筒内；子房 2 室。花期 4—5 月。

【产地、生长环境与分布】产于湖北省十堰市茅箭区，生于山坡灌丛，各地有栽培。

【药用部位】花。

【采集加工】4—5 月开花时采收，鲜用或晾干。

【性味】味苦、微辛，性平。

【功能主治】清热解毒，活血消肿；主治发热头痛，咽喉肿痛，小便热痛，恶疮肿毒，跌打损伤。

【用法用量】内服：煎汤，10 ～ 15 克；或研末。外用：适量，捣敷；或调麻油搽。

七十二、马钱科

222. 醉鱼草 *Buddleja lindleyana* Fort.

【形态特征】落叶灌木，高 1 ～ 2.5 米。树皮茶褐色，多分枝，小枝四棱形，有窄翅。棱的两面被短白柔毛，老则脱落。单叶对生；具柄，柄上密生茸毛；叶片纸质，卵圆形至长圆状披针形，长 3 ～ 8 厘米，宽 1.5 ～ 3 厘米，先端尖，基部楔形，全缘或具稀疏锯齿；幼叶嫩时两面密被黄色茸毛，老时毛脱落。穗状花序顶生，长 18 ～ 40 厘米，花倾向一侧；花萼管状，4 或 5 浅裂，有鳞片密生；花冠细长管状，微弯曲，紫色，长约 15 毫米，外面具有白色光亮细鳞片，内面具有白色细柔毛，先端 4 裂，裂片卵圆形；雄蕊 4；花丝短，贴生；雌蕊 1，花柱线形，柱头 2 裂，子房上位。蒴果长圆形，长约 5 毫米，有鳞，熟后 2 裂，基部有宿萼。种子细小，褐色。花期 4—7 月，果期 10—11 月。

【产地、生长环境与分布】产于湖北省十堰市茅箭区，生于海拔 200 ～ 2700 米的山地路旁、河边灌丛中或林缘。

【药用部位】茎叶。

【采集加工】夏、秋季采收，切碎，鲜用或晒干。

【性味】味辛、苦，性温；有毒。

【功能主治】祛风解毒，驱虫，化骨鲠；主治疟腮，痈肿，瘰疬，蛔虫病，钩虫病，诸鱼骨鲠。

【成分】叶含醉鱼草苷等多种黄酮类成分。

【用法用量】内服：煎汤，3～5钱。外用：适量，捣烂或研末敷患处。

七十三、夹竹桃科

223. 络石 *Trachelospermum jasminoides*（Lindl.）Lem.

【形态特征】常绿木质藤本，长达10米，具乳汁；茎赤褐色，圆柱形，有皮孔；小枝被黄色柔毛，老时渐无毛。叶革质或近革质，椭圆形至卵状椭圆形或宽倒卵形，顶端锐尖至渐尖或钝。二歧聚伞花序腋生或顶生，花多朵组成圆锥状，与叶等长或较长；花白色，芳香；总花梗长2～5厘米，被柔毛，老时渐无毛；苞片及小苞片狭披针形，长1～2毫米；花萼5深裂，裂片线状披针形，顶部反卷，长2～5毫米，外面被长柔毛及缘毛，内面无毛，基部具10枚鳞片状腺体；花蕾顶端钝；雄蕊着生于花冠筒中部，腹部粘生在柱头上，花药箭状，基部具耳，隐藏在花喉内；花盘环状5裂，与子房等长。蓇葖双生，叉开，无毛，线状披针形，向先端渐尖，长10～20厘米，宽3～10毫米；种子多颗，褐色，线形，长1.5～2厘米，直径约2毫米，顶端具白色绢质种毛；种毛长1.5～3厘米。花期3—7月，果期7—12月。

【产地、生长环境与分布】产于湖北省十堰市茅箭区。

【药用部位】藤茎。

【采集加工】冬季至次年春季割取带叶的藤茎，除去杂质，晒干。

【性味】味苦，性微寒。

【功能主治】祛风活络，利关节，止血，止痛消肿，清热解毒。

【成分】藤茎含络石苷、去甲络石苷、牛蒡苷等，叶含生物碱、黄酮类化合物。

【用法用量】内服：煎汤，2～3钱；或浸酒；或入散剂。外用：适量，研末调敷；或捣汁洗。

224. 蔓长春花 *Vinca major* L.

【形态特征】蔓性半灌木，茎偃卧，花茎直立；除叶缘、叶柄、花萼及花冠喉部有毛外，其余均无毛。叶椭圆形，长2～6厘米，宽1.5～4厘米，先端急尖，基部下延；侧脉约4对；叶柄长1厘米。花单朵腋生；花梗长4～5厘米；花萼裂片狭披针形，长9毫米；花冠蓝色，花冠筒漏斗状，花冠裂片倒卵形，长12毫米，宽7毫米，先端圆形；雄蕊着生于花冠筒中部之下，花丝短而扁平，花药的顶端有毛；子房由2个心皮组成。蓇葖长约5厘米。花期3—5月。

【产地、生长环境与分布】原产于地中海沿岸及美洲、印度等地。喜温暖湿润气候，喜阳光也较耐阴，稍耐寒，喜欢生长在深厚、肥沃、湿润的土壤中。我国江苏、上海、浙江、湖北等地有栽培。

【药用部位】全草。

【采集加工】当年9月下旬至10月上旬采收，选晴天收割地上部分，先切除植株茎部木质化硬茎，再切成长6厘米的小段，晒干。

【性味】味苦，性寒。

【功能主治】解毒抗癌，清热平肝。

【用法用量】内服：煎汤，5～10克；或将提取物制成注射剂静脉注射。外用：适量，捣敷；或研末调敷。

七十四、茜草科

225. 鸡矢藤 *Paederia scandens*（Lour.）Merr.

【形态特征】藤本，基部木质，高2～3米，秃净或稍被微毛。叶对生，有柄；叶片近膜质，卵形、椭圆形、矩圆形至披针形，先端短尖或渐尖，基部浑圆或楔尖，两面均秃净或近秃净；叶间托叶三角形，长2～5毫米，脱落。圆锥花序腋生及顶生，扩展，分枝为蝎尾状的聚伞花序；花白紫色，无柄；花萼狭钟状，长约3毫米；花冠钟状，花筒长7～10毫米，上端5裂，镊合状排列，内面红紫色，被粉状柔毛；雄蕊5，花丝极短，着生于花冠筒内；子房下位，2室，花柱丝状，2枚，基部愈合。浆果球形，直径5～7毫米，成熟时光亮，草黄色。花期秋季。

【产地、生长环境与分布】产于湖北省十堰市茅箭区南部山区，生于溪边、河边、路边、林旁及灌木林中，常攀缘于其他植物或岩石上。

【药用部位】干燥的全草或根。

【采集加工】挖出根后，除去茎苗，洗净泥土，晒干或晾干。

【性味】味甘、涩、微苦，性平。

【功能主治】祛风除湿，消食化积，解毒消肿，活血止痛。

【成分】本品含鸡屎藤苷、鸡屎藤次苷、鸡屎藤苷酸、熊果苷、挥发油等成分。

【用法用量】内服：煎汤，3～5钱，大剂量1～2两；或浸酒。外用：适量，捣敷；或煎水洗。

226. 茜草 *Rubia cordifolia* L.

【形态特征】草质攀缘藤本，通常长1.5～3.5米；根状茎和其节上的须根均红色；茎数至多条，从根状茎的节上发出，细长，方柱形，有4棱，棱上生倒生皮刺，中部以上多分枝。叶通常4片轮生，纸质，披针形或长圆状披针形，长 0.7 ～ 3.5 厘米，顶端渐尖，有时钝尖，基部心形，边缘有齿状皮刺，两面粗糙，脉上有微小皮刺；基出脉 3 条，极少外侧有 1 对很小的基出脉。叶柄长通常 1 ～ 2.5 厘米，有倒生皮刺。聚伞花序腋生和顶生，多回分枝，有花 10 余朵至数十朵，花序和分枝均细瘦，有微小皮刺；花冠淡黄色，干时淡褐色，盛开时花冠檐部直径 3 ～ 3.5 毫米，花冠裂片近卵形，微伸展，长约 1.5 毫米，外面无毛。果球形，直径通常 4 ～ 5 毫米，成熟时橘黄色。花期 8—9 月，果期 10—11 月。

【产地、生长环境与分布】产于东北、华北、西北和四川（北部）及西藏（昌都）等地，湖北省十堰市茅箭区南部山区，大川村、大沟林区、坪子村有分布。

【药用部位】根及根茎。

【采集加工】栽后 2 ～ 3 年，于 11 月挖取根部，晒干。

【性味】味苦，性寒。

【功能主治】凉血止血，活血化瘀。

【成分】根含蒽醌衍生物，如茜草素、羟基茜草素、异茜草素等，还含萘醌衍生物、脂肪酸、β-谷甾醇等。

【用法用量】内服：煎汤，10 ～ 15 克；或入丸、散；或浸酒。

227. 日本蛇根草 *Ophiorrhiza japonica* Bl.

【形态特征】草本，高 20 ～ 40 厘米；茎下部伏地生根，上部直立，近圆柱状，上部干时稍压扁，有两列柔毛。叶片纸质，卵形、椭圆状卵形或披针形，有时狭披针形，通常长 4 ～ 8 厘米，有时可达 10 厘米或稍过之，宽 1 ～ 3 厘米，顶端渐尖或短渐尖，基部楔形或近圆钝，干时上面淡绿色，下面变红色，有时两面变红色，亦有两面变绿黄色，通常两面光滑无毛，有时上面散生短糙毛，下面中脉和侧脉上被柔毛；中脉在上面近平坦，下面压扁，侧脉每边 6 ～ 8 条，纤细，弧状上升，末端近叶缘分枝消失，上面不很明显，下面微突起；叶柄压扁，通常长 1 ～ 2 厘米，有时可达 3 厘米或过之，无毛

或被柔毛；托叶脱落，未见。花序顶生，有花多朵，总
梗通常长 1～2 厘米，多少被柔毛，分枝通常短；雄蕊 5，
着生于冠管中部之下，花丝无毛，长 2～2.5 毫米，花
药线形，长 2.5～3 毫米；花柱长 9～11 毫米，疏被柔毛，
柱头 2 裂，裂片近圆形或阔卵形，长约 1 毫米，不伸出；
蒴果近僧帽状，长 3～4 毫米，宽 7～9 毫米，近无毛。
花期冬、春季，果期春、夏季。

【产地、生长环境与分布】产于湖北省十堰市茅箭
区，生于山坡、常绿阔叶林下的沟谷沃土上。

【药用部位】全草。

【采集加工】夏、秋季采收，鲜用或晒干。

【性味】味淡，性平。

【功能主治】活血散瘀，祛痰，调经，止血。

【用法用量】内服：煎汤，15～30 克。外用：鲜品适量，捣敷患处。

228. 栀子 *Gardenia jasminoides* Ellis

【形态特征】高 0.3～3 米；嫩枝常被短毛，枝圆柱形，灰色。叶对生，少为 3 枚轮生，革质，
稀纸质，叶形多样，通常为长圆状披针形、倒卵状长圆形、倒卵形或椭圆形；叶柄长 0.2～1 厘米；
托叶膜质。花芳香，通常单朵生于枝顶，花梗长 3～5
毫米；萼管倒圆锥形或卵形，长 8～25 毫米，有纵棱，
萼檐管形，膨大，顶部 5～8 裂，通常 6 裂，裂片披
针形或线状披针形，宿存；花冠白色或乳黄色，高脚
碟状，喉部有疏柔毛，冠管狭圆筒形；花丝极短，花
药线形，长 1.5～2.2 厘米，伸出；花柱粗厚，长约 4.5
厘米，柱头纺锤形，伸出，长 1～1.5 厘米，宽 3～7
毫米，子房直径约 3 毫米，黄色，平滑。果卵形、近
球形、椭圆形或长圆形，黄色或橙红色，长 1.5～7 厘
米，直径 1.2～2 厘米，有翅状纵棱 5～9 条，顶部的
宿存萼片长达 4 厘米，宽达 6 毫米；种子多数，扁，
近圆形而稍有棱角，长约 3.5 毫米，宽约 3 毫米。花期
3—7 月，果期 5 月至翌年 2 月。

【产地、生长环境与分布】产于湖北省十堰市茅箭
区，生于海拔 10～1500 米的旷野、丘陵、山谷、山坡、
溪边的灌丛中。

【药用部位】干燥成熟果实。

【采集加工】除去果梗、杂质，及时晒干或烘干。

【性味】味甘、苦，性寒。

【功能主治】清热，泻火，凉血。

【成分】本品含栀子素、藏红花素、熊果酸等。

【用法用量】内服：煎汤，5～10克。

七十五、旋花科

229. 打碗花 *Calystegia hederacea* Wall.

【形态特征】花腋生，花梗长于叶柄，苞片宽卵形；萼片长圆形，顶端钝，具小短尖头，内萼片稍短；花冠淡紫色或淡红色，钟状，冠檐近截形或微裂；雄蕊近等长，花丝基部扩大，贴生于花冠管基部，被小鳞毛；子房无毛，柱头2裂，裂片长圆形，扁平。

【产地、生长环境与分布】产于湖北省十堰市茅箭区。喜冷凉湿润的环境，耐热、耐寒、耐瘠薄，适应性强，对土壤要求不高，以排水良好、向阳、湿润而肥沃疏松的沙壤土栽培最好。土壤过于干燥容易造成根状茎纤维化，土壤湿度过大则易使根状茎腐烂。常见于田间、路旁、荒山、林缘、河边、沙地、草原。

【药用部位】根状茎、花。

【采集加工】根状茎：秋季采挖，洗净，切片，晒干。花：夏、秋季采收，鲜用。

【性味】味甘、淡，性平。

【功能主治】根状茎：健脾益气，利尿，调经，止带；主治脾虚消化不良，月经不调，带下，乳汁稀少。花：止痛；外用治牙痛。

【成分】根状茎含掌叶防己碱等。叶含山柰酚 –3–O– 半乳糖苷。

【用法用量】根状茎：内服，煎汤，1 ～ 2 两。花：外用，适量，捣敷。

230. 番薯 *Ipomoea batatas*（L.）Lam.

【形态特征】多年生蔓状草质藤本，秃净或稍被毛，有乳汁。块根白色、黄色、红色或有紫斑。叶卵形至矩圆状卵形，长 6 ～ 14 厘米，先端渐尖，基部截形至心形，边近全缘，有角或有缺刻，有时指状深裂。聚伞花序，腋生，花数朵生于一粗壮的花序柄上；萼深裂，淡绿色，长约 1 厘米，先端钝，但有小锐尖；花冠漏斗状，长 4 ～ 5 厘米，5 浅裂，紫红色或白色；雄蕊 5；子房 2 室，蒴果通常少见。花期冬季。

【产地、生长环境与分布】产于湖北省十堰市茅箭区。

【药用部位】块根。

【采集加工】9—11 月采挖，切片，晒干。亦可窖藏。

【性味】味甘，性平。归脾、肾经。

【功能主治】补中和血，益气生津，宽肠胃，通便秘。

【成分】根含并没食子酸和 3，5– 二咖啡酰奎宁酸。

【用法用量】内服：适量，生食或煮食。外用：适量，捣敷。

231. 飞蛾藤 *Porana racemosa* Roxb.

【形态特征】多年生攀缘灌木。叶柄短于或与叶片等长，疏被柔毛至无毛。圆锥花序腋生，少花或多花，苞片叶状，无柄或具短柄，抱茎，无毛或疏被柔毛，小苞片钻形；花柄较萼片长，长 3 ～ 6 毫米，无毛或疏被柔毛；萼片相等，线状披针形，长 1.5 ～ 2.5 毫米，通常被柔毛，结果时全部增大，长圆状匙形，钝或先端具短尖头，基部渐狭，长 12 ～ 15（18）毫米，或较短，宽 3 ～ 4 毫米，具 3 条坚硬的纵向脉，疏被柔毛；花冠漏斗形，长约 1 厘米，白色，管部带黄色，无毛，5 裂至中部，裂片开展，长圆形；雄蕊内藏；花丝短于花药，着生于管内不同水平面；子房无毛，花柱 1，全缘，长于子房，柱头棒状，2 裂。蒴果卵形，长 7 ～ 8 毫米，具小短尖头，无毛；种子 1，卵形，长约 6 毫米，暗褐色或黑色，平滑。花期9月。

【产地、生长环境与分布】产于湖北省十堰市茅箭区，生于海拔100～1000米的山沟、灌木林边或路旁荒坡。

【药用部位】全草或根。

【采集加工】夏、秋季采收，除去杂质，切碎，鲜用或晒干。

【性味】味辛，性温。

【功能主治】解表，解毒，行气活血；主治感冒风寒，食滞腹胀，无名肿毒。

【用法用量】内服：煎汤，9～15克。外用：适量，捣敷。

232. 牵牛 *Pharbitis nil*（L.）Choisy

【形态特征】一年生缠绕草本，茎上被倒向的短柔毛及杂有倒向或开展的长硬毛。叶宽卵形或近圆形，深或浅的3裂，偶5裂，长4～15厘米，宽4.5～14厘米，基部圆，心形，中裂片长圆形或卵圆形，渐尖或骤尖，侧裂片较短，三角形，裂口锐或圆，叶面疏或密被微硬的柔毛；叶柄长2～15厘米；萼片近等长，长2～2.5厘米，披针状线形，内面2片稍狭，外面被开展的刚毛，基部更密，有时也杂有短柔毛；花冠漏斗状，长5～8（10）厘米，蓝紫色或紫红色，花冠管色淡；雄蕊及花柱内藏；雄蕊不等长；花丝基部被柔毛；子房无毛，柱头头状。蒴果近球形，直径0.8～1.3厘米，3瓣裂。种子卵状三棱形，长约6毫米，黑褐色或米黄色，被褐色短茸毛。花期7—9月，果期8—10月。

【产地、生长环境与分布】产于湖北省十堰市茅箭区南部山区，生于海拔100～1600米的山坡灌丛、干燥河谷路边、园边宅旁、山地路边，或为栽培。

【药用部位】种子。

【采集加工】秋季种子成熟时采收，根据种子颜色（"黑丑"和"白丑"）分别晒干，除去杂质，用时多粉碎。

【性味】味苦，性寒；有毒。

【功能主治】泻水通便，消痰涤饮，杀虫攻积。

【成分】本品含牵牛子苷、牵牛子酸C、牵牛子酸D、顺芷酸等。

【用法用量】内服：煎汤，3～6克；或研末吞服，每次0.5～1克，每日2～3次。炒用药性较缓。

233. 菟丝子 *Cuscuta chinensis* Lam.

【形态特征】一年生寄生草本。茎缠绕，黄色，纤细，无叶。花序侧生，少花或多花簇生成小伞形或小团伞花序；苞片及小苞片小，鳞片状；花梗稍粗壮；花萼杯状，中部以下连合，裂片三角状；花冠白色，壶形；雄蕊着生于花冠裂片弯缺微下处；鳞片长圆形；子房近球形，花柱2。蒴果球形，几乎全为宿存的花冠所包围。种子2～49，淡褐色，卵形，长约1毫米，表面粗糙。

【产地、生长环境与分布】产于湖北省十堰市茅箭区，生于海拔200～3000米的田边、山坡阳处、路边灌丛或海边沙丘，通常寄生于豆科、菊科、藜科等多种植物上。

【药用部位】种子。

【采集加工】9—10月采收成熟果实，晒干，打出种子，过筛除去杂质，洗净，晒干。

【性味】味辛、甘，性平。

【功能主治】补益肝肾，固精缩尿，安胎，明目，止泻。

【成分】本品含树脂糖苷、维生素A类物质、β-胡萝卜素、γ-胡萝卜素和叶黄素等。

【用法用量】内服：煎汤，3～5钱；或入丸、散。外用：适量，炒研调敷。

七十六、紫草科

234. 盾果草 *Thyrocarpus sampsonii* Hance

【形态特征】茎 1 条至数条，直立或斜升，高 20 ～ 45 厘米，常自下部分枝，有开展的长硬毛和短糙毛。基生叶丛生，有短柄，匙形，长 3.5 ～ 19 厘米，宽 1 ～ 5 厘米，全缘或疏有细锯齿，两面都有具基盘的长硬毛和短糙毛；茎生叶较小，无柄，狭长圆形或倒披针形。花序长 7 ～ 20 厘米；苞片狭卵形至披针形，花生于苞腋或腋外；花梗长 1.5 ～ 3 毫米；花萼长约 3 毫米，裂片狭椭圆形，背面和边缘有开展的长硬毛，腹面稍有短伏毛；花冠淡蓝色或白色，显著比萼长，筒部比檐部短 2.5 倍，檐部直径 5 ～ 6 毫米，裂片近圆形，开展，喉部附属物线形，长约 0.7 毫米，肥厚，有乳头状突起，先端微缺；雄蕊 5，着生于花冠筒中部，花丝长约 0.3 毫米，花药卵状长圆形，长约 0.5 毫米。小坚果 4，长约 2 毫米，黑褐色，碗状突起的外层边缘色较淡，齿长约为碗高的一半，伸直，先端不膨大，内层碗状突起不向里收缩。花果期 5—7 月。

【产地、生长环境与分布】产于湖北省十堰市茅箭区，生于山坡草地、路旁或石砾堆、灌丛中。

【药用部位】全草。

【采集加工】4—6 月采收，鲜用或晒干。

【性味】味苦，性凉。

【功能主治】主治疮疖痈肿，咽喉疼痛，泄泻，痢疾。

【用法用量】内服：煎汤，9 ～ 15 克（鲜品 30 克）。外用：适量，鲜品捣敷。

235. 厚壳树 *Ehretia thyrsiflora*（Sieb. et Zucc.）Nakai

【形态特征】灌木或乔木。叶坚纸质，宽卵形或近圆形，长 6 ～ 16 厘米，宽 4 ～ 10 厘米，先端尖，基部圆，上面被细毛，下面被柔毛，全缘或先端有少数锯齿；叶柄长 1 ～ 2 厘米。聚伞花序顶生，多花，密被柔毛；总花梗长 1 ～ 3 厘米；花冠筒状，长 3 毫米。果实圆球形，直径 5 ～ 7 毫米，通常有 4 颗种子。

【产地、生长环境与分布】产于湖北省十堰市茅箭区，生于海拔 100～1700 米的丘陵、平原疏林、山坡灌丛及山谷密林，为适应性较强的树种。

【药用部位】叶、树枝或心材。

【采集加工】心材：四季均可采伐，除去外皮，截成小节备用。

【性味】叶：味甘、微苦，性平。心材：味甘、咸，性平。树枝：味苦，性平。

【功能主治】叶：清热解暑，去腐生肌；主治感冒，偏头痛。心材：破瘀生新，止痛生肌；主治跌打损伤肿痛，骨折，痈疮红肿。树枝：收敛止血；主治肠炎腹泻。

【用法用量】心材适量，研末，酒调成糊状外敷；树皮 9～15 克，煎汤服。内服：煎汤，3～10 克；或研末冲水。

七十七、马鞭草科

236. 臭牡丹 *Clerodendrum bungei* Steud.

【形态特征】灌木，高 1～2 米。植株有臭味。叶柄、花序轴密被黄褐色或紫色脱落性柔毛。小枝近圆形，皮孔显著。单叶对生；叶柄长 4～17 厘米；叶片纸质，宽卵形或卵形，长 8～20 厘米，宽 5～15 厘米，先端尖或渐尖，基部心形或宽楔形，边缘有粗或细锯齿，背面疏生短柔毛和腺点或无毛，基部脉腋有数个盘状腺体。伞房状聚伞花序顶生，密集，有披针形或卵状披针形的叶状苞片，长约 3 毫米，早落或花时不落；小苞片披针形，长约 1.8 厘米；花萼钟状，宿存，长 2～6 毫米，有短柔毛及少数肋状腺体，萼齿 5 深裂，三角形或狭三角形，长 1～3 毫米；花冠淡红色、红色或紫红色，花冠管长 2～3 厘米，先端 5 深裂，裂片倒卵形，长 5～8 毫米；雄蕊 4，与花柱均伸出于花冠管外；子房 4 室。核果近球形，直径 0.6～1.2 厘米，成熟时蓝紫色。花果期 5—11 月。

【产地、生长环境与分布】产于湖北省十堰市茅箭区，生于海拔 2500 米以下的山坡、林缘、沟谷、路旁、灌丛润湿处。

【药用部位】茎叶和根。

【采集加工】夏季采叶，秋季采根，鲜用或晒干备用。

【性味】味苦、辛，性平。

【功能主治】祛风除湿，解毒散瘀。

【成分】臭牡丹叶和茎含有琥珀酸、茴香酸、香草酸、乳酸镁、硝酸钾和麦芽醇。

【用法用量】内服：煎汤，10～15克（鲜品30～60克）；或捣汁；或入丸剂。外用：适量，煎汤熏洗；或捣敷；或研末调敷。

237. 海州常山 *Clerodendrum trichotomum* Thunb.

【形态特征】落叶灌木或小乔木，高约3米。茎直立，表面灰白色，皮孔细小而多，棕褐色；幼枝带四方形，表面有褐色短柔毛。叶对生，广卵形至椭圆形，长7～15厘米，宽5～9厘米，先端渐尖，基部阔楔形至截形，全缘或有波状齿；上面绿色，下面淡绿色，叶脉羽状，侧脉3～5对，幼时两面均被白色短柔毛，老时则上面光滑；具叶柄。聚伞花序，顶生或腋生；具长柄；花多数，有气味；花萼带赤色，下部合生，中部膨大，上部5深裂，裂片卵形至卵状长椭圆形；花冠白色或粉红色，下部合生成细管，先端5裂，裂片长椭圆形；雄蕊4，花丝伸出；子房为不完全的4室，花柱伸出，柱头分叉。核果，外围宿萼，果皮呈蓝色而多浆汁。

【产地、生长环境与分布】产于湖北省十堰市茅箭区，生于路边、山谷、山地、溪边。

【药用部位】嫩枝及叶。

【采集加工】拣去杂草，用清水略浸，润透，切成1厘米长的小段，晒干，生用。

【性味】味辛、苦、甘，性凉。

【功能主治】祛风湿，降血压。

【用法用量】内服：煎汤，3～5钱（鲜品1～2两）；或浸酒；或入丸、散。外用：适量，煎水洗；或研末调敷；或捣敷。

238. 狐臭柴 *Premna puberula* Pamp.

【形态特征】直立或攀缘灌木至小乔木，高 1 ～ 3.5 米。叶片纸质至坚纸质，卵状椭圆形、卵形或长圆状椭圆形，通常全缘或上半部有波状深齿、锯齿或深裂，长 2.5 ～ 11 厘米，宽 1.5 ～ 5.5 厘米，顶端急尖至尾状尖，基部楔形、阔楔形或近圆形，很少微呈心形，绿色，干时带褐色，两面近无毛至疏生短柔毛，无腺点，侧脉在叶背面较表面显著隆起，细脉极细，在叶表面有时下陷，微显现，在叶背面极清晰可见。聚伞花序组成塔形圆锥花序，生于小枝顶端，长 4 ～ 14 厘米，宽 2 ～ 9 厘米；苞片披针形或线形；花有长 1 ～ 1.2 毫米的柄；花萼杯状，长 1.5 ～ 2.5 毫米，外被短柔毛和黄色腺点，顶端 5 浅裂，裂齿三角形，齿缘有纤毛；花冠淡黄色，有紫色或褐色条纹，长 5 ～ 7 毫米，4 裂成二唇形，下唇 3 裂，上唇圆形，顶端微缺，外面密被腺点，喉部有数行较长的毛，花冠管长约 4 毫米；雄蕊二强，着生于花冠管中部以下，伸出花冠外，花丝无毛；子房圆形，无毛，顶端有腺点，花柱短于雄蕊，无毛，柱头 2 浅裂。核果紫色至黑色，倒卵形，有瘤突，果萼长为核果的 1/3。花果期 5—8 月。

【产地、生长环境与分布】产于湖北省十堰市茅箭区，生于海拔 700 ～ 1800 米的山坡、路边丛林中。

【药用部位】根、叶。

【采集加工】夏、秋季采收，鲜用或晒干。

【性味】味辛、微甘，性平。

【功能主治】清湿热，调经，解毒。

【成分】本品含有丰富的果胶、蛋白质和维生素 C 等。

【用法用量】内服：适量，煎汤。

239. 马鞭草 *Verbena officinalis* L.

【形态特征】多年生草本，高 30～120 厘米。茎四方形，近基部可为圆形，节和棱上有硬毛。叶片卵圆形至倒卵形或长圆状披针形，长 2～8 厘米，宽 1～5 厘米，基生叶的边缘通常有粗锯齿和缺刻，茎生叶多数 3 深裂，裂片边缘有不整齐锯齿，两面均有硬毛，背面脉上尤多。穗状花序顶生和腋生，细弱，花小，无柄，最初密集，结果时疏离；苞片稍短于花萼，具硬毛；花萼长约 2 毫米，有硬毛，有 5 脉，脉间凹穴处质薄而色淡；花冠淡紫色至蓝色，长 4～8 毫米，外面有微毛，裂片 5；雄蕊 4，着生于花冠管的中部，花丝短；子房无毛。果长圆形，长约 2 毫米，外果皮薄，成熟时 4 瓣裂。花期 6—8 月，果期 7—10 月。

【产地、生长环境与分布】产于湖北省十堰市茅箭区，喜干燥、阳光充足的环境。

【药用部位】全草。

【采集加工】野生品夏季采收。栽培品每年可采全草 2～3 次，洗净，切段，晒干。

【性味】味苦，性寒。

【功能主治】清热解毒，活血散瘀，利水消肿。

【成分】全草含马鞭草苷、鞣质、挥发油，根和茎中含水苏糖，叶中含腺苷和 β - 胡萝卜素。

【用法用量】内服：煎汤，0.5～1 两；或鲜品 1～2 两捣汁；或入丸、散。外用：适量，捣敷；或煎水洗。

240. 蔓荆 *Vitex trifolia* L.

【别名】蔓荆实、荆子、蔓青子。

【形态特征】落叶灌木，稀小乔木，高 1.5～5 米，有香味；小枝四棱形，密生细柔毛。通常三出复叶，有时在侧枝上可有单叶，叶柄长 1～3 厘米；小叶片卵形、倒卵形或倒卵状长圆形，长 2.5～9 厘米，宽 1～3 厘米，顶端钝或短尖，基部楔形，全缘，表面绿色，无毛或微被柔毛，背面密被灰白色茸毛，侧脉约 8 对，两面稍隆起，小叶无柄或有时中间小叶基部下延成短柄。

【产地、生长环境与分布】产于湖北省十堰市茅箭区南部山区。蔓荆多野生于海滨、湖泽、江河的沙滩荒洲上，适应性较强，有防风固沙的作用，对环境要求不高。

【药用部位】叶和果实。

【采集加工】种子繁殖的栽培后 3～4 年结果，扦插繁殖的栽培后 2～3 年结果，在 7 月上旬至 10

月下旬果实陆续成熟，应边成熟边采摘，先在室内堆放 3 ～ 4 天，然后摊开晒干或烘干，筛去枝梗，扬净杂质。

【性味】味辛、苦，性微寒。

【功能主治】疏散风热，清利头目。

【成分】单叶蔓荆果实和叶含挥发油，主要成分为莰烯和蒎烯，并含有微量生物碱和维生素 A；果实中尚含牡荆子黄酮，即紫花牡荆素。

【用法用量】内服：煎汤，5 ～ 9 克。

七十八、唇形科

241. 薄荷 *Mentha haplocalyx* Briq.

【形态特征】多年生芳香草本，茎直立，高 30 ～ 80 厘米。具匍匐的根茎，深入土壤可至 13 厘米，质脆，容易折断。茎锐四棱形，多分枝，四侧无毛或略具倒生的柔毛，角隅及近节处毛较显著。单叶对生；叶柄长 2 ～ 15 毫米；叶形变化较大，披针形、卵状披针形、长圆状披针形至椭圆形，长 2 ～ 7 厘米，宽 1 ～ 3 厘米，先端锐尖或渐尖，基部楔形至近圆形，上面深绿色，下面淡绿色，两面具柔毛及黄色腺鳞，以下面分布较密。轮伞花序腋生；总梗上有小苞片数枚，线状披针形，长在 2 毫米以下，具缘毛；花柄纤细，长 2.5 毫米，略被柔毛或近无毛；花冠淡紫色至白色，冠檐 4 裂，上裂片先端 2 裂，较大，其余 3 片近等大，花冠喉内部微被柔毛。

【产地、生长环境与分布】产于湖北省十堰市茅箭区南部山区，生于沟旁、路边及山野湿地，海拔可高达 3500 米。

【药用部位】地上干燥部分。

【采集加工】拣净杂质，除去残根，先将叶抖下另放，然后将茎喷洒清水，润透后切段，晒干，再与叶和匀。

【性味】味辛，性凉。

【功能主治】散风热，清头目，利咽喉，透疹，解郁。

【成分】本品主要成分是左旋薄荷醇，含量为 62.3% ～ 87.2%，还含左旋薄荷酮、异薄荷酮、谷氨酸等。

【用法用量】内服：煎汤，3 ～ 6 克，不可久煎，宜作后下；或入丸、散。外用：适量，煎水洗；或捣汁涂敷。

242. 地笋 *Lycopus lucidus* Turcz.

【形态特征】多年生草本，高可达 1.7 米。具多节的圆柱状地下横走根茎，其节上有鳞片和须根。茎直立，不分枝，四棱形，节上多呈紫红色，无毛或在节上有毛丛。叶交互对生，具极短柄或无柄；茎下部叶多脱落，上部叶椭圆形、狭长圆形或披针形，长 5 ～ 10 厘米，宽 1.5 ～ 4 厘米，先端渐尖，基部渐狭呈楔形，边缘具不整齐的粗锐锯齿，表面暗绿色，无毛，略有光泽，下面具凹陷的腺点，无毛或脉上疏生白色柔毛。轮伞花序多花，腋生；小苞片卵状披针形，先端刺尖，较花萼短或近等长，被柔毛；花萼钟形，长约 4 毫米，两面无毛，4 ～ 6 裂，裂片狭三角形，先端芒刺状；花冠钟形，白色，长 4.5 ～ 5 毫米，外面无毛，有黄色发亮的腺点，上、下唇近等长，上唇先端微凹，下唇 3 裂，中裂片较大，近圆形，2 侧裂片稍短小；前对能育雄蕊 2 枚，超出花冠，药室略叉开，后对雄蕊退化，仅花丝残存或有时全部消失，有时 4 枚雄蕊全部退化，仅有花丝、花药的残痕；子房长圆形，4

深裂，着生于花盘上，花柱伸出花冠外，无毛，柱头2裂不均等，扁平。小坚果扁平，倒卵状三棱形，长1～1.5毫米，暗褐色。花期6—9月，果期8—10月。

【产地、生长环境与分布】产于湖北省十堰市茅箭区，喜温暖湿润气候，6—7月高温多雨季节生长旺盛。耐寒，不怕水涝，喜肥，在土壤肥沃地区生长茂盛，选向阳、土层深厚、富含腐殖质的壤土或沙壤土栽培为宜，不宜在干燥、贫瘠和无灌溉条件下栽培。

【药用部位】根茎。

【采集加工】秋季采挖，除去地上部分，洗净，晒干。

【性味】味甘、辛，性平。

【功能主治】化瘀止血，益气利水；主治衄血，吐血，产后腹痛，黄疸，水肿，带下，气虚乏力。

【成分】本品含有丰富的淀粉、蛋白质、矿物质，还含有泽兰糖、葡萄糖、半乳糖、蔗糖、水苏糖等，可为人体提供丰富的能量。

【用法用量】内服：煎汤，4～9克；或浸酒。外用：适量，捣敷；或浸酒涂。

243. 风轮菜 *Clinopodium chinense*（Benth.）O. Ktze.

【形态特征】多年生草本，高可达1米。茎基部匍匐生根，上部上升，多分枝，四棱形，密被短柔毛及腺毛；叶对生，叶柄长3～8毫米，被柔毛；叶片卵圆形，长2～4厘米，宽1.3～2.6厘米，先端尖或钝，基部楔形，边缘具锯齿，上面密被短硬毛，下面疏被柔毛。轮伞花序多花密集，常偏向一侧，呈半球形；苞片针状，被柔毛状缘毛及柔毛；花萼狭管状，紫红色，长约6毫米，外面被柔毛及具腺柔毛，上唇3齿，先端具硬尖，下唇2齿，齿稍长，先端具芒尖；花冠紫红色，长约9毫米，外面微被柔毛，内面喉部具茸毛，上唇先端微缺，下唇3裂，中裂片稍大；雄蕊4，前对较长，花药2室；子房4裂，花柱着生于子房底，柱头2裂。小坚果4，倒卵形，黄褐色。花期6—8月，果期7—9月。

【产地、生长环境与分布】产于湖北省十堰市茅箭区，生于海拔1000米以下的山坡、草丛、路边、灌丛或林下。

【药用部位】全草。

【采集加工】夏、秋季采收，洗净，切段，鲜用或晒干。

【性味】味辛、苦，性凉。

【功能主治】疏风清热，解毒消肿，止血。

【成分】全草含三萜皂苷及黄酮类等成分。

【用法用量】内服：煎汤，10 ～ 15 克；或捣汁。外用：适量，捣敷；或煎水洗。

244. 细风轮菜 *Clinopodium gracile*（Benth.）Matsum.

【形态特征】纤细草本。茎多数，自匍匐茎生出，柔弱，上升，不分枝或基部具分枝，高 8 ～ 30 厘米，直径约 1.5 毫米，四棱形，具槽，被倒向的短柔毛。轮伞花序分离，或密集于茎端成短总状花序，疏花；苞片针状，远较花梗短；花梗长 1 ～ 3 毫米，微被柔毛。花冠白色至紫红色，比花萼长，外面微被柔毛，内面在喉部被微柔毛，冠筒向上渐扩大，冠檐二唇形，上唇直伸，先端微缺，下唇 3 裂，中裂片较大。雄蕊 4，前对能育，与上唇等齐，花药 2 室，室略叉开。花柱先端略增粗，2 浅裂，前裂片扁平，披针形，后裂片消失。花盘平顶。子房无毛。小坚果卵球形，褐色，光滑。花期 6—8 月，果期 8—10 月。

【产地、生长环境与分布】产于湖北省十堰市茅箭区南部山区，生于路边、沟边、空旷草地、林缘、灌丛中。

【药用部位】全草。

【采集加工】6—8 月采收全草，鲜用或晒干。

【性味】味辛、苦，性凉。

【功能主治】主治感冒头痛，中暑腹痛，痢疾。

【成分】种子含大量脂肪油，油中含大量不饱和脂肪酸。此外，种子还含 18 种氨基酸和 18 种矿物质。

【用法用量】内服：煎汤，0.5 ～ 2 两。外用：适量，捣敷患处。

245. 韩信草 *Scutellaria indica* L.

【形态特征】多年生草本，全体被毛，高 10 ～ 37 厘米。叶对生；叶柄长 5 ～ 15 毫米；叶片草质至坚纸质，心状卵圆形至椭圆形，长 1.5 ～ 3 厘米，宽 1.2 ～ 3.2 厘米，先端钝或圆，两面密生细毛。花轮有花 2 朵，集成偏侧的顶生总状花序；苞片卵圆形，两面都有短柔毛；小梗基部有 1 对刚毛状小苞片；花萼钟状，长 2 毫米，外面被黏柔毛，具 2 唇，全缘，萼筒背生 1 囊状盾鳞；花冠蓝紫色，二唇形，长约 19 毫米，外面被腺体和短柔毛，上唇先端微凹，下唇有 3 裂片，中裂片圆状卵圆形；雄蕊 2 对，不伸出；花柱细长，子房光滑，4 裂。小坚果横生，卵形，有小瘤状突起。花期 4—5 月，果期 6—9 月。

【产地、生长环境与分布】产于湖北省十堰市茅箭区，生于海拔 1500 米以下的山地或丘陵、疏林下，路旁空地及草地上。

【药用部位】全草。

【采集加工】春、夏季采收，洗净，鲜用或晒干。

【性味】味辛、苦，性寒。归心、肝、肺经。

【功能主治】清热解毒，活血止痛，止血消肿。

【成分】根含黄酮类成分，如半枝莲种素、半枝莲素、汉黄芩素等。

【用法用量】内服：煎汤，10 ～ 15 克；或捣汁，鲜品 30 ～ 60 克；或浸酒。外用：适量，捣敷；或煎水洗。

246. 莸状黄芩 *Scutellaria caryopteroides* Hand.—Mazz.

【形态特征】茎较粗壮，高 80 ～ 100 厘米，直立，下部近圆柱形，直径达 4 毫米，上部钝四棱形，密被平展混生腺毛的微柔毛。叶近坚纸质，三角状卵形，茎中部者长达 6 厘米，宽 4 厘米，先端急尖，基部心形至近截形；叶柄长 0.5 ～ 3.5 厘米，茎中部者长达 3 厘米，密被平展具腺微柔毛。花对生，于茎及上部分枝排列成长 6 ～ 15 厘米的总状花序；花梗长 2 ～ 3 毫米，与序轴密被平展具腺的微柔毛；花萼开花时长约 2 毫米，盾片细小，高约 1 毫米。花冠暗紫色，长约 1.6 厘米，外疏被具腺的微柔毛，内面无毛。雄蕊 4，二强；花丝扁平，中部以下被

小纤毛。花盘肥厚，前方稍隆起；子房柄长 0.5 毫米。花柱细长。子房光滑，无毛。成熟小坚果未见。花期 6—7 月，果期 6—8 月。

【产地、生长环境与分布】产于湖北省十堰市茅箭区，生于海拔 800 ～ 1500 米的谷地河岸或向阳坡地上。

【药用部位】根。

【采集加工】春、夏季采收，洗净切片。除去杂质，置沸水中煮 10 分钟，取出，闷透，切薄片，干燥；或蒸半小时，取出，切薄片，干燥（注意避免暴晒）

【性味】味苦，性寒。

【功能主治】泻实火，除湿热，止血，安胎。

【成分】本品含黄酮类化合物，如黄芩苷、黄芩素、汉黄芩苷、汉黄芩素等。

【用法用量】内服：煎汤，1 ～ 3 钱；或入丸、散。外用：适量，煎水洗；或研末撒。

247. 活血丹 *Glechoma longituba*（Nakai）Kupr.

【形态特征】多年生草本，具匍匐茎，上升，逐节生根。茎高 10 ～ 20（30）厘米，四棱形，基部通常呈淡紫红色，几无毛，幼嫩部分疏被长柔毛。叶草质，下部者较小，叶片心形或近肾形，叶柄长为叶片的 1 ～ 2 倍；上部者较大，叶片心形，长 1.8 ～ 2.7 厘米，宽 2 ～ 3 厘米，先端急尖或钝三角形，基部心形，边缘具圆齿或粗锯齿状圆齿，疏被粗伏毛或微柔毛，叶脉不明显，下面常带紫色，疏被柔毛或长硬毛，常仅限于脉上，脉隆起，叶柄长为叶片的 1.5 倍，被长柔毛。

【产地、生长环境与分布】产于湖北省十堰市茅箭区南部山区，生于海拔 50 ～ 1400 米以下的路旁、湿地、田野、林缘、路边、林间草地、溪边河畔或村旁阴湿草丛中。

【药用部位】全草或茎叶。

【采集加工】4—5 月采收全草，鲜用或晒干。

【性味】味苦、辛，性凉。

【功能主治】利湿通淋，清热解毒，散瘀消肿；主治热淋石淋，湿热黄疸，疮痈肿毒，跌打损伤。

【成分】本品含左旋薄荷酮、阿魏酸、胆碱、维生素 C 及水苏糖等。

【用法用量】内服：煎汤，15 ～ 30 克；或浸酒；或捣汁。外用：适量，捣敷；或绞汁涂敷。

248. 藿香 *Agastache rugosa*（Fisch. et Mey.）O. Ktze.

【形态特征】多年生草本。茎直立，高 0.5～1.5 米，四棱形，粗达 8 毫米，上部被极短的细毛，下部无毛，在上部具能育的分枝。叶心状卵形至长圆状披针形，长 4.5～11 厘米，宽 3～6.5 厘米，向上渐小，先端尾状长渐尖，基部心形，稀截形，边缘具粗齿，纸质，上面呈橄榄绿色，近无毛，下面色略淡，被微柔毛及点状腺体；叶柄长 1.5～3.5 厘米。轮伞花序多花，在主茎或侧枝上组成顶生密集的圆筒形穗状花序，穗状花序长 2.5～12 厘米，直径 1.8～2.5 厘米；花序基部的苞叶长不超过 5 毫米，宽 1～2 毫米，披针状线形，长渐尖，苞片形状与之相似，较小，长 2～3 毫米；轮伞花序具短梗，总梗长约 3 毫米，被具腺微柔毛。花柱与雄蕊近等长，丝状，先端相等的 2 裂。花盘厚环状。子房裂片顶部具茸毛。成熟小坚果卵状长圆形，长约 1.8 毫米，宽约 1.1 毫米，腹面具棱，先端具短硬毛，褐色。花期 6—9 月，果期 9—11 月。

【产地、生长环境与分布】产于湖北省十堰市茅箭区南部山区，生于海拔 50～1400 米的山坡、山谷林下、路旁或湿地。喜高温、阳光充足环境，在荫蔽处生长欠佳。

【药用部位】全草。

【采集加工】采收全草，拣去杂质，除去残根及老茎，先将叶摘下另放，茎用水润透，切段，晒干，然后与叶和匀。

【性味】味辛，性温。

【功能主治】芳香化浊，和中止呕，发表解暑。

【成分】全草含芳香挥发油 0.5%，是制作多种中成药的原料。

【用法用量】内服：煎汤，1.5～3 钱；或入丸、散。外用：适量，煎水含漱；或烧存性研末调敷。

249. 筋骨草 *Ajuga ciliata* Bunge

【形态特征】多年生草本，茎高 25～40 厘米。茎四棱形，紫红色或绿紫色，通常无毛。叶对生，具短柄，基部抱茎；叶片卵状椭圆形至狭椭圆形，长 4～7.5 厘米，宽 3.2～4 厘米，先端钝或急尖，基部楔形，下延，两面略被糙伏毛，边缘具不整齐的双重齿。轮伞花序多花，密集成顶生穗状花序；苞片叶状，卵圆形，长 1～1.5 厘米；花萼漏斗状钟形，具 10 脉，萼齿 5，整齐；花冠紫色，具蓝色条纹，筒近基部有一毛环，二唇形，上唇短，直立，2 裂，下唇增大，3 裂；雄蕊 4，二强，伸出；花盘小，环状，前方具一指状腺体；子房无毛。小坚果长圆状三棱形，背部具网状皱纹，果脐大，几占整个腹面。花期 4—8 月，果期 7—9 月。

【产地、生长环境与分布】产于湖北省十堰市茅箭区，生于海拔 340 ～ 1800 米的草地、林下或山谷溪旁。

【药用部位】全草。

【采集加工】全年均可采收，除去杂质，洗净，切段，干燥。

【性味】味苦，性寒。

【功能主治】清热解毒，止咳祛痰，养筋和血。

【成分】本品含蜕皮甾酮、杯苋甾酮、筋骨草甾酮 B、筋骨草甾酮 C、筋骨草内酯、筋骨草糖、黄酮苷、皂苷及生物碱等。

【用法用量】内服：煎汤，15 ～ 30 克。外用：适量，捣敷。

250. 裂叶荆芥 *Schizonepeta tenuifolia*（Benth.）Briq.

【别名】荆芥。

【形态特征】多年生植物。茎坚强，基部木质化，多分枝，高 40 ～ 150 厘米，基部近四棱形，上部钝四棱形，具浅槽，被白色短柔毛。叶卵状至三角状心形，长 2.5 ～ 7 厘米，宽 2.1 ～ 4.7 厘米，先端钝至锐尖，基部心形至截形，边缘具粗圆齿或牙齿状齿，草质，上面黄绿色；叶柄长 0.7 ～ 3 厘米，细弱。花序为聚伞状，花序呈二歧状分枝；苞叶叶状，或上部的渐变小而呈披针状，苞片、小苞片钻形，细小。花萼花时管状，长约 6 毫米，直径 1.2 毫米，外被白色短柔毛，内面仅萼齿疏被硬毛，齿锥形，长 1.5 ～ 2 毫米，后齿较长，花后花萼增大成瓮状，纵肋十分清晰。花冠白色，下唇有紫点，外被白色柔毛，内面在喉部被短柔毛，长约 7.5 毫米。雄蕊内藏，花丝扁平，无毛。花柱线形，先端 2 等裂。花盘杯状，裂片明显。

【产地、生长环境与分布】产于湖北省十堰市茅箭区南部山区，生于海拔 50 ～ 1400 米的山坡、山谷林下、路旁或湿地。

【药用部位】茎叶和花穗。

【采集加工】夏、秋季花开时采割，除去杂质，切段，干燥。

【性味】味辛、微苦，性微温。

【功能主治】祛风，解表，透疹，止血。

【成分】本品含挥发油 1.8%，油中主要成分为右旋薄荷酮、消旋薄荷酮，还含少量右旋柠檬烯。

【用法用量】内服：煎汤，1.5～3 钱；或入丸、散。外用：适量，捣敷；或研末调敷，或煎水洗。

251. 石荠苎 *Mosla scabra*（Thunb.）C. Y. Wu et H. W. Li

【形态特征】一年生直立草本，高 20～60 厘米，多分枝。茎方形，被向下的柔毛。叶对生；叶片长椭圆形，略呈紫色，有细毛，长 1.1～4 厘米，宽 0.8～2 厘米，先端急尖或渐尖，基部楔形，叶缘有浅锯齿，两面均有金黄色腺点；叶柄长 3～20 毫米。花轮集成间断的总状花序，顶生；苞片卵状披针形至卵形，较花柄长。先端渐尖，基部无柄，背面和边缘上均有长柔毛；花萼钟形，有脉 10 条，长 1.9～2.5 毫米，外面有长柔毛和金黄色腺点，2 唇，上唇有 3 齿，中间的齿小而短，两侧的齿较长，下唇有 2 齿；花冠淡紫色，长 4.5 毫米，外面被微柔毛。小坚果近圆形，黄褐色，具网状突起的皱纹。花期 9—10 月，果期 10—11 月。

【产地、生长环境与分布】产于湖北省十堰市茅箭区，生于山坡、路旁或灌丛下，海拔50～1150米。

【药用部位】全草。

【采集加工】7—8月采收全草，鲜用或晒干。

【性味】味辛、苦，性凉。

【功能主治】疏风解表，清暑除湿，解毒止痒。

【成分】本品含生物碱、皂苷、鞣质（5%）和挥发油（0.57%～3.5%），挥发油的主要成分为侧柏酮、香桧烯、D-柠檬烯、α-石竹烯、水芹烯等。

【用法用量】内服：煎汤，4.5～15克。外用：适量，煎水洗；或捣敷；或烧存性；或研末调敷。

252. 丹参 *Salvia miltiorrhiza* Bunge

【形态特征】根茎短粗，顶端有时残留茎基。根数条，长圆柱形，略弯曲，有的分枝具须状细根，长10～20厘米，直径0.3～1厘米。表面棕红色或暗棕红色，粗糙，具纵皱纹。老根外皮疏松，多显紫棕色，常呈鳞片状剥落。质硬而脆，断面疏松，有裂隙或略平整而致密，皮部红棕色，木部灰黄色或紫褐色，导管束黄白色，呈放射状排列。气微，味微苦涩。栽培品较粗壮，直径0.5～1.5厘米。表面红棕色，具纵皱纹，外皮紧贴不易剥落。质坚实，断面较平整，略呈角质样。

【产地、生长环境与分布】产于湖北省十堰市茅箭区，生于向阳山坡、草丛、沟边、路旁或林边等地。全国大部分地区有分布。

【药用部位】根。

【采集加工】春栽春播于当年采收；秋栽秋播于第2年10—11月地上部分枯萎或翌年春季萌发前，将全株挖出，除去残茎叶，摊晒。

【性味】味苦，性微寒。

【功能主治】活血化瘀，通经止痛，清心除烦，凉血消痈。

【成分】本品含丹参酮Ⅰ、丹参酮ⅡA、丹参酮ⅡB、隐丹参酮、羟基丹参酮ⅡA、二氢丹参酮、丹参酸甲酯、次甲丹参醌、丹参新醌甲、β-谷甾醇、3，4-二羟基苯甲醛、儿茶素、芸香苷、维生素E等。

【用法用量】内服：煎汤，10～15克。活血化瘀宜酒炙用。

253. 荔枝草 *Salvia plebeia* R. Br.

【形态特征】一年生或二年生直立草本，高15～90厘米。多分枝。主根肥厚，向下直伸，有多数须根。茎方形,被灰白色倒向短柔毛。基生叶丛生,贴伏地面,叶片长椭圆形至披针形,叶面有明显的深皱褶;茎生叶对生,叶柄长 0.4 ～ 1.5 厘米,密被短柔毛;叶片长椭圆形或披针形,长 2 ～ 6 厘米,宽 0.8 ～ 2.5 厘米,先端钝或锐尖,基部楔形渐狭,边缘具小圆齿或钝齿,上面有皱褶,被柔毛,下面密被微柔毛及金黄色小腺点,纸质。轮伞花序有 2 ～ 6 朵花,聚集成顶生及腋生的假总状或圆锥花序,花序轴被开展短柔毛和腺毛;苞片细小,卵形或披针形,略被毛;花萼钟形,长约 3 毫米,外面密被黄褐色腺点。沿脉被开展短柔毛,二唇形,上唇半圆形,先端有 3 小尖头,下唇 2 裂片,为三角形,萼筒长约 2.5 毫米;花冠紫色或淡紫色,长 5 ～ 6 毫米,冠筒直伸,内面基部有毛环,上唇盔状,长圆形,长 1.8 ～ 2.5 毫米,先端微凹,外面被短柔毛,下唇长 1.7 ～ 2 毫米,有 3 裂片,侧裂片半圆形,中裂片大,倒心形,先端浅波状;能育雄蕊 2 枚,花丝长约 1.5 毫米;药隔长 1.5 ～ 2 毫米,伸直或略弯,

上、下臂近等长,2 下药室不育,膨大,互相黏合;花柱与花冠等长,先端不等 2 裂,子房 4 裂,花柱着生于子房底部。小坚果倒卵圆形,直径 0.4 毫米,褐色,光滑,有小腺点。花期 4—5 月,果期 6—7 月。

【产地、生长环境与分布】产于湖北省十堰市茅箭区,生于山坡、路旁、沟边、田野潮湿的土壤中,海拔可至 2800 米。朝鲜、日本、阿富汗、印度、缅甸、泰国、越南、马来西亚至澳大利亚等地区也有分布。

【药用部位】全草。

【采集加工】6—7 月割取地上部分,除去泥土,扎成小把,鲜用或晒干。

【性味】味苦、辛,性凉。

【功能主治】清热解毒,利尿消肿,凉血止血。

【成分】本品含黄酮类化合物,如高车前苷、粗毛豚草素、楔叶泽兰素等,另含酚性物质、挥发油、皂苷、强心苷、不饱和甾醇及多萜类。种子含脂肪油。

【用法用量】内服:煎汤,25 ～ 50 克。外用:适量,鲜品捣敷;或煎水洗。

254. 南川鼠尾草 *Salvia nanchuanensis* Sun

【形态特征】一年生或二年生草本;根肥厚,狭锥形,长 2 ～ 6 (15) 厘米,直径 3 ～ 4 毫米,须根多数,丝状延长。茎直立,高 20 ～ 65 厘米,单生或少数丛生,不分枝,钝四棱形,具沟,密被平展白色长绵毛。轮伞花序 2 ～ 6 花,组成顶生或腋生长 6 ～ 15 厘米的总状花序,植株上部往往组成长达 25 厘米的总状圆锥花序;苞片披针形,长 1 ～ 3 毫米,先端渐尖,基部渐狭,两面略被短柔毛,边缘具缘毛;花梗长

约3毫米，与花序轴被具腺疏柔毛。花冠紫红色，长0.9～3厘米，长筒形，外面疏被柔毛，内面在冠筒中部有稀疏分散的柔毛；能育雄蕊2，略伸出花冠，花丝长约2毫米，药隔长3.5毫米，上臂略长，具能育的药室，两下臂不育，顶端略膨大，并互相连合。花柱伸出，先端不相等2裂，前裂片较长而大。花盘等大。小坚果椭圆形，长2毫米，褐色，无毛。花期7—8月。

【产地、生长环境与分布】产于湖北省十堰市茅箭区，生于海拔1500～1800米的路边旷地、岩坡阴湿处。

【药用部位】花、叶。

【采集加工】夏季采收，洗净，晒干。

【性味】味苦、辛，性平。

【功能主治】清热利湿，活血调经，解毒消肿。

【成分】每克鼠尾草中，含钙5毫克、铁0.3毫克和钾3毫克。

【用法用量】内服：煎汤，15～30克。

255. 夏枯草 *Prunella vulgaris* L.

【形态特征】多年生草本，高13～40厘米。茎直立，常带淡紫色，有细毛。叶对生，卵形或椭圆状披针形，长1.5～5厘米，宽1～2.5厘米，全缘或疏生锯齿。轮伞花序集成穗状，长2～6厘米；苞片肾形，顶端骤尖或尾状尖，外面和边缘有毛；花萼二唇形；花冠紫色，上唇顶端微凹，下唇中间裂片边缘有细条裂。小坚果棕色。花期5—6月，果期7—8月。

【产地、生长环境与分布】产于湖北省十堰市茅箭区南部山区，生于海拔 50 ～ 1400 米的草坪、路旁。

【药用部位】全草。

【采集加工】6 月植株果穗 80% 呈现黄色渐变成棕褐色时，趁晴天可齐蔸割下或将果穗割回晒干收籽。干草及干果穗分别储藏，待价销售。

【性味】味苦、辛，性寒。

【功能主治】清肝明目，散结解毒。

【成分】每 100 克嫩茎叶含水分 81 克、蛋白质 2.5 克、脂肪 0.7 克、糖类 11 克、胡萝卜素 3.76 毫克、维生素 B$_2$ 0.21 毫克、烟酸 1.2 毫克、维生素 C 28 毫克。

【用法用量】内服：煎汤，6 ～ 15 克，大剂量可用至 30 克；或熬膏；或入丸、散。外用：适量，煎水洗；或捣敷。

256. 夏至草 *Lagopsis supina*（Steph.）Ik. —Gal. ex Knorr.

【形态特征】多年生草本，高 15 ～ 35 厘米。茎直立，方柱形，分枝，被倒生细毛。叶对生；有长柄，被细毛；叶片轮廓近圆形，直径 1.5 ～ 2 厘米，掌状 3 深裂，裂片再 2 深裂或有钝裂齿，两面均密生细毛，下面叶脉突起。花轮有花 6 ～ 10 朵，无梗或有短梗，腋生；苞片与萼筒等长，刚毛状，被细毛；花萼钟形，外面被细毛，喉部有短毛，具 5 脉和 5 齿，齿端有尖刺，上唇 3 齿较下唇 2 齿长；花冠白色，钟状，长约 7 毫米，外面被短柔毛，冠筒内面无毛环，上唇较下唇长，直立，长圆形，内面有长柔毛，下唇平展，有 3 裂片；雄蕊 4，二强，不伸出；花柱先端 2 裂，裂片相等，圆形。小坚果褐色，长圆状三棱形。花期 3—4 月，果期 5—6 月。

【产地、生长环境与分布】产于湖北省十堰市茅箭区南部山区，生于海拔 50 ～ 1400 米的低山的水边、路旁、旷地上。

【药用部位】全草。

【采集加工】夏至前盛花期采收，鲜用或晒干。除去杂质、残根及老梗，喷淋洗净，沥干，稍闷，切片，干燥。

【性味】味辛、微苦，性寒。

【功能主治】养血活血，清热利湿；主治月经不调，产后瘀滞腹痛，血虚头昏，半身不遂，跌打损伤，水肿，小便不利，目赤肿痛，疮痈，冻疮，牙痛，皮疹瘙痒。

【成分】本品含三萜类、半日花烷型二萜类、甾体及其皂苷、黄酮及黄酮苷类、生物碱类等。

【用法用量】内服：煎汤，9～12克；或熬膏。

257. 野草香 *Elsholtzia cypriani*（Pavol.）C. Y. Wu et S. Chow

【形态特征】草本，高20～100厘米。茎直立，四棱形，被短柔毛。叶对生；叶柄长2～20毫米，被毛；叶片卵形或长圆状披针形，长2～6.5厘米，宽1～3厘米，先端急尖，基部楔形下延至叶柄，边缘具锯齿，上面被柔毛，下面被柔毛及腺点。轮伞花序多，花密集成假穗状花序，长2.5～10.5厘米；苞片线形，被短柔毛；花萼管状钟形，长约2毫米，外面被柔毛，萼齿5，细小，偏向一侧呈尖嘴状；花冠玫瑰红色，长约2毫米，外面被柔毛，上唇全缘或略凹缺，下唇3裂，中裂片圆形，侧裂片半圆形，全缘；雄蕊4，伸出，前对较长，花丝无毛，花药2室；子房4裂，花柱外露，柱头2浅裂。小坚果长圆状椭圆形，黑褐色，略被毛。花期8—10月，果期9—11月。

【产地、生长环境与分布】产于湖北省十堰市茅箭区，生于海拔400～2900米的田边、路旁、河谷岸边、林中或林边草地。

【药用部位】全草。

【采集加工】夏、秋季采收，鲜用或晒干。

【性味】味辛，性凉。

【功能主治】清热发表，解毒截疟。

【成分】地上部分含挥发油0.81%，油的主要成分为β-去氢香薷酮，相对含量为86.82%，是目前香薷属植物中挥发油含量最高的品种。

【用法用量】内服：煎汤，10～30克。外用：适量，捣汁涂。

258. 紫花香薷 *Elsholtzia argyi* Levl.

【形态特征】草本，高 0.5～1 米。茎四棱形，具槽，紫色，槽内被疏生或密集的白色短柔毛。叶卵形至阔卵形，长 2～6 厘米，宽 1～3 厘米，先端短渐尖，基部圆形至宽楔形，边缘在基部以上具圆齿或圆齿状锯齿，近基部全缘，上面绿色，疏被柔毛，下面淡绿色，沿叶脉被白色短柔毛；叶柄长 0.8～2.5 厘米，具狭翅，腹凹背凸，被白色短柔毛。穗状花序长 2～7 厘米，生于茎、枝顶端，偏向一侧，由具 8 花的轮伞花序组成；花冠紫色，长约 6 毫米，外面被白色柔毛，在上部具腺点，冠筒向上渐宽，至喉部宽达 2 毫米，冠檐二唇形，上唇直立，先端微缺，边缘被长柔毛，下唇稍开展，中裂片长圆形，先端通常具突尖，侧裂片弧形。雄蕊 4，前对较长，伸出，花丝无毛，花药黑紫色。花柱纤细，伸出，先端相等2 浅裂。小坚果长圆形，长约 1 毫米，深棕色，外面具细微疣状突起。

【产地、生长环境与分布】产于湖北省十堰市茅箭区，生于山坡、灌丛中，林下、溪旁及河边草地，海拔 200～1200 米。

【药用部位】带根全草或地上部分。

【采集加工】夏季茎叶茂盛、花盛开时，择晴天采割，除去杂质，晒干。

【性味】味辛，性温。

【功能主治】发汗解表，化湿和中，利水消肿。

【成分】本品含麝香草酚、香荆芥酚、百里香酚、聚伞花素、芹菜素等。

【用法用量】内服：煎汤，1～3 钱。

259. 益母草 *Leonurus japonicus* Houttuyn

【形态特征】一年生或二年生草本，高 0.3～1.8 厘米。茎方形，有倒生白毛。根出叶近圆形，叶缘5～9 浅裂，有长柄；中部叶掌状 3 深裂，侧裂片有 1～2 小裂；花序上的叶线状披针形，全缘或有少数齿，最小裂片宽 3 毫米以上。轮伞花序腋生，有花 8～15，多数远离而组成长穗状花序；小苞片针形，短于萼筒，有细毛；花萼钟形，外有毛，5 齿裂，前 2 齿靠合；花冠淡红色或紫红色，二唇形，冠筒内有毛环，上唇外面有毛，全缘，下唇3裂，中裂片倒心形；雄蕊4，二强，花丝被鳞毛。小坚果长圆状三棱形，平滑。花期6—9月，果期9—10月。

【产地、生长环境与分布】产于湖北省十堰市茅箭区，生于田埂、路旁、溪边或山坡草地，尤以向阳地带为多，生长地海拔可达3000米。

【药用部位】新鲜或干燥地上部分。

【采集加工】春、夏季采收，拣去杂质，洗净，润透，切段，晒干。

【性味】味苦、辛，性微寒。

【功能主治】活血调经，利尿消肿，清热解毒。

【成分】全草含益母草碱、水苏碱、芸香苷、延胡索酸等。

【用法用量】内服：煎汤，10～15克；或熬膏；或入丸、散。外用：适量，煎水洗；或鲜品捣敷。

260. 紫苏 *Perilla frutescens*（L.）Britt.

【形态特征】高60～180厘米，有特异芳香。茎四棱形，紫色、绿紫色或绿色，有长柔毛，以茎节部较密。单叶对生；叶片宽卵形或圆卵形，长7～21厘米，宽4.5～16厘米，基部圆形或广楔形，先端渐尖或尾状尖，边缘具粗锯齿，两面紫色，或面青背紫，或两面绿色，上面疏被柔毛，下面脉上被贴生柔毛；叶柄长2.5～12厘米，密被长柔毛。轮伞花序2花，组成顶生和腋生的假总状花序；每花有1苞片，苞片卵圆形，先端渐尖；花萼钟状，二唇形，具5裂，下部被长柔毛，果时膨大和加长，内面喉部疏被柔毛；花冠紫红色或粉红色至白色，二唇形，上唇微凹，二强；子房4裂，柱头2裂。小坚果近球形，棕褐色或灰白色。

【产地、生长环境与分布】产于湖北省十堰市茅箭区。适应性很强，对土壤要求不高，适合在排水良好、肥沃的沙壤土、壤土、黏壤土上栽培，在房前屋后、沟边、地边生长良好。

【药用部位】全草。

【采集加工】取原药材，除去杂质和老梗，洗净，切碎，晾干。

【性味】味辛，性温。

【功能主治】发表，散寒，理气，和营；主治感冒

风寒，恶寒发热，咳嗽，气喘，胸腹胀满。

【成分】本品低糖，富含纤维素、胡萝卜素、矿物质。

【用法用量】内服：煎汤，3～10克。

七十九、茄科

261. 白英 *Solanum lyratum* Thunb.

【形态特征】草质藤本，长 0.5～1米，茎及小枝均密被具节长柔毛。叶互生，多数为琴形，长 3.5～5.5厘米，宽 2.5～4.8厘米，基部常 3～5深裂，裂片全缘，侧裂片越近基部的越小，先端钝，中裂片较大，通常卵形，长 1～2厘米；叶柄长 1～3厘米，被有与茎枝相同的毛被。聚伞花序顶生或腋外生，疏花；花冠蓝紫色或白色，直径约 1.1厘米，花冠筒隐于花萼内，长约 1毫米，冠檐长约 6.5毫米，裂片椭圆状披针形，长约 4.5毫米，先端被微柔毛；花丝长约 1毫米，花药长圆形，长约 3毫米，顶孔略向上；子房卵形，直径不及 1毫米，花柱丝状，长约 6毫米，柱头小，头状。浆果球状，成熟时红黑色，直径约 8毫米；种子近盘状，扁平，直径约 1.5毫米。花期夏、秋季，果期秋末。

【产地、生长环境与分布】产于湖北省十堰市茅箭区，喜生于海拔 600～2800米的山谷、草地或路旁、田边。

【药用部位】全草或根。

【采集加工】夏、秋季茎叶生长旺盛时收割全草，每年可收割 2次，收取后直接晒干，或洗净鲜用。

【性味】味苦，性微寒；有小毒。归肝、胃经。

【功能主治】清热解毒，利湿消肿，抗癌。

【成分】本品含大豆素、大豆苷、对羟基苯甲酸、香草酸、原儿茶酸、熊果酸。

【用法用量】内服：煎汤，0.5～1两。外用：适量，鲜品捣敷。

262. 龙葵 *Solanum nigrum* L.

【形态特征】一年生草本，高约 60厘米。茎直立或下部偃卧，有棱角，沿棱角稀被细毛。叶互生；

卵形，基部宽楔形或近截形，渐狭小至叶柄，先端尖或长尖；叶大小相差很大，通常长 4～7 厘米，宽 3～5 厘米，大者长可达 13 厘米，宽至 7 厘米；叶缘具波状疏锯齿，每边 3～4 齿，齿宽约 5 毫米，长 3～4 毫米；叶柄长 15～35 毫米，大叶的柄长可达 5 厘米。伞状聚伞花序侧生，花柄下垂，每花序有 4～10 花，花白色；花萼圆筒形，外疏被细毛，裂片 5，卵状三角形；花冠无毛，裂片轮状伸展，5 片，呈长方卵形；雄蕊 5，着生于花冠筒口，花丝分离，内面有细柔毛；雌蕊 1，子房 2 室，球形，花柱下半部密生长柔毛，柱头圆形。浆果球状，有光泽，成熟时红色或黑色。种子扁圆形。花期 6—7 月。

【产地、生长环境与分布】产于湖北省十堰市茅箭区，生于路旁或田野中，喜温暖湿润的气候。

【药用部位】全草。

【采集加工】夏、秋季采收，经晾干、筛净后，置阴凉处储藏备用。

【性味】味苦、微甘，性寒。

【功能主治】清热，解毒，活血，消肿。

【成分】本品含龙葵素、澳洲茄胺、龙葵定碱、皂苷、维生素 C、树脂。

【用法用量】内服：煎汤，0.5～1 两。外用：适量，捣敷；或煎水洗。

263. 酸浆 *Physalis alkekengi* L.

【形态特征】多年生直立草本，株高 50～80 厘米，地上茎常不分枝，有纵棱，茎节膨大，幼茎被较密的柔毛。根状茎白色，横卧地下，多分枝，节部有不定根。叶互生，每节生 1～2 片叶，叶有短柄，长 1～3 厘米，叶片卵形，长 6～9 厘米，宽 5～7 厘米，先端渐尖，基部宽楔形，边缘有不整齐的粗锯齿或呈波状，无毛。花 5 基数，单生于叶腋内，每株 5～10 朵。花萼绿色，5 浅裂，花后自膨大成卵囊状，基部稍内凹，长 2.5 ~ 5 厘米，直径 2.5 ~ 3.5 厘米，薄革质，成熟时橙红色或火红色；花冠辐射状，白色；雄蕊 5，花药黄色，长 0.3 ~ 0.35 厘米，子房上位，2 心皮，2 室，柱头头状，长 1 ~ 1.1 厘米。花萼内浆果橙红色，直径 1.5 ~ 2.5 厘米，单果重 2.5 ~ 4.3 克，每果内含种子 210 ~ 320 颗，种子肾形，淡黄色，长约 0.2 厘米，千颗重 1.12 克。

【产地、生长环境与分布】产于湖北省十堰市茅箭区，生于海拔 400 ~ 1750 米的林中或林边草地。

【药用部位】全草。

【采集加工】夏、秋季采收，鲜用或晒干。

【性味】味酸、苦，性寒。归肺、脾经。

【功能主治】清热毒，利咽喉，通利二便。

【成分】叶中含木犀草素 –7– β –D– 葡萄糖苷。全草含酸浆环氧内酯。全草及根均含酸浆双古豆碱。

【用法用量】内服：煎汤，9 ~ 15 克；或捣汁；或研末。外用：适量，煎水洗；或研末调敷；或捣敷。

八十、玄参科

264. 裂叶地黄 *Rehmannia angulata*（Oliv.）Hemsl.

【形态特征】植体被多细胞长柔毛，高 30 ~ 100 厘米，顶端幼嫩部分及花梗与花萼除被上述毛外，还被腺毛，茎简单或基部分枝。叶片纸质，长椭圆形，基部的长达 15 厘米，宽 7 厘米，羽状开裂，裂片略呈三角形，边缘具三角状带短尖的齿，两面均被白色柔毛，基部具长约 4 厘米带翅的柄；小苞片 2 枚，与叶同型，但不具柄，着生于花梗基部，花萼长 1.5 ~ 3 厘米；萼齿 5 枚，开展，彼此不等；花冠紫红色，长 5 ~ 6 厘米；花冠筒长 3.5 ~ 4 厘米，前端扩大，多少囊状，外面被长柔毛或无毛，内面褶襞上被长腺毛；花冠裂片两面儿无毛或被柔毛，边缘有缘毛；上唇裂片横矩圆形，长 10 ~ 11 毫米，

宽 11 ～ 15 毫米；下唇中裂片稍长而突出于两侧裂片之外，长 1 ～ 1.6 厘米，宽约 1 厘米，倒卵状矩圆形，侧裂片近圆形，长 0.8 ～ 1.2 厘米，宽 1.1 ～ 1.2 厘米；花丝无毛或近基部略被腺毛；柱头 2 枚，片状，彼此不相等。花期 5—9 月。果未见。

【产地、生长环境与分布】产于湖北省十堰市茅箭区，生于海拔 800 ～ 1500 米的山坡。

【药用部位】块根。

【采集加工】秋季采挖，除去芦头、须根及泥沙，鲜用或炮制后用。

【性味】性寒。

【功能主治】主治火烫伤，疗疮。

【成分】本品化学成分以苷类为主，尤以环烯醚萜苷类为主。

【用法用量】内服：煎汤，10 ～ 30 克；或捣汁；或熬膏。外用：适量，捣敷；或取汁涂搽。

265. 蓝猪耳 *Torenia fournieri* Linden. ex Fourn.

【形态特征】一年生直立草本，高 15 ～ 50 厘米。茎几无毛，具 4 窄棱，节间通常长 6 ～ 9 厘米，简单或自中、上部分枝。叶柄长 1 ～ 2 厘米，叶片长卵形或卵形，长 3 ～ 5 厘米，宽 1.5 ～ 2.5 厘米，几无毛，先端略渐尖或短渐尖，基部楔形，边缘具带短尖的粗锯齿。花具长 1 ～ 2 厘米的梗，通常在枝的顶端排列成总状花序；苞片条形，长 2 ～ 5 毫米；花萼椭圆形，绿色或顶部与边缘略带紫红色，长 1.3 ～ 1.9 厘米，宽 0.8 厘米，具 5 枚宽约 2 毫米、多少下延的翅，果实成熟时，翅宽可达 3 毫米；萼齿 2 枚，多少三角形，彼此近相等；上唇直立，浅蓝色，宽倒卵形，长 1 ～ 1.2 厘米，宽 1.2 ～ 1.5 厘米，顶端微凹；下唇裂片矩圆形或近圆形，彼此几相等，长约 1 厘米，宽 0.8 厘米，紫蓝色，中裂片的中下部有一黄色斑块；花丝不具附属物。蒴果长椭圆形，长约 1.2 厘米，宽 0.5 厘米。种子小，黄色，圆球形或扁圆球形，表面有细小的凹窝。花果期 6—12 月。

【产地、生长环境与分布】产于湖北省十堰市茅箭区，有时在路旁、墙边或旷野草地也有发现逸生。

【药用部位】全草。

【采集加工】夏、秋季采收，晒干。

【性味】味苦，性凉。

【功能主治】清热解毒，利湿，止咳，和胃止呕，化瘀。

【成分】不详。

【用法用量】内服：煎汤，6～9克。外用：适量，鲜品捣敷。

266. 紫萼蝴蝶草 *Torenia violacea*（Azaola）Pennell

【形态特征】一年生草本，高10～40厘米。茎直立，四方形，有时基部多分枝而披散，茎、叶疏被硬毛。叶对生；叶柄长0.5～2厘米；叶片卵形或长卵形，长2～4厘米，先端渐尖，基部圆钝，尖截形，边缘具钝齿。伞形花序顶生或侧生，有花2～4朵，侧生的花常退化为单朵；无总花梗；花梗长约1.5厘米，果期可达3厘米，花萼长卵形，基部急尖，具5翅，果期翅宽达3毫米，弯成紫红色，萼齿略呈唇形；花冠淡蓝色或白色，长达2厘米，上唇2裂，截形，下唇3浅裂；雄蕊4；成对，上面2枚内收，下面2枚拱形，连于上唇之下；花丝基部无附属物。蒴果藏于宿存萼内。花期夏、秋季。

【产地、生长环境与分布】产于湖北省十堰市茅箭区，生于海拔200～2000米的山坡、草地、林下、田边及路旁潮湿处。

【药用部位】全草。

【采集加工】夏、秋季采收，洗净，晒干。

【性味】味微苦，性凉。

【功能主治】消食化积，解暑，清肝。

【成分】不详。

【用法用量】内服：煎汤，10～15克。

267. 阿拉伯婆婆纳 *Veronica persica* Poir.

【形态特征】铺散多分枝草本，高10～50厘米。茎密生两列多细胞柔毛。叶2～4对，具短柄，卵形或圆形，长6～20毫米，宽5～18毫米，基部浅心形，平截或浑圆，边缘具钝齿，两面疏生柔毛。总状花序很长；苞片互生，与叶同型且几乎等大；花梗比苞片长，有的超过1倍；花萼花期长3～5毫米，果期增大，可达8毫米，裂片卵状披针形，有睫毛状毛，三出脉；花冠蓝色、紫色或蓝紫色，长4～6毫米，裂片卵形至圆形，喉部疏被毛；雄蕊短于花冠。蒴果肾形，长约5毫米，宽约7毫米，被腺毛，成熟后几乎无毛，网脉明显，凹口角度超过 90°，裂片钝，宿存的花柱长约 2.5 毫米，超出凹口。种子背面具深的横纹，长约 1.6 毫米。花期 3—5 月。

【产地、生长环境与分布】分布于湖北省十堰市茅箭区南部山区，生于海拔 2000 米以上疏松的坡地。

【药用部位】全草。

【采集加工】夏季采收，鲜用或晒干。

【性味】味辛、苦、咸，性平。

【功能主治】祛风除湿，壮腰，截疟。

【成分】全草含大波斯菊苷和木犀草素 –7–O–β –D– 吡喃葡萄糖苷等。

【用法用量】内服：煎汤，15 ～ 30 克（鲜品 60 ～ 90 克）；或捣汁饮。

268. 北水苦荬 *Veronica anagallis-aquatica* L.

【形态特征】多年生草本，通常全体无毛，极少在花序轴、花梗、花萼和蒴果上有疏腺毛。根茎斜走。茎直立或基部倾斜，不分枝或分枝，高 10 ～ 100 厘米。叶无柄，上部的半抱茎，多为椭圆形或长卵形，长 2 ～ 10 厘米，宽 1 ～ 3.5 厘米，全缘或有疏而小的锯齿。花序比叶长，多花；花梗与苞片近等长，上升，与花序轴成锐角，花序通常不宽于 1 厘米；花萼裂片卵状披针形，急尖，长约 3 毫米，果期直立或叉开，不紧贴蒴果；花冠浅蓝色、浅紫色或白色，直径 4 ～ 5 毫米，裂片宽卵形；雄蕊短于花冠。蒴果近圆形，长、宽近相等，几乎与花萼等长，顶端圆钝而微凹，花柱长约 2 毫米。花期 4—9 月。

【产地、生长环境与分布】分布于湖北省十堰市茅箭区南部山区，生于海拔 200 ～ 700 米的灌丛、河边水湿地。

【药用部位】带虫瘿果实的全草。

【采集加工】夏季果实中红虫未逸出前采收带虫瘿的全草，洗净，切碎，鲜用或晒干。

【性味】味苦，性凉。归肺、肝、肾经。

【功能主治】主治痢疾，血淋，月经不调，跌打损伤。

【用法用量】内服：煎汤，10～30克；或研末。外用：适量，鲜品捣敷。

269. 山罗花 *Melampyrum roseum* Maxim.

【形态特征】直立草本，植株全体疏被鳞片状短毛，有时茎上还有两列多细胞柔毛。茎通常多分枝，少不分枝，近四棱形，高15～80厘米。叶柄长约5毫米，叶片披针形至卵状披针形，顶端渐尖，基部圆钝或楔形，长2～8厘米，宽0.8～3厘米。苞叶绿色，仅基部具尖齿至整个边缘具多条刺毛状长齿，较少几全缘，顶端急尖至长渐尖。花萼长约4毫米，常被糙毛，脉上常生多细胞柔毛，萼齿长三角形至钻状三角形，生有短毛；花冠紫色、紫红色或红色，长15～20毫米，筒部长为檐部长的2倍左右，上唇内面密被须毛。蒴果卵状渐尖，长8～10毫米，直或顶端稍向前偏，被鳞片状毛，少无毛。种子黑色，长3毫米。花期夏、秋季。

【产地、生长环境与分布】分布于湖北省十堰市茅箭区南部山区，生于海拔200～500米的灌丛、草丛中。

【药用部位】全草。

【采集加工】春、夏、秋季均可采收，洗净，鲜用或晒干。

【性味】味苦，性寒。归心经。

【功能主治】清热解毒；主治疮痈肿毒。

【用法用量】鲜品适量，捣汁服，并以其渣敷患处。

270. 松蒿 *Phtheirospermum japonicum*（Thunb.）Kanitz

【形态特征】一年生草本，高可达100厘米。全株被腺毛，有黏性。茎直立，或弯曲而后上升，多分枝。叶对生；具有带狭翅的柄，柄长5～12毫米；叶片长三角状卵形，长1～7厘米。下端羽状全裂，向上渐变深裂至浅裂，裂片长卵形，边缘具细齿。花单生于叶腋，花稀疏；花梗长2～7毫米；花萼钟状，5裂，果期增大，裂片长卵形，上端羽状齿裂，边缘有细齿；花冠紫红色或淡紫红色，筒状，长1.5～2厘米，二唇形，下唇有两条横的大皱褶，上有白色长柔毛；雄蕊4，药室基部延长成短芒。蒴果卵状圆锥形，长约1厘米，室背2裂。种子卵圆形，扁平，长约1.2毫米。

花期 7—8 月，果期 8—10 月。

【产地、生长环境与分布】分布于湖北省十堰市茅箭区南部山区，生于海拔 200～500 米的山坡、沙地、草地。

【药用部位】全草。

【采集加工】夏、秋季采收，鲜用或晒干。

【性味】味微辛，性凉。归肺、脾、胃经。

【功能主治】清热利湿，解毒。

【成分】地上部分含松蒿苷、洋丁香酚苷、天人草苷 A、连翘脂苷 B 等。

【用法用量】内服：煎汤，15～30 克。外用：适量，煎水洗；或研末调敷。

271. 匍茎通泉草 *Mazus miquelii* Makino

【形态特征】幼苗：子叶阔卵形，先端急尖，叶基近圆形，有长柄。下胚轴较短，上胚轴明显，淡红色，无毛。初生叶对生，卵圆形，先端急尖，叶基圆形，有长柄。后生叶为阔椭圆形或卵形，先端钝尖，叶缘具疏锯齿。成株：主根短缩，须根多数，纤维状丛生。茎有直立茎和匍匐茎，直立茎倾斜上升，高 10～15 厘米，匍匐茎花期发出，长 15～20 厘米。基生叶多数呈莲座状，倒卵状匙形，边缘具粗锯齿。茎生叶在直立茎上的多互生，在匍匐茎上的多对生，有短柄。总状花序顶生，花稀疏，下部的花梗长达 2 厘米，越向上越短。花萼钟状漏斗形。花冠紫色或白色而有紫斑，上有棕色斑纹，并被短白毛，花冠易脱落。蒴果卵形至倒卵形或微扁球形，绿色，稍伸出萼管，开裂，种子细小而多数。

【产地、生长环境与分布】分布于湖北省十堰市茅箭区南部山区，生于海拔 300 米以下潮湿的路旁、荒林及疏林中。

【药用部位】全草。

【采集加工】春、夏、秋季均可采收，洗净，鲜用或晒干。

【性味】味苦，性平。

【功能主治】止痛，健胃，解毒。

【成分】不详。

【用法用量】内服：煎汤，3～5钱。外用：适量，捣敷患处。

八十一、紫葳科

272. 凌霄 *Campsis grandiflora*（Thunb.）Schum.

【别名】上树龙、五爪龙、九龙下海、接骨丹、过路蜈蚣、藤五加、搜骨风、白狗肠、堕胎花。

【形态特征】落叶木质藤本。羽状复叶对生；小叶7～9，卵形至卵状披针形，长3～7厘米，宽1.5～3厘米，先端长尖，基部不对称，两面无毛，边缘疏生7～8锯齿，两小叶间有淡黄色柔毛。花橙红色，由三出聚伞花序集成稀疏顶生圆锥花丛；花萼钟形，质较薄，绿色，有10条突起纵脉，5裂至中部，萼齿披针形；花冠漏斗状，直径约7厘米。蒴果长如豆荚，顶端钝。种子多数。花期6—8月，果期11月。

【产地、生长环境与分布】分布于湖北省十堰市茅箭区南部山区，生于海拔800米以下山坡。

【药用部位】花、根。

【采集加工】夏、秋季花盛开时采摘，晒干或低温干燥。春、秋季采根，洗净，切片，晒干。

【性味】味甘、酸，性寒。

【功能主治】活血通经，凉血祛风。药理研究表明，凌霄花具有抗菌、抗血栓形成、抗肿瘤等作用。

【成分】凌霄花含黄酮类、芹菜素、苯乙醇苷类等。

【用法用量】内服：煎汤，花5～9克，根15～50克。外用：适量，鲜根捣敷患处。

八十二、爵床科

273. 爵床 *Rostellularia procumbens*（L.）Ness

【形态特征】草本，茎基部匍匐，通常有短硬毛，高 20 ～ 50 厘米。叶椭圆形至椭圆状长圆形，长 1.5 ～ 3.5 厘米，宽 1.3 ～ 2 厘米，先端锐尖或钝，基部宽楔形或近圆形，两面常被短硬毛；叶柄短，长 3 ～ 5 毫米，被短硬毛。穗状花序顶生或生于上部叶腋，长 1 ～ 3 厘米，宽 6 ～ 12 毫米；苞片 1，小苞片 2，均披针形，长 4 ～ 5 毫米，有缘毛；花萼裂片 4，线形，约与苞片等长，有膜质边缘和缘毛；花冠粉红色，长 7 毫米，二唇形，下唇 3 浅裂；雄蕊 2，药室不等高，下方 1 室有距，蒴果长约 5 毫米，上部具 4 颗种子，下部实心似柄状。种子表面有瘤状皱纹。

【产地、生长环境与分布】产于湖北省十堰市茅箭区，海拔 1500 米以下，生于山坡林间、草丛中，旷野草地和路旁的阴湿处。

【药用部位】全草。

【采集加工】8—9 月盛花期采收，割取地上部分，晒干。

【性味】味苦、咸、辛，性寒。

【功能主治】清热解毒，利尿消肿，截疟。

【成分】全草含生物碱。

【用法用量】内服：煎汤，10 ～ 15 克（鲜品 30 ～ 60 克）；或捣汁；或研末。外用：鲜品适量，捣敷；或煎水洗。

八十三、胡麻科

274. 芝麻 *Sesamum indicum* L.

【别名】胡麻。

【形态特征】一年生草本，高达 1 米。茎直立，四棱形，全株被毛。单叶对生或上部叶互生；卵形、长圆形或披针形，长 3 ～ 10 厘米，上部的常为披针形，近全缘，中部的有齿缺，下部的常掌状 3 裂；叶柄长 1.5 ～ 5 厘米。花单生或 2 ～ 3 朵生于叶腋；萼片 5 裂，裂片披针形，长约 6 毫米；花冠管状，长 2.5 ～ 3 厘米，被柔毛，白色，常杂有淡紫红色或黄色；雄蕊 4，二强，花药黄色，基着，呈箭形，花丝扁平呈薄纸质；雌蕊 1，子房圆锥形，早期呈假 4 室，成熟后为 2 室，密被白色柔毛，花柱线形，柱头 2 裂，呈薄纸质。蒴果四棱，也有六棱或八棱的，长圆筒状，长约 2.5 厘米，黑褐色；具短柄，密被白色柔毛，花萼宿存。种子多数，卵形，先端微突尖，黑色、白色或淡黄色。花期 6—8 月，果期 8—9 月。

【产地、生长环境与分布】分布于湖北省十堰市茅箭区南部山区，生于海拔 200 米以上的地区，一般生于山坡草地及林缘草地。

【药用部位】叶子及种子。

【采集加工】8—9 月果实呈黄黑色时采收，割取全草，捆成小把，顶端向上，晒干，打下种子，除去杂质，再晒干。

【性味】味甘，性平。

【功能主治】补肝肾，润五脏。

【成分】本品种子主要成分为油酸、亚麻酸、硬脂酸和软脂酸，并含蛋白质和大量的钙等。

【用法用量】内服：煎汤，1 ～ 2 两；或研末。外用：适量，捣敷。

八十四、苦苣苔科

275. 降龙草 *Hemiboea subcapitata* Clarke

【形态特征】多年生草本。茎高 10 ～ 40 厘米，肉质，无毛或疏生白色短柔毛，散生紫褐色斑点，不分枝，具 4 ～ 7 节。叶对生；叶片稍肉质，干时草质，椭圆形、卵状披针形或倒卵状披针形，长 3 ～ 22

厘米，宽 1.4～8 厘米，全缘或中部以上具浅钝齿，顶端急尖或渐尖，基部楔形或下延，常不相等，上面散生短柔毛或近无毛，深绿色，背面无毛或沿脉疏生短柔毛，淡绿色或紫红色；萼片 5，长椭圆形，长 6～9 毫米，宽 3～4 毫米，无毛，干时膜质。花冠白色，具紫斑，长 3.5～4.2 厘米。雄蕊：花丝着生于距花冠基部 14～15 毫米处，长 8～13 毫米，狭线形，无毛，花药椭圆形，长 3～4 毫米，顶端连着；花盘环状，高 1～1.2 毫米。雌蕊：长 3.2～3.5 厘米，子房线形，无毛，柱头钝，略宽于花柱。蒴果线状披针形，多少弯曲，长 1.5～2.2 厘米，基部宽 3～4 毫米，无毛。花期 9—10 月，果期 10—12 月。

【产地、生长环境与分布】产于湖北省十堰市茅箭区，生于海拔 100～2100 米的山谷林下石上或沟边阴湿处。

【药用部位】全草。

【采集加工】秋季采收，鲜用或晒干。

【性味】味甘，性寒；有毒。

【功能主治】清热解毒，散瘀消肿，利尿，止咳，生津。

【成分】降龙草中含有三萜、蒽醌、黄酮等成分，三萜类化合物为降龙草中的主要成分。

【用法用量】内服：煎汤，3～5 钱。外用：适量，捣敷。

276. 旋蒴苣苔 *Boea hygrometrica*（Bunge）R. Br.

【形态特征】多年生草本。叶全部基生，莲座状，无柄，近圆形、圆卵形、卵形，长 1.8～7 厘米，宽 1.2～5.5 厘米，上面被白色贴伏长柔毛，下面被白色或淡褐色贴伏长茸毛，顶端圆形，边缘具牙齿状齿或波状浅齿，叶脉不明显。聚伞花序伞状，2～5 条，每花序具 2～5 花；花序梗长 10～18 厘米，被淡褐色短柔毛和腺状柔毛；苞片 2，极小或不明显；花梗长 1～3 厘米，被短柔毛。花冠淡蓝紫色，长 8～13 毫米，直径 6～10 毫米，外面近无毛。药室 2，顶端汇合；退化雄蕊 3，极小。无花盘。雌蕊长约 8 毫米，不伸出花冠外，子房卵状长圆形，长约 4.5 毫米，直径约 1.2 毫米，被短柔毛，花柱长约 3.5 毫米，无毛，柱头 1，头状。蒴果长圆形；长 3～3.5 厘米，直径 1.5～2 毫米，外面被短柔毛，螺旋状卷曲。种子卵圆形，长约 0.6 毫米。花期 7—8 月，果期 9 月。

【产地、生长环境与分布】产于湖北省十堰市茅箭区，生于海拔 200～1300 米的山坡、路旁、岩石上。

【药用部位】全草。

【采集加工】秋季采收，洗净，生用。

【性味】味苦，性凉。

【功能主治】止血，散瘀，消肿；主治外伤出血，跌打损伤。

【成分】本品含阿魏酸、龙胆酸等成分。

【用法用量】外用：鲜品适量，捣敷；或干品研末撒敷。

八十五、车前科

277. 车前 *Plantago asiatica* L.

【别名】车前草、车轮草。

【形态特征】多年生草本，连花茎高达50厘米，具须根。叶片卵形或椭圆形，长4～12厘米，宽2～7厘米，先端尖或钝，基部狭窄成长柄，全缘或呈不规则波状浅齿，通常有5～7条弧形脉；穗状花序为花茎的2/5～1/2；花冠小，胶质，花冠管卵形，先端4裂，裂片三角形，向外反卷；雄蕊4，着生于花冠筒近基部处，与花冠裂片互生，花药长圆形，2室，先端有三角形突出物，花丝线形；雌蕊1，子房上位，卵圆形，2室（假4室），花柱1，线形，有毛。蒴果卵状圆锥形，成熟后约在下方2/5处周裂，下方2/5宿存。种子4～9颗，近椭圆形，黑褐色。花期6—9月，果期7—10月。

【产地、生长环境与分布】产于湖北省十堰市茅箭区，生于山野、路旁、花圃、菜圃及池塘、河边等地，海拔 300 ～ 3200 米。

【药用部位】全草。

【采集加工】夏季采收，除去泥土，晒干。

【性味】味甘，性寒。

【功能主治】利水，清热，明目，祛痰。

【成分】本品主要含苯乙醇苷类、环烯醚萜类、三萜及甾醇类，亦含多糖、生物碱和蛋白质等成分。

【用法用量】内服：煎汤，3 ～ 5 钱；或捣汁。外用：适量，捣敷。

八十六、忍冬科

278. 桦叶荚蒾 *Viburnum betulifolium* Batal.

【形态特征】落叶灌木或小乔木，高可达 7 米。叶厚纸质或略带革质，干后变黑色，宽卵形至菱状卵形或宽倒卵形，稀椭圆状矩圆形，长 3.5 ～ 8.5（12）厘米，顶端急短渐尖至渐尖，基部宽楔形至圆形，稀截形，边缘离基部 1/3 ～ 1/2 具开展的不规则浅波状齿，上面无毛或仅中脉有时被少数短毛，下面中脉及侧脉被少数短伏毛，脉腋集聚簇状毛，侧脉 5 ～ 7 对；叶柄纤细，长 1 ～ 2 厘米，疏生简单长毛或无毛，近基部常有 1 对钻形小托叶。复伞形式聚伞花序顶生或生于具 1 对叶的侧生短枝上，直径 5 ～ 12 厘米，通常多少被疏或密的黄褐色簇状短毛，总花梗初时通常长不到 1 厘米，果时可达 3.5 厘米；花冠白色，辐射状，直径约 4 毫米，无毛，裂片圆卵形，比筒长；雄蕊常高出花冠，花药宽椭圆形；柱头高出萼齿。果实红色，近圆形，长约 6 毫米；核扁，长 3.5 ～ 5 毫米，直径 3 ～ 4 毫米，顶尖，有 1 ～ 3 条浅腹沟和 2 条深背沟。

【产地、生长环境与分布】产于湖北省十堰市茅箭区，生于山坡灌丛或山谷疏林中，海拔2600～3300米。

【药用部位】根茎。

【采集加工】秋末采挖，洗净，切段（片），晒干。

【性味】味涩，性平。

【功能主治】调经，涩精。

【成分】本品含齐墩果酸、香树脂醇、白桦脂酸等。

【用法用量】内服：煎汤，30～60克；或炖肉服。

279. 接骨草 *Sambucus chinensis* Lindl.

【形态特征】高大草本或半灌木，高1～2米；茎有棱条，髓部白色。羽状复叶的托叶叶状或有时退化成蓝色的腺体；小叶2～3对，互生或对生，狭卵形，长6～13厘米，宽2～3厘米，嫩时上面疏被长柔毛，先端长渐尖，基部钝圆，两侧不等，边缘具细锯齿，近基部或中部以下边缘常有1或数枚腺齿；顶生小叶卵形或倒卵形，基部楔形。复伞形花序顶生，大而疏散，总花梗基部托以叶状总苞片，分枝三至五出，纤细，被黄色疏柔毛；杯形不孕花不脱落，可孕花小；萼筒杯状，萼齿三角形；花冠白色，仅基部连合，花药黄色或紫色；子房3室，花柱极短或几无，柱头3裂。果实近圆形，直径3～4毫米；核2～3粒，卵形，长2.5毫米，表面有小疣状突起。花期4—5月，果期8—9月。

【产地、生长环境与分布】产于湖北省十堰市茅箭区，生于海拔300～2600米的山坡、林下、沟边和草丛中，亦有栽种。

【药用部位】全草。

【采集加工】全年均可采收，鲜用或切段晒干。

【性味】味甘、苦，性平。归肝经。

【功能主治】祛风利湿，活血，止血。

【成分】本品含红花酸二甲酯。

【用法用量】内服：煎汤，15～30克；或入丸、散。外用：适量，捣敷；或煎汤熏洗；或研末撒。

280. 金银忍冬 *Lonicera maackii*（Rupr.）Maxim.

【形态特征】落叶灌木，高达 6 米，茎干直径达 10 厘米；幼枝、叶两面脉上、叶柄、苞片、小苞片及萼檐外面都被短柔毛和微腺毛。冬芽小，卵圆形，有 5 ～ 6 对或更多鳞片。叶纸质，形状变化较大，通常卵状椭圆形至卵状披针形，稀矩圆状披针形或倒卵状矩圆形，更少菱状矩圆形或圆卵形，长 5 ～ 8 厘米，顶端渐尖或长渐尖，基部宽楔形至圆形；叶柄长 2 ～ 5 毫米。花芳香，生于幼枝叶腋，总花梗长 1 ～ 2 毫米，短于叶柄；苞片条形，有时条状倒披针形而呈叶状，长 3 ～ 6 毫米；小苞片多少连合成对，长为萼筒的 1/2 至几相等，顶端截形；花冠先白色后变黄色，长 2 厘米，外被短伏毛或无毛，唇形，筒长约为唇瓣的 1/2，内被柔毛；雄蕊与花柱长约达花冠的 2/3，花丝中部以下和花柱均有向上的柔毛。花期 5—6 月，果期 8—10 月。

【产地、生长环境与分布】产于湖北省十堰市茅箭区，生于海拔 1300 ～ 2800 米的林下、林缘、山坡及路旁。

【药用部位】茎叶及花。

【采集加工】5—6 月采花，夏、秋季采茎叶，鲜用或切段晒干。

【性味】味甘、淡，性寒。

【功能主治】祛风，清热，解毒。

【成分】叶含黄酮类成分。

【用法用量】内服：煎汤，9 ～ 15 克。外用：适量，捣敷；或煎水洗。

281. 忍冬 *Lonicera japonica* Thunb.

【形态特征】半常绿藤本；幼枝暗红褐色，密被黄褐色、开展的硬直糙毛、腺毛和短柔毛，下部常无毛。叶纸质，卵形至矩圆状卵形，小枝上部叶通常两面均密被短糙毛，下部叶常平滑无毛，下面多少带青灰色；叶柄长 4 ～ 8 毫米，密被短柔毛。总花梗通常单生于小枝上部叶腋，与叶柄等长或稍短，下方者则长 2 ～ 4 厘米，密被短柔毛，并夹杂腺毛；苞片大，叶状，卵形至椭圆形，长 2 ～ 3 厘米，两面均被短柔毛或有时近无毛；小苞片顶端圆形或截形，长约 1 毫米，为萼筒的 1/2 ～ 4/5，有短糙毛和腺毛；萼筒长约 2 毫米，无毛，萼齿卵状三角形或长三角形，顶端尖而有长毛，外面和边缘都有密毛；花冠白色，有时基部向阳面呈微红色，后变黄色，长 2 ～ 6 厘米，唇形；种子卵圆形或椭圆形，褐色，长约 3 毫米，中部有 1 突起的脊，两侧有浅的横沟纹。花期 4—6 月（秋季亦常开花），果期 10—11 月。

【产地、生长环境与分布】分布于湖北省十堰市茅箭区南部山区，生于海拔 500 米以上山坡、梯田、堤坝、瘠薄的丘陵处。

【药用部位】干燥茎枝（忍冬藤）。

【采集加工】秋、冬季采割，晒干。

【性味】味甘，性寒。

【功能主治】清热解毒，疏风通络。

【成分】忍冬藤的主要成分是黄酮类、鞣质、生物碱、绿原酸等。

【用法用量】内服：煎汤，10～20克；或入丸、散。外用：适量，捣敷。

282. 双盾木 *Dipelta floribunda* Maxim.

【形态特征】落叶灌木或小乔木，高达6米；枝纤细，初时被腺毛，后变光滑无毛；树皮剥落。叶卵状披针形或卵形，长4～10厘米，宽1.5～6厘米，顶端尖或长渐尖，基部楔形或钝圆，全缘，有时顶端疏生2～3对浅齿，上面初时被柔毛，后变光滑无毛，下面灰白色，侧脉3～4对，与主脉均被白色柔毛；叶柄长6～14毫米。聚伞花序簇生于侧生短枝顶端叶腋，花梗纤细，长约1厘米；苞片条形，被微柔毛，早落；2对小苞片形状、大小不等，紧贴萼筒的一对盾状，呈稍偏斜的圆形至矩圆形，宿存而增大，成熟时最宽处达2厘米，干膜质，脉明显；萼筒疏被硬毛，萼齿条形，等长，长6～7毫米，具腺毛，坚硬而宿存；花冠粉红色，长3～4厘米，筒中部以下狭细状圆柱形，上部开展呈钟形，稍呈二唇形，裂片圆形至矩圆形，长约5毫米，下唇喉部橘黄色；花柱丝状，无毛。果实具棱角，连同萼齿为宿存而增大的小苞片所包被。花期4—7月，果期8—9月。

【产地、生长环境与分布】产于湖北省十堰市茅箭区，生于海拔880～2400米的杂木林下或山坡灌丛中。

【药用部位】根茎。

【采集加工】夏、秋季采收，切段，晒干。

【性味】味苦，性平。

【功能主治】散寒，发汗。

【成分】本品含生物碱、黄酮类、有机酸、内酯、香豆精等。

【用法用量】内服：煎汤，3～5钱。

八十七、败酱科

283. 败酱草 *Patrinia scabiosaefolia*

【形态特征】全体常折叠成束。茎圆柱形，弯曲，长5～15厘米，直径2～5毫米，顶端粗达9毫米；表面有栓皮，易脱落，紫棕色或暗棕色，节疏密不等，节上有芽痕及根痕；断面纤维性，中央具棕色"木心"。根长圆锥形或长圆柱形，长达10厘米，直径1～4毫米；表面有纵纹，断面黄白色。茎圆柱形，直径2～8毫米；具纵棱及细纹理，有倒生粗毛。瘦果长椭圆形，无膜质翅状苞片。气特异，味微苦。

【产地、生长环境与分布】产于湖北省十堰市茅箭区，常生于海拔400～2100米的山坡林下、林缘和灌丛中及路边、田埂边的草丛中。

【药用部位】干燥全草。

【采集加工】野生者夏、秋季采挖，栽培者可在当年开花前采挖，晒至半干，扎成束，阴干。

【性味】味辛、苦，性凉。

【功能主治】清热解毒，祛痰排脓。

【成分】本品含挥发油、败酱皂苷等。

【用法用量】内服：煎汤，6～15克。外用：适量。

284. 糙叶败酱 *Patrinia rupestris* subsp. *scabra*（Bunge）H. J. Wang

【形态特征】多年生草本，高 20～60 厘米。根茎粗短；根粗壮，圆柱形，具特异臭气。数茎丛生，茎被细短毛。基生叶倒披针形，2～4 羽状浅裂，开花时枯萎；茎生叶对生；叶柄长 1～2 厘米；叶片厚革质，狭卵形至披针形，长 4～10 厘米，宽 1～2 厘米，1～3 对羽状深裂至全裂，中央裂片较宽大，倒披针形，两侧裂片镰状条形，全缘或偶有齿，两面被毛，上面常粗糙。近花序之苞片披针形，常不裂。圆锥聚伞花序多数在枝顶集成伞房状；花萼 5，不明显；花冠筒状，筒基一侧稍大成短距状，先端 5 裂；雄蕊 4；子房下位，1 室发育。瘦果长圆柱形，背贴圆形膜质苞片；苞片直径约 1 厘米，常带紫色。花果期秋季。

【产地、生长环境与分布】产于湖北省十堰市茅箭区，生于草原带、森林草原带的石质丘陵、坡地、石缝或较干燥的阳坡草丛中，海拔 500～1700 米。

【药用部位】干燥根及根茎或鲜品。

【采集加工】秋季采挖，除去残茎及泥土，干燥。

【性味】味辛，性温。

【功能主治】燥湿止带，收敛止血，清热解毒。

【成分】根及根茎含挥发油。

【用法用量】内服：煎汤，2～3 钱。外用：适量，煎水洗。

285. 缬草 *Valeriana officinalis* L.

【形态特征】多年生草本，根茎肥厚，肉质，直径达 2 厘米，伸长而分枝。叶坚纸质，披针形至线状披针形，长 1.5～4.5 厘米，宽 0.5～1.2 厘米，顶端钝，基部圆形，全缘，上面暗绿色，无毛或疏被贴生至开展的微柔毛，下面色较淡，无毛或沿中脉疏被微柔毛，密被下陷的腺点，侧脉 4 对。花序在茎及枝上顶生，总状，长 7～15 厘米，常于茎顶聚成圆锥花序；花梗长 3 毫米，与序轴均被微柔毛；苞片下部者似叶，上部者较小，卵圆状披针形至披针形，长 4～11 毫米，近无毛。花萼开花时长 4 毫米，盾片高 1.5 毫米，外面密被微柔毛，萼缘疏被柔毛，内面无毛，果时花萼长 5 毫米，有高 4 毫米的盾片。花冠紫色、紫红色至蓝色，长 2.3～3 厘米，外面密被具腺短柔毛，内面在囊状膨大处被短柔毛；雄蕊 4，稍露出，前对较长，后对较短。花柱细长，先端锐尖，微裂。坚果卵球形，高 1.5 毫米，直径 1 毫米，黑褐色，具瘤，腹面近基部具果脐。花期 7—8 月，果期 8—9 月。

【产地、生长环境与分布】产于湖北省十堰市茅箭区，生于山坡草地、林下、沟边，海拔 2500 米以下，性喜湿润。

【药用部位】根及根茎。

【采集加工】9—10 月采挖，洗净，晒干。

【性味】味辛、苦，性温。

【功能主治】安神；主治风湿痹痛，跌打损伤。

【成分】根含挥发油 0.5% ～ 2%，主要成分为异戊酸龙脑酯、月桂烯等。

【用法用量】内服：煎汤，3 ～ 9 克；或研末；或浸酒。外用：适量，研末调敷。

八十八、桔梗科

286. 半边莲 *Lobelia chinensis* Lour.

【别名】急解索、细米草、半边花。

【形态特征】多年生草本。茎细弱，匍匐，节上生根，分枝直立，高 6 ～ 15 厘米，无毛。叶互生，无柄或近无柄，椭圆状披针形至条形，长 8 ～ 25 厘米，宽 2 ～ 6 厘米，先端急尖，基部圆形至阔楔形。花通常 1 朵，生于分枝的上部叶腋；花梗细，小苞片无毛；花萼筒倒长锥状，基部渐细而与花梗无明显区分，长 3 ～ 5 毫米，无毛，裂片披针形，约与萼筒等长，全缘或下部有 1 对小齿；花冠粉红色或白色，长 10 ～ 15 毫米，背面裂至基部；雄蕊长约 8 毫米，花丝中部以上连合，花丝筒无毛，未连合部分的花丝侧面生柔毛，花药管长约 2 毫米，背部无毛或疏生柔毛。蒴果倒锥状，长约 6 毫米。种子椭圆状，稍压扁，近肉色。花果期 5—10 月。

【产地、生长环境与分布】分布于湖北省十堰市茅箭区南部山区，生于海拔 200 米以下的田埂、草地、沟边、溪边潮湿处。喜潮湿环境，稍耐干旱，耐寒，可在田间自然越冬。

【药用部位】干燥全草。

【采集加工】夏季采收，除去杂质，洗净，切段，干燥。

【性味】味辛，性平。

【功能主治】清热解毒，利尿消肿。

【成分】全草含生物碱、黄酮苷、皂苷、氨基酸等。

【用法用量】内服：煎汤，0.5～1 两；或捣汁服。外用：适量，捣敷；或捣汁调涂。

287. 紫斑风铃草 *Campanula punctata* Lam.

【形态特征】多年生草本，全体被刚毛，具细长而横走的根状茎。茎直立，粗壮，高 20～100 厘米，通常在上部分枝。基生叶具长柄，叶片心状卵形；茎生叶下部有带翅的长柄，上部的无柄，三角状卵形至披针形，边缘具不整齐钝齿。花顶生于主茎及分枝顶端，下垂；花萼裂片长三角形，裂片间有一个卵形至卵状披针形而反折的附属物，它的边缘有芒状长刺毛；花冠白色，带紫斑，筒状钟形，长 3～6.5 厘米，裂片有睫毛状毛。蒴果半球状倒锥形，脉很明显。种子灰褐色，矩圆状，稍扁，长约 1 毫米。花期 6—9 月，果期 9—10 月。

【产地、生长环境与分布】分布于湖北省十堰市茅箭区南部山区，生于海拔 500 米以上的山地林中、灌丛及草地中。

【药用部位】全草。

【采集加工】7—8 月采割，除去泥土及杂质，晒干。

【性味】味苦，性凉。

【功能主治】清热解毒；主治咽喉肿痛，头痛。

【成分】根含风铃草素及菊糖。

【用法用量】内服：煎汤，5～10 克。

288. 桔梗 *Platycodon grandiflorus*（Jacq.）A. DC.

【形态特征】茎高 20～120 厘米，通常无毛，偶密被短毛，不分枝，极少上部分枝。叶全部轮生、部分轮生至全部互生，无柄或有极短的柄，叶片卵形、卵状椭圆形至披针形，长 2～7 厘米，宽 0.5～3.5 厘米，基部宽楔形至圆钝，顶端急尖，上面无毛而绿色，下面常无毛而有白粉，有时脉上有短毛或瘤突状毛，边缘具细锯齿。花单朵顶生，或数朵集成假总状花序，或有花序分枝而集成圆锥花序；花萼筒部圆球状或圆球状锥形，被白粉，裂片三角形或狭三角形，有时齿状；花冠大，长 1.5～4 厘米，蓝色、紫色或白色。蒴果球状、球状倒圆锥形或倒卵状，长 1～2.5 厘米，直径约 1 厘米。花期 7—9 月。

【产地、生长环境与分布】产于湖北省十堰市茅箭区，喜阳光、凉爽气候，耐寒，生于海拔 1100 米以下的丘陵地带。

【药用部位】根茎。

【采集加工】春、秋季采挖，洗净，除去须根，拣净杂质，除去芦头，洗净捞出，润透后切片，晒干。

【性味】味苦、辛，性平。

【功能主治】宣肺，利咽，祛痰，排脓。

【成分】根含皂苷，已知其成分有远志酸、桔梗皂苷元及葡萄糖。

【用法用量】内服：煎汤，3 ～ 10 克；或入丸、散。外用：适量，烧灰研末敷。

289. 湖北沙参 *Adenophora longipedicellata* Hong

【形态特征】多年生草本，有白色乳汁。根胡萝卜状，茎高大，长 1 ～ 3 米，不分枝或具长达 70 厘米的细长分枝，无毛。基生叶卵状心形；茎生叶至少下部的具柄，叶片卵状椭圆形至披针形，基部楔形或宽楔形，顶端渐尖，边缘具细齿或粗锯齿，薄纸质，长 7 ～ 12 厘米，宽 2 ～ 5 厘米，无毛或有时仅在背面脉上疏生刚毛。花序具细长分枝，组成疏散的大圆锥花序，无毛或有短毛。花梗细长，长 1.5 ～ 3 厘米；花萼完全无毛，筒部圆球状，裂片钻状披针形，长 8 ～ 14 毫米；花冠钟状，白色、紫色或淡蓝色，长 19 ～ 21 毫米，裂片三角形，长 5 ～ 6 毫米；花盘环状，长 1 毫米或更短，无毛；花柱长 21 毫米，几乎与花冠等长或稍伸出。幼果圆球状。花期 8—10 月。

【产地、生长环境与分布】产于湖北省十堰市茅箭区，生于海拔 2400 米以下的山坡、草地、灌丛中和峭壁缝里。

【药用部位】根茎。

【采集加工】2 月或 8 月挖根，除去杂质和芦头，洗净，润透，切厚片，干燥。

【性味】味甘、微苦，性微寒。

【功能主治】养阴清热，润肺化痰，益胃生津。

【成分】本品含 β－谷甾醇等。

【用法用量】内服：煎汤，10 ～ 15 克（鲜品 15 ～ 30 克）；或入丸、散。

290. 杏叶沙参 *Adenophora hunanensis* Nannf.

【形态特征】多年生草本。根圆柱形，茎高 60 ～ 120 厘米，不分枝，无毛或稍被白色短硬毛。茎生叶至少下部的具柄，很少近无柄，叶片卵圆形、卵形至卵状披针形，基部常楔状渐尖，或近平截形而突然变窄，沿叶柄下延，顶端急尖至渐尖，边缘具疏齿，两面被或疏或密的短硬毛，较少被柔毛，也有全无毛的，长 3 ～ 10（15）厘米，宽 2 ～ 4 厘米。花序分枝长，几乎平展或弯曲向上，常组成大而疏散的圆锥花序。花梗极短而粗壮，常仅 2 ～ 3 毫米长，极少达 5 毫米，花序轴和花梗被短毛或近无毛；花萼常被或疏或密的白色短毛，有的无毛，筒部倒圆锥状，裂片卵形至长卵形，长 4 ～ 7 毫米，宽 1.5 ～ 4 毫米，基部通常彼此重叠；花柱与花冠近等长。蒴果球状椭圆形，或近卵状，长 6 ～ 8 毫米，直径 4 ～ 6 毫米。种子椭圆状，有 1 条棱，长 1 ～ 1.5 毫米。花期 7—9 月。

【产地、生长环境与分布】分布于湖北省十堰市茅箭区南部山区，生于海拔 800 ～ 2000 米的地区，一般生于山坡草地及林缘草地。

【药用部位】根。

【采集加工】2 月或 8 月采挖，晒干。

【性味】味甘、微苦，性凉。

【功能主治】可解白药的毒性，杀蛊毒。

【成分】本品含呋喃香豆精类、花椒毒素等。

【用法用量】内服：煎汤，3 ～ 5 钱（鲜品 1 ～ 3 两）；或入丸、散。

八十九、菊科

291. 百日菊 *Zinnia elegans* Jacq.

【形态特征】一年生草本，茎直立，有分枝，高30～90厘米，被糙毛或长硬毛。叶宽卵圆形或长圆状椭圆形，长4～9厘米，宽2～4厘米，基部稍心形抱茎，下面密被短糙毛，基出三脉。头状花序直径4～6厘米，花序梗不肥厚，中空；总苞宽钟状，总苞片多层，宽卵形或卵状椭圆形，外层长约5毫米，内层长约10毫米，边缘黑色；托片有三角状流苏的附片；舌状花深红色、玫瑰色、紫堇色或白色，舌片倒卵形，先端2～3齿裂或全缘，被柔毛；管状花黄色或橙色，长7～8毫米，先端裂片披针形，被黄褐色密茸毛。雌花瘦果倒卵状圆形，长6～7毫米，被密毛；管状花瘦果倒卵状楔形，长7～8毫米，被疏毛，顶端有短齿。花期7—9月，果期8—10月。

【产地、生长环境与分布】产于湖北省十堰市茅箭区南部山区，生于海拔50～1400米的山坡、山谷林下、路旁或湿地。

【药用部位】全草。

【采集加工】夏、秋季采收，切段，晒干备用。

【性味】味辛、苦，性凉。

【功能主治】清热利湿，解毒消肿；主治温热痢疾，淋证，乳痈，疮疡疖肿。

【用法用量】内服：煎汤，3～9克。

292. 苍耳 *Xanthium sibiricum* Patrin ex Widder

【形态特征】一年生草本，高20～90厘米。根纺锤状，分枝或不分枝。茎直立，不分枝或少有分枝，下部圆柱形，直径4～10毫米，上部有纵沟，被灰白色糙伏毛。叶三角状卵形或心形，长4～9厘米，宽5～10厘米，近全缘，或有3～5片不明显浅裂，顶端尖或钝，基部稍心形或截形，与叶柄连接处成相等的楔形，边缘有不规则的粗锯齿，有三基出脉，侧脉弧形，直达叶缘，脉上密被糙伏毛，上面绿色，下面苍白色，被糙伏毛；叶柄长3～11厘米。雄性的头状花序球形，直径4～6毫米，有或无花序梗，总苞片长圆状披针形，长1～1.5毫米，被短柔毛，花托柱状，托片倒披针形，长约2毫米，顶端尖，有微毛，有多数的雄花，花冠钟形，管部上端有5宽裂片；花药长圆状线形；雌性的头状花序椭圆形，外层总苞片小，披针形，长约3毫米，被短柔毛，内层总苞片结合成囊状，宽卵形或椭圆形，绿色、淡黄绿色或有时带

红褐色。在瘦果成熟时变坚硬，连同喙部长 12 ～ 15 毫米，宽 4 ～ 7 毫米，外面有疏生的具钩状的刺，刺极细而直，基部微增粗或几不增粗，长 1 ～ 1.5 毫米，基部被柔毛，常有腺点，或全部无毛；喙坚硬，锥形，上端略呈镰刀状，长 2.5 毫米，常不等长，少有结合而成 1 个喙。瘦果 2，倒卵形。花期 7—8 月，果期 9—10 月。

【产地、生长环境与分布】分布于湖北省十堰市茅箭区南部山区，生于海拔 400 ～ 800 米的地区，一般生于田地边、道路旁。

【药用部位】全草、种子。

【采集加工】全草：夏季割取，除去泥土，晒干。种子：秋季果实成熟时采收，干燥，除去梗、叶等杂质。

【性味】味辛、苦，性温；有毒。

【功能主治】种子：散风除湿，通鼻窍；主治风寒头痛，鼻渊流涕，风疹瘙痒，湿痹拘挛。

全草：主治子宫出血，深部脓肿，麻风，皮肤湿疹。

293. 茅苍术 *Atractylodes lancea*（Thunb.）DC.

【形态特征】多年生草本，高 30 ～ 60 厘米。茎直立或上部少分枝。叶互生，革质，卵状披针形或椭圆形，边缘具刺状齿，上部叶多不裂，无柄；下部叶常 3 裂，有柄或无柄。头状花序顶生，下有羽裂叶状总苞一轮；总苞圆柱形，总苞片 6 ～ 8 层；花两性与单性，多异株；两性花有羽状长冠毛；花冠白色，细长管状。瘦果被黄白色毛。花期 8—10 月，果期 9—10 月。

【产地、生长环境与分布】分布于湖北省十堰市茅箭区南部山区，生于海拔 800 ～ 1200 米的山坡灌丛、草丛中。

【药用部位】根茎。

【采集加工】春、秋季采挖，除去泥沙，晒干，撞去须根。

【性味】味辛、苦，性温。

【功能主治】燥湿健脾，祛风，散寒，明目；主治脘腹胀满，泄泻，水肿，风湿痹痛，风寒感冒，夜盲。

【成分】本品含挥发油，挥发油中主要含苍术素、β-桉油醇、茅术醇等。

【用法用量】内服：煎汤，3～9克。

294. 大丽花 *Dahlia pinnata* Cav.

【别名】大丽菊、地瓜花等。

【形态特征】多年生草本，有巨大棒状块根。茎直立，多分枝，高1.5～2米，粗壮。叶一至三回羽状全裂，上部叶有时不分裂，裂片卵形或长圆状卵形，下面灰绿色，两面无毛。头状花序大，有长花序梗，常下垂，宽6～12厘米。总苞片外层约5个，卵状椭圆形，叶质，内层膜质，椭圆状披针形。舌状花1层，白色、红色或紫色，常卵形，顶端有不明显的3齿或全缘；管状花黄色，有时栽培种全部为舌状花。瘦果长圆形，长9～12毫米，宽3～4毫米，黑色，扁平，有2个不明显的齿。花期6—12月，果期9—10月。

【产地、生长环境与分布】分布于湖北省十堰市茅箭区南部山区，生于海拔300～1300米的地区，一般生于腐殖质丰富的沙壤土中。

【药用部位】块根。

【采集加工】秋季挖根，洗净，鲜用或晒干。

【性味】味辛、甘，性平。

【功能主治】清热解毒，散瘀止痛。

【成分】根内含菊糖，亦含黄酮类成分，如芹菜素、芹菜素-7-O-葡萄糖苷、刺槐素-7-O-鼠李糖葡萄糖苷、木犀草素、木犀草素-7-O-葡萄糖苷、槲皮苷、异鼠李素-3-O-半乳糖苷。

【用法用量】内服：煎汤，6～12克。外用：适量，捣敷。

295. 一年蓬 *Erigeron annuus*（L.）Pers.

【别名】女菀、野蒿、牙肿消、牙根消、千张草、墙头草、长毛草、地白菜、油麻草、白马兰、千层塔、治疟草、瞌睡草、白旋覆花。

【形态特征】一年生或二年生草本，茎粗壮，高30～100厘米，基部直径6毫米，直立，上部有分枝，绿色，下部被开展的长硬毛，上部被较密的上弯的短硬毛。基部叶花期枯萎，长圆形或宽卵形，少有近圆形，长4～17厘米，宽1.5～4厘米或更宽，顶端尖或钝，基部狭成具翅的长柄，边缘具粗齿，下部叶与基部叶同型，但叶柄较短，中部和上部叶较小，长圆状披针形或披针形，长1～9厘米，宽0.5～2厘米，顶端尖，具短柄或无柄，边缘有不规则的齿或近全缘，最上部叶线形，全部叶边缘被短硬毛，两面被疏短硬毛，或有时近无毛。头状花序数个或多数，排成疏圆锥花序，长6～8毫米，宽10～15毫米，总苞半球形，总苞片3层，草质，披针形，长3～5毫米，宽0.5～1毫米，近等长或外层稍短，淡绿色或多少褐色，背面密被腺毛和疏长节毛；外围的雌花舌状，2层，长6～8毫米，管部长1～1.5毫米，上部疏被微毛，舌片平展，白色，或有时淡天蓝色，线形，宽0.6毫米，顶端具2小齿，花柱分枝线形；中央的两性花管状，黄色，管部长约0.5毫米，檐部近倒锥形，裂片无毛；瘦果披针形，长约1.2毫米，压扁，疏被贴柔毛；冠毛异型，雌花的冠毛极短，膜片状连成小冠，两性花的冠毛2层，外层鳞片状，内层为10～15条长约2毫米的刚毛。花期6—9月。

【产地、生长环境与分布】原分布于美洲，现已驯化，分布于湖北省十堰市茅箭区南部山区，生于海拔300～1300米的地区，一般山坡、路边、田地均有分布。

【药用部位】全草。

【采集加工】夏、秋季采收，洗净，鲜用或晒干。

【性味】味甘、苦，性凉。

【功能主治】消食止泻，清热解毒，截疟；主治消化不良，胃肠炎，牙龈炎，疟疾，毒蛇咬伤。

【用法用量】内服：煎汤，30～60克。外用：适量，捣敷。

296. 鬼针草 *Bidens pilosa* L.

【形态特征】一年生草本，茎直立，高30～100厘米，钝四棱形，无毛或上部被极稀疏的柔毛，基部直径可达6毫米。茎下部叶较小，3裂或不分裂，两侧小叶椭圆形或卵状椭圆形，长2～4.5厘米，宽1.5～2.5厘米，先端锐尖，基部近圆形或阔楔形，有时偏斜，不对称，具短柄，边缘有锯齿，顶生小叶较大，长椭圆形或卵状长圆形，长 3.5～7 厘米，先端渐尖，边缘有锯齿，无毛或被极稀疏的短柔毛，条状披针形。头状花序，直径 8～9 毫米。总苞基部被短柔毛，苞片 7～8 枚，条状匙形，上部稍宽，开花时长 3～4 毫米，果时长至 5 毫米，草质，边缘疏被短柔毛或几无毛，外层托片披针形，果时长 5～6 毫米，干膜质，背面褐色，具黄色边缘，内层较狭，条状披针形。瘦果黑色，条形，略扁，具棱，长 7～13 毫米，宽约 1 毫米，上部具稀疏瘤状突起及刚毛，顶端芒刺 3～4 枚，长 1.5～2.5 毫米，具倒刺毛。花果期 8—10 月。

【产地、生长环境与分布】分布于湖北省十堰市茅箭区南部山区，生于海拔 200～1200 米的地区，一般生于村旁、路边及荒地中。

【药用部位】全草。

【采集加工】夏、秋季采收地上部分，晒干。

【性味】味甘、淡、苦，性平；无毒。

【功能主治】清热解毒，散瘀消肿。

【成分】全草含生物碱、鞣质、皂苷、黄酮苷。

【用法用量】内服：煎汤，0.5～1 两（鲜品 1～2 两）；或捣汁。外用：适量，捣敷；或煎汤熏洗。

297. 艾 *Artemisia argyi* Levl. et Van.

【别名】艾蒿、甜艾、蕲艾。

【形态特征】多年生草本或略成半灌木状，植株有浓烈香气。叶厚纸质，上面被灰白色短柔毛，并有白色腺点与小凹点，背面密被灰白色蛛丝状茸毛；叶柄长 0.5～0.8 厘米；中部叶卵形、三角状卵形或近菱形；叶脉明显，在背面突起，干时锈色，叶柄长 0.2～0.5 厘米，基部通常无假托叶或有极小的假托叶；头状花序椭圆形，直径 2.5～3 毫米，无梗或近无梗，每数枚至 10 枚在分枝上排成小型的穗状花序或复穗状花序，并在茎上通常再组成狭窄、尖塔形的圆锥花序，花后头状花序下倾；总苞片 3～4 层，覆瓦状排列；花柱与花冠近等长或略长于花冠，先端 2 叉，花后向外弯曲，叉端截形，并有睫毛状毛。瘦果长卵形或长圆形。花果期 7—10 月。

【产地、生长环境与分布】分布于湖北省十堰市茅

箭区南部山区，生于海拔 200 ～ 1300 米的低海拔至中海拔地区的荒地、路旁河边及山坡等地。

【药用部位】全草。

【采集加工】夏季花未开时采摘，除去杂质，晒干。

【性味】味辛、苦，性温；有小毒。

【功能主治】散寒止痛，温经止血。

【成分】本品含挥发油、黄酮、微量元素、苯丙素类、三萜类化合物等。

【用法用量】内服：煎汤，1 ～ 3 钱；或入丸、散；或捣汁。外用：适量，捣绒作炷；或制成艾条熏灸；或捣敷；或煎汤熏洗；或炒热温熨。

298. 黄花蒿 *Artemisia annua* L.

【别名】青蒿。

【形态特征】一年生草本，植株有浓烈的挥发性香气。叶纸质，绿色；茎下部叶宽卵形或三角状卵形，长 3 ～ 7 厘米，宽 2 ～ 6 厘米，绿色，稀上部有数枚小栉齿，叶柄长 1 ～ 2 厘米，基部有半抱茎的假托叶；中部叶二（至三）回栉齿状羽状深裂，小裂片栉齿状三角形，稀细短狭线形，具短柄。头状花序球形，多数，直径 1.5 ～ 2.5 毫米，有短梗，下垂或倾斜，基部有线形的小苞叶，在分枝上排成总状或复总状花序，并在茎上组成开展、尖塔形的圆锥花序；总苞片 3 ～ 4 层，内、外层近等长，外层总苞片长卵形或狭长椭圆形，中肋绿色，边缘膜质，中层、内层总苞片宽卵形或卵形，花序托凸起，半球形；花深黄色，雌花 10 ～ 18 朵，花柱线形，伸出花冠外，先端 2 叉，叉端钝尖。瘦果小，椭圆状卵形，略扁。花果期 8—11 月。

【产地、生长环境与分布】分布于湖北省十堰市茅箭区南部山区，生于海拔 300 ～ 800 米的地区，散生于低海拔、湿润的河岸边沙地、山谷、林缘、路旁。

【药用部位】全草。

【采集加工】秋季花盛开时采割，除去老茎，阴干。

【性味】味苦、辛，性寒。

【功能主治】清虚热，除骨蒸，解暑热，截疟，退黄。

【成分】本品含苦味物质、挥发油、青蒿碱、青蒿素、维生素 A 等。

【用法用量】内服：煎汤，1.5 ～ 3 钱；或入丸、散。外用：适量，捣敷；或研末调敷。

299. 藿香蓟 *Ageratum conyzoides* L.

【形态特征】一年生草本，高 50 ～ 100 厘米，有时又不足 10 厘米。无明显主根。茎粗壮，基部直径 4 毫米，或少有纤细的，而基部直径不足 1 毫米，不分枝或自基部或自中部以上分枝，或下基部平卧而节常生不定根。全部茎枝淡红色，或上部绿色，被白色短柔毛或上部被稠密开展的长茸毛。叶对生，有时上部互生，常有腋生的不发育的叶芽。头状花序 4 ～ 18 个通常在茎顶排成紧密的伞房状花序；花序直径 1.5 ～ 3 厘米，少有排成松散伞房花序式的。花梗长 0.5 ～ 1.5 厘米，被短柔毛。花冠长 1.5 ～ 2.5 毫米，外面无毛或顶端有微柔毛，檐部 5 裂，淡紫色。瘦果黑褐色，5 棱，长 1.2 ～ 1.7 毫米，有白色稀疏细柔毛。冠毛膜片 5 或 6 个，长圆形，顶端急狭或渐狭成长或短芒状，或部分膜片顶端截形而无芒状渐尖；全部冠毛膜片长 1.5 ～ 3 毫米。花果期全年。

【产地、生长环境与分布】分布于湖北省十堰市茅箭区南部山区，生于海拔 200 ～ 600 米的地区，生于山谷、山坡林下或林缘，河边或山坡草地，田边或荒地上。

【药用部位】全草或叶及嫩茎。

【采集加工】夏、秋季采收，洗净，鲜用或晒干。

【性味】味辛、微苦，性凉。

【功能主治】祛风清热，止痛，止血，排石。

【成分】本品含黄酮苷、氨基酸、有机酸、挥发油。

【用法用量】内服：煎汤，0.5 ～ 1 两。外用：适量，鲜草捣烂或干品研末撒敷患处；或绞汁滴耳；或煎水洗。

300. 刺儿菜 *Cirsium setosum*（Willd.）MB.

【形态特征】多年生草本，具匍匐根茎。茎有棱，幼茎被白色蛛丝状毛。基生叶和中部茎叶椭圆形、长椭圆形或椭圆状倒披针形，上部茎叶渐小，椭圆形、披针形或线状披针形，或全部茎叶不分裂，叶缘有细密的针刺，针刺紧贴叶缘。全部茎叶两面同色，绿色或下面色淡，两面无毛，极少两面异色，上面绿色，无毛，下面被稀疏或稠密的茸毛而呈现灰色，极少两面同色，灰绿色，两面被薄茸毛。头状花序单生于茎端，或植株含少数或多数头状花序在茎枝顶端排成伞房花序。总苞卵形、长卵形或卵圆形，直径 1.5 ～ 2 厘米。总苞片约 6 层，覆瓦状排列；雌花花冠长 2.4 厘米，檐部长 6 毫米，细管部细丝状，长 18 毫米，两性花花冠长 1.8 厘米，檐部长 6 毫米，细管部细丝状，长 1.2 毫米。瘦果淡黄色，椭圆形或偏斜椭圆形。花果期 5—9 月。

【产地、生长环境与分布】分布于湖北省十堰市茅箭区南部山区，生于海拔 200 ～ 600 米的田边或荒地上。

【药用部位】植物地上部分。

【采集加工】夏、秋季花开时采割，除去杂质，鲜用或晒干。

【性味】味甘、苦，性凉。

【功能主治】凉血止血，祛瘀消肿。

【成分】本品含胆碱、皂苷、儿茶酚胺类物质等。

【用法用量】内服：煎汤，4.5 ～ 9 克（鲜品 30 ～ 60 克）；或捣汁。外用：适量，捣敷；或煎水洗。

301. 蓟 *Cirsium japonicum* Fisch. ex DC.

【形态特征】多年生草本，块根纺锤状，直径达 7 毫米。茎直立，30 ～ 80 厘米，分枝或不分枝，全部茎枝有条纹，被稠密或稀疏的多细胞长节毛，头状花序下部灰白色，被稠密茸毛及多细胞节毛。基生叶较大，卵形、长倒卵形、椭圆形或长椭圆形，长 8 ～ 20 厘米，宽 2.5 ～ 8 厘米，羽状深裂或几全裂，基部渐狭成短或长翼柄，翼柄边缘有针刺及刺齿；侧裂片 6 ～ 12 对，中部侧裂片较大，向下的侧裂片渐小，全部侧裂片排列稀疏或紧密，卵状披针形、半椭圆形、斜三角形、长三角形或三角状披针形，宽狭变化极大，或宽达 3 厘米，或狭至 0.5 厘米，边缘有稀疏、大小不等的锯齿，或锯齿较大而使叶片呈较为明显的二回羽状分裂，齿顶针刺长可达 6 毫米，短可至 2 毫米，齿缘针刺小而密或几无针刺；顶裂片披针形或长三角形。自基部向上的叶渐小，与基生叶同形并等样分裂，但无柄，基部扩大半抱茎。全部茎叶两面同色，绿色，两面沿脉被稀疏的多细胞长或短节毛或几无毛。

【产地、生长环境与分布】产于湖北省十堰市茅箭区，生于海拔 400 ～ 2100 米的山坡林中、林缘、灌丛中、草地、荒地、田间、路旁或溪旁。

【药用部位】全草。

【采集加工】除去杂质，水洗或润软后，切段，干燥。

【性味】味甘、苦，性凉。归心、肝经。

【功能主治】凉血止血，散瘀消肿。

【成分】鲜叶含有柳穿鱼黄素，全草显生物碱及挥发油反应。

【用法用量】内服：煎汤，9～15克（鲜品30～60克）。

302. 菊苣 *Cichorium intybus* L.

【形态特征】多年生草本，高40～100厘米。茎直立，单生，分枝开展或极开展，全部茎枝绿色，有条棱，被极稀疏的长而弯曲的糙毛或刚毛，或几无毛。基生叶莲座状，花期生存，倒披针状长椭圆形，包括基部渐狭的叶柄，全长15～34厘米，宽2～4厘米，基部渐狭有翼柄。茎生叶少数，较小，卵状倒披针形至披针形，无柄，基部圆形或戟形扩大半抱茎。全部叶质地薄，两面被稀疏的多细胞长节毛，但叶脉及边缘的毛较多。头状花序多数，单生或数个集生于茎顶或枝端，或2～8个为一组沿花枝排列成穗状花序。瘦果倒卵状、椭圆状或倒楔形，外层瘦果压扁，紧贴内层总苞片，3～5棱，顶端截形，向下收窄，褐色，有棕黑色色斑。冠毛极短，2～3层，膜片状，长0.2～0.3毫米。花果期5—10月。

【产地、生长环境与分布】分布于湖北省十堰市茅箭区，生于海拔400～2000米的山坡林中、林缘、灌丛中、草地、荒地、田间、路旁或溪旁。

【药用部位】地上部分。

【采集加工】夏、秋季采割地上部分或秋末挖根，除去泥沙和杂质，晒干。

【性味】味微苦、咸，性凉。

【功能主治】清肝利胆，健胃消食，利尿消肿。

【成分】全草含苦味物质，如马栗树皮素、马栗树皮苷。叶含单咖啡酰酒石酸、菊苣酸。新鲜花瓣含花色苷。

【用法用量】内服：煎汤，3～9克。外用：适量，煎水洗。

303. 毛华菊 *Dendranthema vestitum*（Hemsl.）Ling

【形态特征】多年生草本，高达60厘米，有匍匐根状茎。茎直立，上部有长粗分枝或仅在茎顶有短伞房状花序分枝。全部茎枝被稠密厚实的贴伏短柔毛，后变稀毛。下部茎叶花期枯萎。中部茎叶卵形、宽卵形、卵状披针形、近圆形或匙形，长3.5～7厘米，宽2～4厘米，边缘自中部以上有浅波状疏钝锯齿，极少有2～3个浅钝裂的，叶片自中部向下楔形，叶柄长0.5厘米，柄基偶有披针形叶耳。上部叶渐小，同型。全部叶下面灰白色，被稠密厚实贴伏的短柔毛，上面灰绿色，毛稀疏。中下部茎叶的叶腋常有发育的叶芽。头状花序直径2～3厘米，3～13个在茎枝顶端排成疏松的伞房花序。总苞碟状，直径1～1.5厘米。总苞片4层，外层三角形或三角状卵形，中层披针状卵形，内层倒卵形或倒披针状椭圆形。中外层外面被稠密短柔毛，向内层毛稀疏。全部苞片边缘褐色膜质。舌状花白色，舌片长1.2厘米。瘦果长约1.5毫米。花果期8—11月。

【产地、生长环境与分布】产于湖北省十堰市茅箭区，生于低山山坡及丘陵，海拔340～1500米。

【药用部位】花序。

【采集加工】夏、秋季采收，鲜用或晒干。

【性味】味苦、辛，性寒。

【功能主治】清热解毒，清肝明目。

【成分】不详。

【用法用量】内服：煎汤，6～12克（鲜品30～60克）；或捣汁。

304. 野菊 *Chrysanthemum indicum* L.

【形态特征】多年生草本，高30～60厘米，亦可达120厘米。顶部的枝通常被白色柔毛，有香气。

叶互生，卵圆形至长圆状卵形，长 4～6 厘米，宽 1.5～5
厘米，有羽状深裂片，中裂片较大，侧裂片 2～3 对，
椭圆形或长圆状卵形，先端尖，上面疏被柔毛，下面被
白色短柔毛及腺体，沿脉毛较密；具叶柄。头状花序顶生，
直径 1.5～2.5 厘米，数个排成伞房状花序；总苞半球形，
外层苞片椭圆形，较内层稍短小，边缘干膜质，中肋绿
色，被绵毛或短柔毛，内层苞片长椭圆形，全部干膜质；
外围为舌状花，淡黄色，1～2 层，舌瓣长 11～13 毫米，
宽 2.5～3 毫米，无雄蕊；中央为管状花，深黄色，先端
5 齿裂，雄蕊 5，聚药，花丝分离，雌蕊 1，花柱细长，
柱头 2 裂。瘦果长约 1.5 毫米，具 5 条纵纹，基部窄狭。
花期 9—10 月。

【产地、生长环境与分布】分布于湖北省十堰市茅
箭区南部山区，生于海拔 200～600 米的山坡、草地、
灌丛、河边水湿地、海滨盐渍地及田边、路旁。

【药用部位】根或全草。

【采集加工】夏、秋季采收，鲜用或晒干。

【性味】味苦、辛，性寒。

【功能主治】清热解毒。

【成分】全草含挥发油、矢车菊苷、多糖、香豆精类、野菊花内酯等。

【用法用量】内服：煎汤，6～12 克（鲜品 30～60 克）；或捣汁。外用：适量，捣敷；或煎水洗；
或熬膏涂。

305. 苦苣菜 *Sonchus oleraceus* L.

【别名】苦菜、苦荬菜、野苦荬、小鹅菜、滇苦菜。

【形态特征】一年生或二年生草本。根圆锥状，垂直直伸，有多数纤维状的须根。茎直立，单生，
高 40～150 厘米，有纵条棱或条纹，不分枝或上部有短的伞房状花序或总状花序式分枝，全部茎枝光
滑无毛，或上部花序分枝及花序梗被头状具柄的腺毛。基生叶羽状深裂，全形长椭圆形或倒披针形，
或大头羽状深裂，全形倒披针形，或基生叶不裂，椭圆形、椭圆状戟形、三角形、三角状戟形或圆形，
全部基生叶基部渐狭成长或短翼柄；中下部茎叶羽状深裂或大头状羽状深裂，全形椭圆形或倒披针形，
长 3～12 厘米，宽 2～7 厘米，基部急狭成翼柄，翼狭窄或宽大，向柄基逐渐加宽，柄基圆耳状抱茎，
顶裂片与侧裂片等大、较大或大，宽三角形、戟状三角形、卵状心形，侧生裂片 1～5 对，椭圆形，
常下弯，全部裂片顶端急尖或渐尖，下部茎叶或接花序分枝下方的叶与中下部茎叶同型并等样分裂，
或不分裂而呈披针形或线状披针形，且顶端长渐尖，下部宽大，基部半抱茎；全部叶或裂片边缘及抱
茎小耳边缘有大小不等的急尖锯齿或大锯齿，或上部及接花序分枝处的叶边缘大部全缘或上半部边缘
全缘，顶端急尖或渐尖，两面光滑无毛，质地薄。头状花序少数在茎枝顶端排成紧密的伞房花序或总

状花序，或单生于茎枝顶端。总苞宽钟状，长 1.5 厘米，宽 1 厘米；总苞片 3～4 层，覆瓦状排列，向内层渐长；外层长披针形或长三角形，长 3～7 毫米，宽 1～3 毫米，中内层长披针形至线状披针形，长 8～11 毫米，宽 1～2 毫米；全部总苞片顶端长急尖，外面无毛，外层或中内层上部沿中脉有少数头状具柄的腺毛。舌状小花多数，黄色。瘦果褐色，长椭圆形或长椭圆状倒披针形，长 3 毫米，宽不足 1 毫米，压扁，每面各有 3 条细脉，肋间有横皱纹，顶端狭，无喙，冠毛白色，长 7 毫米，单毛状，彼此纠缠。花果期 5—12 月。

【产地、生长环境与分布】分布于湖北省十堰市茅箭区南部山区，生于海拔 200～600 米的山谷、山坡林下或林缘，河边或山坡草地，田边或荒地上。

【药用部位】全草。

【采集加工】全年均可采收，鲜用或晒干。

【性味】味苦，性寒。

【功能主治】清热解毒，凉血止血；主治肠炎，痢疾，急性黄疸型传染性肝炎，阑尾炎，乳腺炎，口腔炎，咽炎，扁桃体炎，吐血，衄血，咯血，便血，崩漏，外用治痈疮肿毒，中耳炎。

【用法用量】内服：煎汤，0.5～1 两。外用：适量，鲜品捣敷患处；或捣汁滴耳。

【验方参考】（1）治肝硬化：苦苣菜、酢浆草各一两，同猪肉炖服。

（2）治慢性气管炎：苦苣菜一斤，大枣二十个。苦苣菜煎烂，取煎液煮大枣，待枣皮展开后取出，余液熬成膏。早晚各服药膏一匙，大枣一枚。（《中草药新医疗法资料选编》）

（3）治小儿疳积：苦苣菜一两，同猪肝炖服。

（4）治对口恶疮：野苦荬捣汁一盅，入姜汁一匙，酒和服，以渣敷。（《唐瑶经验方》）

（5）治胡蜂叮蜇：苦苣菜汁涂之。（《摘元方》）

（6）治妇人乳结红肿疼痛：紫苦苣菜捣汁水煎，点水酒服。（《滇南本草》）

306. 鳢肠 *Eclipta prostrata*（L.）L.

【别名】旱莲草、墨旱莲、金陵草。

【形态特征】一年生草本，茎直立，斜升或平卧，高达 60 厘米，通常自基部分枝，被贴生糙毛。

叶长圆状披针形或披针形，无柄或有极短的柄，长 3 ～ 10 厘米，宽 0.5 ～ 2.5 厘米，顶端尖或渐尖，边缘有细锯齿或有时仅波状，两面密被硬糙毛。头状花序直径 6 ～ 8 毫米，有长 2 ～ 4 厘米的细花序梗；总苞球状钟形，总苞片绿色，草质，5 ～ 6 个排成 2 层，长圆形或长圆状披针形，外层较内层稍短，背面及边缘被白色短伏毛；外围的雌花 2 层，舌状，长 2 ～ 3 毫米，舌片短，顶端 2 浅裂或全缘，中央的两性花多数，花冠管状，白色，长约 1.5 毫米，顶端 4 齿裂；花柱分枝钝，有乳头状突起；花托凸，有披针形或线形的托片。托片中部以上有微毛；瘦果暗褐色，长 2.8 毫米，雌花的瘦果三棱形，两性花的瘦果扁四棱形，顶端截形，具 1 ～ 3 个细齿，基部稍缩小，边缘具白色的肋，表面有小瘤状突起，无毛。花期 6—9 月。

【产地、生长环境与分布】分布于湖北省十堰市茅箭区南部山区，生于海拔 200 ～ 600 米的田边、河边、路边。

【药用部位】全草。

【采集加工】春、秋季采收，洗净，晒干。

【性味】味甘、酸，性寒。

【功能主治】补益肝肾，凉血止血；主治肝肾不足，头晕目眩，须发早白，吐血，咯血，衄血，尿血，血痢，崩漏，外伤出血。

【成分】本品含鳢肠素、苦味物质、鞣质、维生素 A 类物质。

【用法用量】内服：煎汤，9 ～ 30 克；或熬膏；或捣汁；或入丸、散。外用：适量，捣敷；或捣绒塞鼻；或研末敷。脾肾虚寒者慎服。

【验方参考】（1）治尿血：车前草叶、金陵草叶各适量。上二味，捣取自然汁一盏，空腹饮之。（《医学正传》）

（2）治血淋：旱莲草、芭蕉根（细锉）各二两。上二味，粗捣筛。水一盏半，煎至八分，去滓，温服，每服五钱匕，日二服。（《圣济总录》）

（3）治白发，生黑发；旱莲草 8000 克（六月下旬至七月上旬采，不许水洗，扭干取汁，晒五日，不住手搅一午时）、真生姜汁 500 克、蜜 500 克（和汁同前晒）。搅至数日，似稀糖成膏，瓷碗收藏。每日空腹时，用无灰酒酌量，加药 10 毫升服。午后又一服。至二十一日，将白须发拔去，即长出黑须发。（《古今医鉴》）

307. 山马兰 *Kalimeris lautureana*（Debx.）Kitam.

【形态特征】多年生草本，高50～100厘米。茎直立，单生或2～3个簇生，具沟纹，被白色向上的糙毛，上部分枝。叶厚或近革质，下部叶花期枯萎；中部叶披针形或矩圆状披针形，长3～6（9）厘米，宽0.5～2（4）厘米，顶端渐尖或钝，茎部渐狭，无柄，有疏齿或羽状浅裂，分枝上的叶条状披针形，全缘，全部叶两面疏生短糙毛或无毛，边缘均有短糙毛。头状花序单生于分枝顶端且排成伞房状，直径2～3.5厘米。总苞半球形，直径10～14毫米；总苞片3层，覆瓦状排列，上部绿色，无毛，外层较短，长椭圆形，顶端微尖，内层倒披针状长椭圆形，长5～6毫米，宽2～3毫米，顶端钝，边缘有膜质缝状边缘。舌状花淡蓝色，长1.5～2厘米，宽2～3毫米，管部长约1.8毫米；管状花黄色，长约4毫米，管部长约1.3毫米。瘦果倒卵形，长3（4）毫米，宽约2毫米，扁平，淡褐色，疏生短柔毛，有浅色边肋或偶有3肋而果呈三棱形。冠毛淡红色，长0.5～1毫米。

【产地、生长环境与分布】分布于湖北省十堰市茅箭区南部山区，生于海拔200～600米山坡、草地、灌丛、河边水湿地、田边、路旁。

【药用部位】全草。

【采集加工】8—9月采收，洗净，鲜用或晒干。

【性味】味苦，性寒。

【功能主治】清热解毒，止血。

【用法用量】内服：煎汤，10～15克。外用：适量，捣敷。

308. 泥胡菜 *Hemisteptia lyrata*（Bunge）Fisher et C. A. Meger

【别名】苦马菜、牛插鼻。

【形态特征】一年生草本，高30～100厘米。茎单生，很少簇生，通常纤细，被稀疏蛛丝毛，上部常分枝，少有不分枝的。基生叶长椭圆形或倒披针形，花期通常枯萎；中下部茎叶与基生叶同型，长4～15厘米或更长，宽1.5～5厘米或更宽，全部叶大头羽状深裂或几全裂，侧裂片2～6对，通常4～6对，极少为1对，倒卵形、长椭圆形、匙形、倒披针形或披针形，向基部的侧裂片渐小，顶裂片大，长菱形、三角形或卵形，全部裂片边缘具三角形锯齿或重锯齿，侧裂片边缘通常为稀锯齿，最下部侧裂片通常无

锯齿；有时全部茎叶不裂或下部茎叶不裂，边缘有锯齿
或无锯齿。全部茎叶质地薄，两面异色，上面绿色，无毛，
下面灰白色，被厚或薄茸毛，基生叶及下部茎叶有长叶柄，
叶柄长达8厘米，柄基扩大抱茎，上部茎叶的叶柄渐短，
最上部茎叶无柄。

【产地、生长环境与分布】分布于湖北省十堰市茅
箭区南部山区，生于海拔200～700米的山坡、草地、
灌丛、河边水湿地、田边、路旁。

【药用部位】全草。

【采集加工】夏、秋季采收，洗净，晒干。

【性味】味辛，性平。

【功能主治】清热解毒，消肿祛瘀；主治痔漏，疮
疖痈肿，外伤出血，骨折。

【用法用量】内服：煎汤，3～5钱。外用：适量，
捣敷；或煎水洗。

309. 牛膝菊 *Galinsoga parviflora* Cav.

【别名】辣子草、向阳花、珍珠草。

【形态特征】一年生植物，高10～80厘米。茎纤
细，基部直径不足1毫米，或粗壮，基部直径约4毫米，
不分枝或自基部分枝，分枝斜升，全部茎枝被疏散或上
部稠密的贴伏短柔毛和少量腺毛，茎基部和中部花期脱
毛或稀毛。叶对生，卵形或长椭圆状卵形，长（1.5）
2.5～5.5厘米，宽（0.6）1.2～3.5厘米，基部圆形、
宽或狭楔形，顶端渐尖或钝，基出三脉或不明显五出脉，
在叶下面稍突起，在上面平，有叶柄，柄长1～2厘米；
向上及花序下部的叶渐小，通常披针形；全部茎叶两面
粗涩，被白色稀疏贴伏的短柔毛，沿脉和叶柄上的毛较
密，边缘浅或钝锯齿，或波状浅锯齿，在花序下部的叶
有时全缘或近全缘。头状花序半球形，有长花梗，多数
在茎枝顶端排成疏松的伞房花序，花序直径约3厘米。
总苞半球形或宽钟状，宽3～6毫米；总苞片1～2层，
约5个，外层短，内层卵形或卵圆形，长3毫米，顶端
圆钝，白色，膜质。舌状花4～5个，舌片白色，顶端
3齿裂，筒部细管状，外面被稠密白色短柔毛；管状花
花冠长约1毫米，黄色，下部被稠密的白色短柔毛。托片倒披针形或长倒披针形，纸质，顶端3裂、

不裂或侧裂。瘦果长 1 ～ 1.5 毫米，3 棱或中央的瘦果 4 ～ 5 棱，黑色或黑褐色，常压扁，被白色微毛。舌状花冠毛毛状，脱落；管状花冠毛膜片状，白色，披针形，边缘流苏状，固结于冠毛环上，正体脱落。花果期 7—10 月。

【产地、生长环境与分布】分布于湖北省十堰市茅箭区，生于海拔 400 ～ 2000 米的山坡林中、林缘、灌丛中、草地、荒地、田间、路旁或溪旁。

【药用部位】全草。

【采集加工】夏、秋季采收，洗净，鲜用或晒干。

【性味】味淡，性平。

【功能主治】清热解毒，止咳平喘，止血；主治扁桃体炎，咽喉炎，黄疸型肝炎，咳喘，肺结核，外伤出血。

【用法用量】内服：煎汤，30 ～ 60 克。外用：适量，研末敷。

310. 蒲公英 *Taraxacum mongolicum* Hand. -Mazz.

【别名】黄花地丁、黄花苗。

【形态特征】多年生草本。根圆柱状，黑褐色，粗壮。叶倒卵状披针形、倒披针形或长圆状披针形，长 4 ～ 20 厘米，宽 1 ～ 5 厘米，先端钝或急尖，边缘有时具波状齿或羽状深裂，有时倒向羽状深裂或大头羽状深裂，顶端裂片较大，三角形或三角状戟形，全缘或具齿，每侧裂片 3 ～ 5 片，裂片三角形或三角状披针形，通常具齿，平展或倒向，裂片间常夹生小齿，基部渐狭成叶柄，叶柄及主脉常带紫红色，疏被蛛丝状白色柔毛或几无毛。花葶 1 至数个，与叶等长或稍长，高 10 ～ 25 厘米，上部紫红色，密被蛛丝状白色长柔毛；头状花序直径 30 ～ 40 毫米；总苞钟状，长 12 ～ 14 毫米，淡绿色；总苞片 2 ～ 3 层，外层总苞片卵状披针形或披针形，长 8 ～ 10 毫米，宽 1 ～ 2 毫米，边缘宽膜质，基部淡绿色，上部紫红色，先端增厚或具小到中等的角状突起；内层总苞片线状披针形，长 10 ～ 16 毫米，宽 2 ～ 3 毫米，先端紫红色，具小角状突起；舌状花黄色，舌片长约 8 毫米，宽约 1.5 毫米，边缘花舌片背面具紫红色条纹，花药和柱头暗绿色。瘦果倒卵状披针形，暗褐色，长 4 ～ 5 毫米，宽 1 ～ 1.5 毫米，上部具小刺，下部具成行排列的小瘤，顶端逐渐收缩为长约 1 毫米的圆锥至圆柱形喙基，喙长 6 ～ 10 毫米，纤细；冠毛白色，长约 6 毫米。花期 4—9 月，果期 5—10 月。

【产地、生长环境与分布】分布于湖北省十堰市茅箭区，生于海拔400～2000米的山坡林中、林缘、灌丛中、草地、荒地、田间、路旁或溪旁。

【药用部位】全草。

【采集加工】春季至秋季花初开时采挖，除去杂质，洗净，晒干。

【性味】味苦、甘，性寒。

【功能主治】清热解毒，消肿散结，利尿通淋；主治疮疖痈肿，乳痈，瘰疬，目赤，咽痛，肺痈，肠痈，湿热黄疸，热淋涩痛。

【用法用量】内服：9～15克。外用：鲜品适量，捣敷；或煎汤熏洗患处。

311. 千里光 *Senecio scandens* Buch. —Ham. ex D. Don

【别名】千里及、眼明草、九里光、金钗草、九里明、黄花草、九岭光、一扫光、九龙光、千里明、百花草、九龙明、黄花母、七里光、黄花枝草、粗糠花、野菊花、箭草、青龙梗、木莲草等。

【形态特征】多年生草本。根状茎木质，粗，直径达1.5厘米。茎伸长，弯曲，长2～5米，多分枝，被柔毛或无毛，老时变木质，皮淡色。叶具柄，叶片卵状披针形至长三角形，长2.5～12厘米，宽2～4.5厘米，顶端渐尖，基部宽楔形、截形、戟形，稀心形，通常具浅或深齿，稀全缘，有时具细裂或羽状浅裂，至少向基部具1～3对较小的侧裂片，两面被短柔毛或无毛；羽状脉，侧脉7～9对，弧状，叶脉明显；叶柄长0.5～1(2)厘米，具柔毛或近无毛，无耳或基部有小耳；上部叶变小，披针形或线状披针形，长渐尖。头状花序有舌状花，多数，在茎枝端排成顶生复聚伞圆锥花序；分枝和花序梗被密至疏短柔毛；花序梗长1～2厘米，具苞片，小苞片通常1～10，线状钻形。总苞圆柱状钟形，长5～8毫米，宽3～6毫米，具外层苞片；苞片约8，线状钻形，长2～3毫米。总苞片12～13，线状披针形，渐尖，上端和上部边缘有缘毛状短柔毛，草质，边缘宽干膜质，背面有短柔毛或无毛，具3脉。舌状花8～10，管部长4.5毫米；舌片黄色，长圆形，长9～10毫米，宽2毫米，钝，具3细齿，具4脉；管状花多数；花冠黄色，长7.5毫米，管部长3.5毫米，檐部漏斗状；裂片卵状长圆形，尖，上端有乳头状毛。花药长2.3毫米，基部有钝耳；耳长约为花药颈部的1/7；附片卵状披针形；花药颈部伸长，向基部略膨大；花柱分枝长1.8毫米，顶端截形，有乳头状毛。瘦果圆柱形，长3毫米，被柔毛；冠毛白色，长7.5毫米。

【产地、生长环境与分布】分布于湖北省十堰市茅箭区南部山区，生于海拔300～1500米的山坡、草地、灌丛。

【药用部位】全草。

【采集加工】9—10 月采割，鲜用或晒干。

【性味】味苦、辛，性寒。

【功能主治】清热解毒，明目退翳，杀虫止痒。

【用法用量】内服：煎汤，15 ～ 30 克。外用：适量，煎水洗；或熬膏搽；或鲜草捣敷；或捣汁点眼。

312. 秋英 *Cosmos bipinnatus* Cav.

【形态特征】一年生或多年生草本，高 1 ～ 2 米。根纺锤状，多须根，或近茎基部有不定根。茎无毛或稍被柔毛。叶二次羽状深裂，裂片线形或丝状线形。头状花序单生，直径 3 ～ 6 厘米；花序梗长 6 ～ 18 厘米。总苞片外层披针形或线状披针形，近革质，淡绿色，具深紫色条纹，上端长狭尖，长 10 ～ 15 毫米，内层椭圆状卵形，膜质。托片平展，上端呈丝状，与瘦果近等长。舌状花紫红色、粉红色或白色；舌片椭圆状倒卵形，长 2 ～ 3 厘米，宽 1.2 ～ 1.8 厘米，有 3 ～ 5 钝齿；管状花黄色，长 6 ～ 8 毫米，管部短，上部圆柱形，有披针状裂片；花柱具短突尖的附器。瘦果黑紫色，长 8 ～ 12 毫米，无毛，上端具长喙，有 2 ～ 3 尖刺。花期 6—8 月，果期 9—10 月。

【产地、生长环境与分布】分布于湖北省十堰市茅箭区，生于海拔 2700 米以下的路旁、田埂、溪岸等地。

【药用部位】全草。

【采集加工】春、夏季采收，鲜用或切段晒干。

【性味】味甘，性平。

【功能主治】清热解毒，明目化湿，对急性、慢性、细菌性痢疾和目赤肿痛等症有辅助治疗的作用。

【用法用量】内服：煎汤，全草 1 ～ 2 两。外用：鲜全草加红糖适量，捣敷。

313. 蓍 *Achillea millefolium* L.

【形态特征】多年生草本，具细的匍匐根茎。茎直立，高 40 ～ 100 厘米，有细条纹，通常被白色长柔毛，上部分枝或不分枝，中部以上叶腋常有缩短的不育枝。叶无柄，披针形、矩圆状披针形或近条形，长 5～7 厘米，宽 1～1.5 厘米，下面被较密的贴伏长柔毛。下部叶和营养枝的叶长 10～20 厘米，宽 1～2.5 厘米。头状花序多数，密集成直径 2～6 厘米的复伞房状花序；总苞矩圆形或近卵形，长约 4 毫米，宽约 3 毫米，疏生柔毛；总苞片 3 层，覆瓦状排列，椭圆形至矩圆形，长 1.5～3 毫米，宽 1～1.3 毫米，中间绿色，中脉突起，边缘膜质，棕色或淡黄色；托片矩圆状椭圆形，膜质，背面散生黄色闪亮的腺点，上部被短柔毛。边花 5 朵；舌片近圆形，白色、粉红色或淡紫红色，长 1.5～3 毫米，宽 2～2.5 毫米，顶端 2～3 齿；盘花两性，管状，黄色，长 2.2～3 毫米，5 齿裂，外面具腺点。瘦果矩圆形，长约 2 毫米，淡绿色，有狭的淡白色边肋，无冠状冠毛。花果期 7—9 月。

【产地、生长环境与分布】分布于湖北省十堰市茅箭区南部山区，生于海拔 200～1300 米的低海拔至中海拔地区的林缘、路旁、屋边及山坡向阳处。

【药用部位】全草。

【采集加工】夏、秋季花开时采割，除去杂质，阴干。

【性味】味苦、酸，性平。

【功能主治】解毒利湿，活血止痛。

【成分】本品含挥发油、蓍草素、生物碱、黄酮、多种氨基酸等。

【用法用量】内服：煎汤，1～3 钱；或浸酒。外用：适量，鲜品捣敷。

314. 矢车菊 *Centaurea cyanus* L.

【形态特征】一年生或二年生草本，高 30～70 厘米或更高，直立，自中部分枝，极少不分枝。全部茎枝灰白色，被蛛丝状卷毛。基生叶及下部茎叶长椭圆状倒披针形或披针形，不分裂，边缘全缘无锯齿或边缘具疏锯齿至大头羽状分裂，侧裂片 1～3 对，长椭圆状披针形、线状披针形或线形，边缘全缘无锯齿，顶裂片较大，长椭圆状倒披针形或披针形，边缘有小锯齿。中部茎叶线形、宽线形或线状披针形，长 4～9 厘米，宽 4～8 毫米，顶端渐尖，基部楔状，无叶柄，边缘全缘无锯齿，上部茎叶与中部茎叶同型，但渐小。全部茎叶两面异色或近异色，上面绿色或灰绿色，被稀疏蛛丝毛，下面灰白色，被薄茸毛。头状花序多数，或少数在茎枝顶端排成伞房花序或圆锥花序。瘦果椭圆形，长3毫米，宽1.5毫米，有细条纹，被稀疏的白色柔毛。冠毛白色或浅土红色，2列，外列多层，向内层渐长，长达3毫米，内列1层，极短；全部冠毛刚毛毛状。花果期2—8月。

【产地、生长环境与分布】分布于湖北省十堰市茅箭区南部山区，生于海拔200～600米的肥沃、疏松和排水良好的沙壤土中。

【药用部位】头状花序。

【采集加工】盛花期4—5月采收。

【性味】性平、凉。

【功能主治】助消化，利尿消肿，清肝明目。

【成分】不详。

【用法用量】内服：5～10克。

315. 鼠曲草 *Gnaphalium affine* D. Don

【别名】黄花曲草、清明菜、田艾、佛耳草、酒曲绒。

【形态特征】一年生草本。茎直立或基部发出的枝下部斜升，高10～40厘米或更高，基部直径约3毫米，上部不分枝，有沟纹，被白色厚绵毛，节间长8～20毫米，上部节间罕有达5厘米。叶无柄，匙状倒披针形或倒卵状匙形，长5～7厘米，宽11～14毫米，上部叶长15～20毫米，宽2～5毫米，基部渐狭，稍下延，顶端圆，具刺尖头，两面被白色绵毛，上面常较薄，叶脉1条，在下面不明显。头状花序较多或较少，直径2～3毫米，近无柄，在枝顶密集成伞房花序，花黄色至淡黄色；总苞钟形，直径2～3毫米；总苞片2～3层，金黄色或柠檬黄色，膜质，有光泽，外层倒卵形或匙状倒卵形，背面基部被绵毛，顶端圆，基部渐狭，长约2毫米，内层长匙形，背面通常无毛，顶端钝，长2.5～3毫米；花托中央稍凹入，无毛。雌花多数，花冠细管状，长约2毫米，花冠顶端扩大，3齿裂，裂片无毛。两性花较少，管状，长约3毫米，向上渐扩大，檐部5浅裂，裂片三角状渐尖，无毛。瘦果倒卵形或倒卵状圆柱形，长约0.5毫米，有乳头状突起。冠毛粗糙，污白色，易脱落，长约1.5毫米，基部连合成2束。花期1—4月、8—11月。

【产地、生长环境与分布】分布于湖北省十堰市茅箭区南部山区，生于海拔300～1500米的山坡、草地、灌丛。

【药用部位】全草。

【采集加工】夏、秋季采收，洗净，鲜用或晒干。

【性味】味甘，性平。

【功能主治】化痰，止咳，祛风寒；主治咳嗽痰多，气喘，风寒感冒，蚕豆病，筋骨疼痛，带下，痈疡。

【用法用量】内服：煎汤，6～15克；或研末；或浸酒。外用：适量，煎水洗；或捣敷。过用损目。

316. 天名精 *Carpesium abrotanoides* L.

【形态特征】多年生草本，高50～100厘米。茎直立，上部多分枝，密生短柔毛，下部近无毛。叶互生；下部叶片宽椭圆形或长圆形，长10～15厘米，宽5～8厘米，先端尖或钝，基部狭成具翅的叶柄，边缘有不规则的锯齿或全缘，上面有贴生短毛，下面有短柔毛和腺点，上部叶片渐小，长圆形，无柄。头状花序多数，沿茎枝腋生，有短梗或近无梗，直径6～8毫米，平立或稍下垂；总苞钟状球形，总苞片3层，外层极短，卵形，先端尖，有短柔毛，中层和内层长圆形，先端圆钝，无毛；花黄色，外围的雌花花冠丝状，3～5齿裂，中央的两性花花冠筒状，先端5齿裂。瘦果条形，具细纵条，先端有短喙，有腺点，无冠毛。花期6—8月，果期9—10月。

【产地、生长环境与分布】分布于湖北省十堰市茅箭区南部山区，生于海拔2000米以下的山坡、路旁或草坪上。

【药用部位】全草。

【采集加工】7—8月采收，洗净，鲜用或晒干。取原药材，除去杂质，用水洗净，稍润，切段，干燥。

【性味】味辛，性寒。

【功能主治】祛痰，清热，止血，解毒，杀虫。

【成分】全草含倍半萜内酯、天名精内酯酮、鹤虱内酯等。

【用法用量】内服：煎汤，9～15克；或研末，3～6克；或捣汁；或入丸、散。外用：适量，捣敷；或煎汤熏洗、含漱。

317. 黄腺香青 *Anaphalis aureopunctata* Lingelsheim et Borza

【形态特征】根状茎细或稍粗壮，有长达12厘米或稀达20厘米的匍匐枝。茎直立或斜升，高20～50厘米，细或粗壮，不分枝，稀在花后有直立的花枝，草质或基部稍木质，被白色或灰白色蛛丝状绵毛。头状花序多数或极多数密集成复伞房状；花序梗纤细。总苞钟状或狭钟状，长5～6毫米，直径约5毫米；总苞片约5层，外层浅或深褐色，卵圆形，长约2毫米，被绵毛；内层白色或黄白色，长约5毫米，在雄株顶端宽圆形，宽达2.5毫米，在雌株顶端钝或稍尖，宽约1.5毫米，最内层较短狭，匙形或长圆形有长达全长2/3的爪部。花托有繸状突起。雌株头状花序有多数雌花，中央有3～4朵雄花；雄株头状花序全部有雄花或外围有3～4朵雌花。花冠长3～3.5毫米。冠毛较花冠稍长；雄花冠毛上部宽扁，有微齿。瘦果长达1毫米，被微毛。花期7—9月，果期9—10月。

【产地、生长环境与分布】产于湖北省十堰市茅箭区，生于海拔1000～2700米的山地和湿地。

【药用部位】全草。

【采集加工】秋季采挖，洗净，鲜用或晒干备用。

【性味】味甘，性凉。

【功能主治】清热解毒，利湿消肿。

【成分】本品含挥发油、黄酮苷类成分。

【用法用量】内服：鲜叶适量，捣烂取汁，开水冲服；或全草3钱，煎汤，但不宜久煎。

318. 菊芋 *Helianthus tuberosus* L.

【别名】洋姜。

【形态特征】多年生草本，高1～3米，有块状的地下茎及纤维状根。茎直立，有分枝，被白色短糙毛或刚毛。叶通常对生，有叶柄，但上部叶互生；下部叶卵圆形或卵状椭圆形，有长柄，长10～16厘米，宽3～6厘米，基部宽楔形或圆形，有时微心形，顶端渐细尖，边缘有粗锯齿，有离基三出脉，上面被白色短粗毛，下面被柔毛，叶脉上有短硬毛，上部叶长椭圆形至阔披针形，基部渐狭，下延成短翅状，顶端渐尖，短尾状。头状花序较大，少数或多数，单生于枝端，有1～2个线状披针形的苞叶，直立，直径2～5厘米，总苞片多层，披针形，长14～17毫米，宽2～3毫米，顶端长渐尖，背面被短伏毛，边缘被开展的缘毛；托片长圆形，长 8 毫米，背面有肋，上端不等三浅裂。舌状花通常 12 ～ 20 个，舌片黄色，开展，长椭圆形，长 1.7 ～ 3 厘米；管状花花冠黄色，长 6 毫米。瘦果小，楔形，上端有 2 ～ 4 个有毛的锥状扁芒。花期 8—9 月。

【产地、生长环境与分布】分布于湖北省十堰市茅箭区南部山区，生于海拔 2700 米以下的路旁、田埂、溪岸。

【药用部位】地下块茎。

【采集加工】秋季采挖块茎，洗净，晒干。

【性味】味甘、微苦，性凉。

【功能主治】清热凉血，消肿；主治热病，肠热出血，跌打损伤，骨折肿痛。

【用法用量】内服：煎汤，10 ～ 15 克；或块茎 1 个，生嚼服。

319. 线叶旋覆花 *Inula linariifolia Turcz.*

【别名】金沸草。

【形态特征】基部常有不定根。茎直立，单生或 2 ～ 3 个簇生，高 30 ～ 80 厘米，多少粗壮，有细沟，被短柔毛，上部常被长毛，杂有腺体，中部以上或上部有多数细长常稍直立的分枝，全部有稍密的叶，节间长 1 ～ 4 厘米。基部叶和下部叶线状披针形，有时椭圆状披针形，长 5 ～ 15 厘米，宽 0.7 ～ 1.5 厘米，下部渐狭成长柄，边缘常反卷，有不明显的小锯齿，顶端渐尖，质较厚，上面无毛，下面有腺点，被蛛丝状短柔毛或长伏毛；中脉在上面稍下陷，网脉有时明显；中部叶渐无柄，上部叶渐狭小，线状披针形至线形。头状花序直径 1.5 ～ 2.5 厘米，在枝端单生或 3 ～ 5 个排成伞房状；花序梗短或细长。总苞半球形，长 5 ～ 6 毫米；总苞片约 4 层，多少等长或外层较短，线状披针形，上部叶质，被腺和短柔毛，下部革质，但有时最外层叶状，较总苞稍长；内层较狭，顶端尖，除中脉外干膜质，有缘毛。舌状花较总苞长 2 倍；舌片黄色，长圆状线形，长达 10 毫米。管状花长 3.5 ～ 4 毫米，有尖三角形裂片。冠毛 1 层，白色，与管状花花冠等长，有多数微糙毛。子房和瘦果圆柱形，有细沟，被短粗毛。花期 7—9 月，果期 8—10 月。

【产地、生长环境与分布】分布于湖北省十堰市茅箭区南部山区，生于海拔 200 ～ 600 米的田边、河边、路边。

【药用部位】茎、叶。

【采集加工】9—10 月采收全草，晒干。拣去杂质，洗净，捞出焖润，切段，晒干。

【性味】味咸，性温。

【功能主治】散风寒，化痰饮，消肿毒；主治风寒咳嗽，伏饮痰喘，胁下胀痛，疔疮，肿毒。

【用法用量】内服：煎汤，3～9 克；或鲜品捣汁。外用：适量，捣敷；或煎水洗。

320. 多须公 *Eupatorium chinense* L.

【别名】华泽兰。

【形态特征】多年生草本或半灌木，高可达 1.5 米。根多数，细长圆柱形，根茎粗壮。茎上部或花序分枝被细柔毛。单叶对生；有短叶柄；叶片卵形、长卵形或宽卵形，长 3.5～10 厘米，宽 2～5 厘米，先端急尖、短尖或长渐尖，基部圆形或截形，边缘有不规则的圆锯齿，上面无毛，下面被柔毛及腺点。头状花序多数，在茎顶或分枝顶端排成伞房或复伞房花序；总苞狭钟状；总苞片 3 层，先端钝或稍圆；头状花序含 5～6 小花，花两性，筒状，白色或有时粉红色；花冠长 5 毫米。瘦果圆柱形，有 5 纵肋，被短毛及腺点，冠毛 1 列，刺毛状。花期 6—9 月。

【产地、生长环境与分布】分布于湖北省十堰市茅箭区南部山区，生于海拔 200～1300 米的低海拔至中海拔地区的林缘、路旁。

【药用部位】全草。

【采集加工】夏、秋季采挖，洗净，鲜用或晒干。

【性味】味苦、辛，性平；有毒。

【功能主治】清热解毒，疏肝活血；主治风热感冒，胸胁痛，脘痛腹胀，跌打损伤，疮痈肿毒，蛇咬伤。

【用法用量】内服：煎汤，10～20克（鲜品30～60克）。外用：适量，捣敷；或煎水洗。

321. 佩兰 *Eupatorium fortunei* Turcz.

【别名】兰草、香草。

【形态特征】多年生草本，高40～100厘米。根茎横走，淡红褐色。茎直立，绿色或紫红色，基部茎达0.5厘米，分枝少或仅在茎顶有伞房状花序分枝。全部茎枝被稀疏的短柔毛，花序分枝及花序梗上的毛较密。中部茎叶较大，三全裂或三深裂，总叶柄长0.7～1厘米；中裂片较大，长椭圆形、长椭圆状披针形或倒披针形，长5～10厘米，宽1.5～2.5厘米，顶端渐尖，侧生裂片与中裂片同型但较小，上部的茎叶常不分裂；或全部茎叶不裂，披针形、长椭圆状披针形或长椭圆形，长6～12厘米，宽2.5～4.5厘米，叶柄长1～1.5厘米。全部茎叶两面光滑，无毛无腺点，羽状脉，边缘有粗齿或不规则的细齿。中部以下茎叶渐小，基部叶花期枯萎。头状花序多数在茎顶及枝端排成复伞房花序，花序直径3～6（10）厘米。总苞钟状，长6～7毫米；总苞片2～3层，覆瓦状排列，外层短，卵状披针形，中内层苞片渐长，长约7毫米，长椭圆形；全部苞片紫红色，外面无毛无腺点，顶端钝。花白色或微带红色，花冠长约5毫米，外面无腺点。瘦果黑褐色，长椭圆形，5棱，长3～4毫米，无毛无腺点；冠毛白色，长约5毫米。花果期7—11月。

【产地、生长环境与分布】分布于湖北省十堰市茅箭区南部山区，生于海拔300～1500米的山坡、草地、灌丛。

【药用部位】地上部分。

【采集加工】每年可收割地上部分2～3次，在7月、9月各收割1次，有些地区秋后还可收割1次，连续收割3～4年。选晴天中午收割，此时植株内挥发油含量最高，收回后立即摊晒至半干，扎成束，放回潮，再晒至全干。亦可晒12小时后，切成10厘米长的小段，晒至全干。

【性味】味辛，性平。

【功能主治】解暑化湿，辟秽和中；主治寒热头痛，湿热内蕴，脘痞不饥，恶心呕吐，口中甜腻，消渴。

322. 紫菀 *Aster tataricus* L. f.

【形态特征】多年生草本，根状茎斜升。茎直立，高40～50厘米，粗壮，基部有纤维状枯叶残片且常有不定根，有棱及沟，疏被粗毛，有疏生的叶。基部叶在花期枯落，长圆状或椭圆状匙形，下半部渐狭成长柄，连柄长20～50厘米，宽3～13厘米，顶端尖或渐尖，边缘有具小尖头的圆齿或浅齿。全部叶厚纸质，上面被短糙毛，下面被稀疏的但沿脉较密的短粗毛；中脉粗壮。头状花序多数，直径2.5～4.5厘米，在茎和枝端排成复伞房状；花序梗长，有线形苞叶。舌状花约20个；管部长3毫米，舌片蓝紫色，长15～17毫米，宽2.5～3.5毫米，有4至多脉；管状花长6～7毫米且稍有毛，裂片长1.5毫米；花柱附片披针形，长0.5毫米。瘦果倒卵状长圆形，紫褐色，长2.5～3毫米，两面各有1脉或少有3脉，上部疏被粗毛。冠毛污白色或带红色，长6毫米，有多数不等长的糙毛。花期7—9月，果期8—10月。

【产地、生长环境与分布】分布于湖北省十堰市茅箭区南部山区，生于海拔200～700米的山坡、草地、灌丛、河边水湿地、田边、路旁。

【药用部位】干燥根及根茎。

【采集加工】春、秋季采挖，编成辫状晒干，或直接晒干。

【性味】味苦，性温。归肺经。

【功能主治】温肺，下气，消痰，止咳。

【成分】根含紫菀酮、紫菀皂苷、槲皮素，挥发油中含毛叶醇、乙酸毛叶酯、茴香醚、脂肪酸等。

【用法用量】内服：煎汤，0.5～3钱；或入丸、散。

九十、百合科

323. 光叶菝葜 *Smilax glabra* Roxb.

【别名】土茯苓。

【形态特征】多年生攀缘灌木。根状茎粗厚，块状，常由匍匐茎相连接，粗2～5厘米。茎长1～4

米，枝条光滑，无刺。叶薄革质，狭椭圆状披针形至狭卵状披针形，长 6～12（15）厘米，宽 1～4（7）厘米，先端渐尖，下面通常绿色，有时带苍白色；叶柄长 5～15（20）毫米，占全长的 1/4～3/5，具狭鞘，有卷须，脱落点位于近顶端。伞形花序通常具 10 余朵花；总花梗长 1～5（8）毫米，通常明显短于叶柄，极少与叶柄近等长；在总花梗与叶柄之间有一芽；花序托膨大，连同多数宿存的小苞片多少呈莲座状，宽 2～5 毫米；花绿白色，六棱状球形，直径约 3 毫米；雄花外花被片近扁圆形，宽约 2 毫米，兜状，背面中央具纵槽；内花被片近圆形，宽约 1 毫米，边缘有不规则的齿；雄蕊靠合，与内花被片近等长，花丝极短；雌花外形与雄花相似，但内花被片边缘无齿，具 3 枚退化雄蕊。浆果直径 7～10 毫米，熟时紫黑色，具粉霜。花期 7—11 月，果期 11 月至次年 4 月。

【产地、生长环境与分布】甘肃和长江以南地区均有分布，湖北省十堰市茅箭区南部山区亦有分布，生于海拔 400～2000 米的山坡林中、林缘、灌丛中、草地、荒地、田间、路旁或溪旁。

【药用部位】根茎。

【采集加工】2 月或 8 月采挖根茎，除去泥土及须根，晒干。

【性味】味甘，性平。

【功能主治】祛风利湿，解毒消痈；主治风湿痹痛，淋浊，带下，泄泻，痢疾，疮痈肿毒，疥癣，烧烫伤。

【成分】根含菝葜素、齐墩果酸、山奈素、二氢山奈素、β-谷甾醇、薯蓣皂苷、纤细薯蓣皂苷等。

【用法用量】内服：煎肠，10～30 克；或浸酒；或入丸、散。

【验方参考】（1）治关节风湿痛：土茯苓、活血龙、山楂根各三至五钱，煎服。（《浙江民间常用草药》）

（2）治患脚，积年不能行，腰脊挛痹及腹屈内紧急者：光叶菝葜洗净，锉之，一斛，以水三斛，煮取九斗，以渍曲及煮去滓，取一斛渍饭，酿之如酒法，熟即取饮，多少任意。（《补辑肘后方》）

（3）治筋骨麻木：菝葜浸酒服。（《南京民间药草》）

（4）治消渴，饮水无休：菝葜（锉，炒），汤瓶内碱各一两，乌梅二个（并核捶碎，焙干），上粗捣筛。每服二钱，水一盏，瓦器煎七分，去滓，稍热细呷。（《普济方》菝葜饮）

（5）治小便多，滑数不禁：土茯苓为末，以好酒调三钱，服之。（《儒门事亲》）

324. 药百合 *Lilium speciosum* var. *gloriosoides* Baker

【形态特征】多年生草本鳞片宽披针形，长 2 厘米，宽 1.2 厘米，白色。茎高 60～120 厘米，无毛。叶散生，宽披针形、矩圆状披针形或卵状披针形，长 2.5～10 厘米，宽 2.5～4 厘米，先端渐尖，基部渐狭或近圆形，具 3～5 脉，两面无毛，边缘具小乳头状突起，有短柄，柄长约 5 毫米。花 1～5 朵，排列成总状花序或近伞形花序；苞片叶状，卵形，长 3.5～4 厘米，宽 2～2.5 厘米；花梗长达 11 厘米；花下垂，花被片长 6～7.5 厘米，反卷，边缘波状，白色，下部 1/3～1/2 有紫红色斑块和斑点，蜜腺两边有红色的流苏状突起和乳头状突起；雄蕊四面张开；花丝长 5.5～6 厘米，绿色，无毛，花药长 1.5～1.8 厘米，绛红色；子房圆柱形，长约 1.5 厘米；花柱长为子房的 2 倍，柱头膨大，稍 3 裂。蒴果近球形，宽 3 厘米，淡褐色，成熟时果梗膨大。花期 7—8 月，果期 10 月。

【产地、生长环境与分布】分布于湖北省十堰市茅箭区南部山区，生于低海拔、湿润的山谷、林缘。

【药用部位】鳞茎。

【采集加工】9—10 月茎叶枯萎后采挖，除去茎干、须根，将小鳞茎选留作种，将大鳞茎洗净，开水烫 5～10 分钟，然后薄摊晒干或炕干。

【性味】味甘、微苦，性微寒。

【功能主治】养阴润肺，清心安神；主治阴虚久咳，痰中带血，热病后期，余热未清，情志不遂所致的虚烦惊悸、失眠多梦、精神恍惚，痈肿，湿疮。

【成分】本品含岷江百合苷 A、岷江百合苷 D、3, 6′-O- 二阿魏酰蔗糖、1-O- 阿魏酰甘油、1-O- 对香豆酰甘油等。

【用法用量】内服：煎汤，6～12 克；或入丸、散；亦可蒸食、煮粥。外用：适量，捣敷。

325. 野百合 *Lilium brownii* F. E. Brown ex Miellez

【形态特征】多年生草本。鳞茎球形，直径 2～4.5 厘米；鳞片披针形，长 1.8～4 厘米，宽 0.8～1.4 厘米，无节，白色。茎高 0.7～2 米，有的有紫色条纹，有的下部有小乳头状突起。叶散生，通常自下向上渐小，披针形、窄披针形至条形，长 7～15 厘米，宽（0.6）1～2 厘米，先端渐尖，基部渐狭，具 5～7 脉，全缘，两面无毛。花单生或几朵排成近伞形；花梗长 3～10 厘米，稍弯；苞片披针形，长 3～9 厘米，宽 0.6～1.8 厘米；花喇叭形，有香气，乳白色，外面稍带紫色，无斑点，向外张开或先端外弯而不卷，长 13～18 厘米；外轮花被片宽 2～4.3 厘米，先端尖；内轮花被片宽 3.4～5 厘米，蜜腺两边具小乳头状突起；雄蕊向上弯，花丝长 10～13 厘米，中部以下密被柔毛，少有具稀疏的毛或无毛；花药长椭圆形，长 1.1～1.6 厘米；子房圆柱形，长 3.2～3.6 厘米，宽 4 毫米，花柱

长 8.5 ～ 11 厘米，柱头 3 裂。蒴果矩圆形，长 4.5 ～ 6
厘米，宽约 3.5 厘米，有棱，具多数种子。花期 5—6 月，
果期 9—10 月。

【产地、生长环境与分布】分布于湖北省十堰市茅
箭区南部山区，生于低海拔、湿润的山谷、林缘。

【药用部位】花。

【采集加工】6—7 月采摘，阴干或晒干。

【性味】味甘、苦，性微寒。

【功能主治】清热润肺，宁心安神；主治咳嗽痰少
或黏，眩晕，夜寐不安，天疱湿疮。

【成分】花粉含己糖激酶，还含蛋白质、脂肪、淀粉、
还原糖、B 族维生素、泛酸、维生素 C、β - 胡萝卜素等。
花含 β - 胡萝卜素、正二十九酸、正二十七酸等。

【用法用量】内服：煎汤，6 ～ 12 克。外用：适量，
研末调敷。

326. 紫脊百合 *Lilium leucanthum var. centifolium*（Stapf ex Elwes）Stearn

【形态特征】多年生草本。鳞茎近球形，高 3.5 ～ 4 厘米，直径约 3 厘米；鳞片披针形，长 3.5 厘米，
宽约 1 厘米，干时褐黄色或紫色。茎高 60 ～ 150 厘米，有小乳头状突起。叶散生，披针形，长 8 ～ 17
厘米，宽 6 ～ 10 毫米，边缘无乳头状突起，上部叶腋间无珠芽。花单生或 2 ～ 4 朵；苞片矩圆状披针
形，长（4）5 ～ 6 厘米，稍宽于叶，宽 1.2 ～ 1.6 厘米；花梗长可达 6 厘米，紫色；花喇叭形，有微香，
白色，里面淡黄色，背脊及近脊处淡黄绿色，长 12 ～ 15 厘米；外轮花被片披针形，宽 1.6 ～ 2.8 厘米；
内轮花被片匙形，宽 2.6 ～ 3.8 厘米，先端钝圆，蜜腺无乳头状突起；花丝长 10 ～ 12 厘米，下部密被毛，
花药椭圆形，长约 1 厘米；子房圆柱形，长 2.6 ～ 4.5 厘米，宽 4 ～ 5 毫米，淡黄色；花柱长可达 10 厘米，
基部有毛；柱头膨大，直径 8 毫米，3 裂。花期 6—7 月。

【产地、生长环境与分布】分布于湖北省十堰市茅箭区南部山区，生于低海拔、湿润的山谷、林缘。

【药用部位】鳞茎。

【采集加工】9—10 月茎叶枯萎后采挖，去掉茎及须根，将小鳞茎选留作种，将大鳞茎洗净，从基部横切一刀，使鳞片分开，然后于开水中烫 5 ～ 10 分钟，当鳞片边缘变软，背面微裂时，迅速捞起，用清水冲去黏液，薄摊晒干或炕干。

【性味】味甘、微苦，性微寒。

【功能主治】养阴润肺，清心安神。

【用法用量】内服：煎汤，6 ～ 12 克；或入丸、散；亦可蒸食、煮粥。外用：适量，捣敷。

327. 葱 *Allium fistulosum* L.

【形态特征】多年生草本。鳞茎单生，圆柱状，稀为基部膨大的卵状圆柱形，粗 1 ～ 2 厘米，有时可达 4.5 厘米；鳞茎外皮白色，稀淡红褐色，膜质至薄革质，不破裂。叶圆筒状，中空，向顶端渐狭，约与花葶等长，粗 0.5 厘米以上。花葶圆柱状，中空，高 30 ～ 50（100）厘米，中部以下膨大，向顶端渐狭，在 1/3 以下被叶鞘；总苞膜质，2 裂；伞形花序球状，多花，较疏散；小花梗纤细，与花被片等长，或是其 2 ～ 3 倍长，基部无小苞片；花白色；花被片长 6 ～ 8.5 毫米，近卵形，先端渐尖，具反折的尖头，外轮的稍短；花丝为花被片长度的 1.5 ～ 2 倍，锥形，在基部合生并与花被片贴生；子房倒卵状，腹缝线基部具不明显的蜜穴；花柱细长，伸出花被外。花果期 4—7 月。

【产地、生长环境与分布】产于湖北省十堰市茅箭区田地。

【药用部位】葱须（根）、葱花（花）、葱白（鳞茎）、葱叶（叶）。

【采集加工】全年均可采摘，洗净，晒干。

【性味】味辛，性温。

【功能主治】根：祛风散寒，解毒，散瘀；主治风寒头痛，喉疮，痔疮，冻伤。

花：散寒通阳；主治脘腹冷痛，胀满。

鳞茎：发表，通阳，解毒，杀虫；主治感冒风寒，阴寒腹痛，二便不通，痢疾，疮痈肿毒，虫积腹痛。

叶：祛风发汗，解毒消肿；主治风寒感冒，头痛鼻塞，身热无汗，中风，面目浮肿，疮痈肿毒，跌打损伤。

【用法用量】内服：煎汤，9～15克；或酒煎；或煮粥食，每次可用鲜品15～30克。外用：适量，捣敷；或炒熨；或煎水洗；或用蜂蜜、醋调敷。

328. 韭菜 *Allium tuberosum* Rottler ex Sprengle

【别名】丰本、草钟乳、起阳草、懒人菜、长生韭、壮阳草、扁菜。

【形态特征】多年生草本。具倾斜的横生根状茎。鳞茎簇生，近圆柱状；鳞茎外皮暗黄色至黄褐色，破裂成纤维状，呈网状或近网状。叶条形，扁平，实心，比花葶短，宽1.5～8毫米，边缘平滑。花葶圆柱状，常具2纵棱，高25～60厘米，下部被叶鞘；总苞单侧开裂，或2～3裂，宿存；伞形花序半球状或近球状，具多但较稀疏的花；小花梗近等长，比花被片长2～4倍，基部具小苞片，且数枚小花梗的基部又被1枚共同的苞片所包围；花白色；花被片常具绿色或黄绿色的中脉，内轮的矩圆状倒卵形，稀为矩圆状卵形，先端具短尖头或钝圆，长4～7（8）毫米，宽2.1～3.5毫米，外轮的常较窄，矩圆状卵形至矩圆状披针形，先端具短尖头，长4～7（8）毫米，宽1.8～3毫米；花丝等长，为花被片长度的2/3～4/5，基部合生并与花被片贴生，合生部分高0.5～1毫米，分离部分狭三角形，内轮的稍宽；子房倒圆锥状球形，具3圆棱，外壁具细的疣状突起。花果期7—9月。

【产地、生长环境与分布】湖北省十堰市茅箭区各乡镇均有种植。

【药用部位】叶或根。

【采集加工】秋季收割，第1刀韭菜叶收割比较早，4叶心即可收割，经养根施肥后，当植株长到5片叶时收割第2刀。根据需要也可连续收割5～6刀，鲜用。

【性味】味辛，性温。

【功能主治】补肾，温中行气，散瘀，解毒；主治肾虚阳痿，里寒腹痛，噎膈反胃，胸痹疼痛，衄血，吐血，尿血，痢疾，痔疮，痈疮肿毒，漆疮，跌打损伤。

【成分】从韭菜的根茎、韭菜叶、韭菜花中提取的挥发油中主要成分有：二甲基二硫醚、二甲基三硫醚、甲基丙基二硫醚、甲基丙基三硫醚、甲基丙烯基二硫醚、甲基丙烯基三硫醚、丙基丙烯基二硫醚、丙基丙烯基三硫醚、二丙基三硫醚等含硫化合物。

【用法用量】内服：捣汁饮，60 ～ 120 克；或煮粥、炒熟、做羹。外用：适量，捣敷；或煎汤熏洗；或热熨。

【验方参考】（1）治胸痹，心中急痛如锥刺，不得俯仰，自汗出，或痛彻背上，不治或至死：生韭或根五斤（洗），捣汁。灌少许，即吐胸中恶血。（《孟诜方》）

（2）治阳虚肾冷，阳道不振，或腰膝冷疼，遗精梦泄：韭菜白八两，胡桃肉（去皮）二两。同脂麻油炒熟，日食之，服一月。（《方氏脉症正宗》）

（3）治翻胃：韭菜汁二两，牛乳一盏。上用生姜汁半两，和匀，温服。（《丹溪心法》）

（4）治金疮出血：韭汁和风化石灰，日干，每用为末，敷之。（《李时珍濒湖集简方》）

（5）治聤耳出汁：韭汁日滴三次。（《太平圣惠方》）

329. 薤 *Allium chinense* G. Don

【别名】野薤、野葱、薤白头、野白头。

【形态特征】多年生鳞茎植物。鳞茎数枚聚生，狭卵状，粗 0.5 ～ 2 厘米；鳞茎外皮白色或带红色，膜质，不破裂。叶 2 ～ 5 枚，具 3 ～ 5 棱的圆柱状，中空，近与花葶等长，粗 1 ～ 3 毫米。花葶侧生，圆柱状，高 20 ～ 40 厘米，下部被叶鞘；总苞 2 裂，比伞形花序短；伞形花序近半球状，较松散；小花梗近等长，比花被片长 1 ～ 4 倍，基部具小苞片；花淡紫色至暗紫色；花被片宽椭圆形至近圆形，顶端钝圆，长 4 ～ 6 毫米，宽 3 ～ 4 毫米，内轮的稍长；花丝等长，约为花被片长的 1.5 倍，仅基部合生并与花被片贴生，内轮的基部扩大，扩大部分每侧各具 1 齿，外轮的无齿，锥形；子房倒卵球状，腹缝线基部具有帘的凹陷蜜穴；花柱伸出花被外。花果期 10—11 月。

【产地、生长环境与分布】分布于湖北省十堰市茅箭区南部山区，生于海拔 300 ～ 1500 米的山坡、草地、灌丛。

【药用部位】地下鳞茎。

【采集加工】夏、秋季采挖，洗净，除去须根，蒸透或置沸水中烫透，晒干。

【性味】味辛、苦，性温。

【功能主治】理气宽胸，通阳散结；主治胸痹心痛彻背，胸脘痞闷，咳喘痰多，脘腹疼痛，泄痢后重，带下，疮疖痈肿。

【成分】鳞茎含薤白苷、胡萝卜苷、腺苷、β – 谷甾醇、21– 甲基二十三（烷）酸、琥珀酸、前列腺素等，又含具特异臭气的挥发油，内有 19 种含硫化合物，主要有二甲基三硫化物、甲基丙基三硫化物、甲基丙基二硫化物等。

【用法用量】内服：煎汤，5～10克（鲜品30～60克）；或入丸、散，亦可煮粥食。外用：适量，捣敷；或捣汁涂。

【验方参考】（1）治胸痹之病，喘息咳唾，胸背痛，短气，寸口脉沉而迟，关上小紧数：栝楼实一枚（捣），薤白半斤，白酒七升。上三味，同煮，取二升。分温再服。（《金匮要略》栝楼薤白白酒汤）

（2）治赤痢：薤、黄柏各适量，煮服之。（《本草拾遗》）

（3）治咽喉肿痛：薤根适量，醋捣，敷肿处，冷即易之。（《太平圣惠方》）

330. 黄精 *Polygonatum sibiricum* Delar. ex Redoute

【别名】鸡头黄精、黄鸡菜、笔管菜、爪子参、老虎姜、鸡爪参。

【形态特征】多年生草本。根状茎圆柱状，由于结节膨大，因此"节间"一头粗、一头细，在粗的一头有短分枝（中药志称这种根状茎类型所制成的药材为鸡头黄精），直径1～2厘米。茎高50～90厘米或1米以上，有时呈攀缘状。叶轮生，每轮4～6枚，条状披针形，长8～15厘米，宽（4）6～16毫米，先端拳卷或弯曲成钩。花序通常具2～4朵花，似成伞状，总花梗长1～2厘米，花梗长（2.5）4～10毫米，俯垂；苞片位于花梗基部，膜质，钻形或条状披针形，长3～5毫米，具1脉；花被乳白色至淡黄色，全长9～12毫米，花被筒中部稍缢缩，裂片长约4毫米；花丝长0.5～1毫米，花药长2～3毫米；子房长约3毫米，花柱长5～7毫米。浆果直径7～10毫米，黑色，具4～7颗种子。花期5—6月，果期8—9月。

【产地、生长环境与分布】分布于湖北省十堰市茅箭区南部山区，喜阴坡。

【药用部位】根茎。

【采集加工】9—10月采挖，去掉茎秆，洗净泥沙，除去须根和烂疤，蒸到透心后，晒干或烘干。

【性味】味甘，性平。

【功能主治】养阴润肺，补脾益气，滋肾填精；主治阴虚劳嗽，肺燥咳嗽，脾虚乏力，食少口干，消渴，肾亏腰膝酸软，阳痿遗精，耳鸣目暗，须发早白，体虚羸瘦，风癞疥癣。

【成分】根茎含黏液质、淀粉等。囊丝黄精的根茎含吖丁啶羧酸、天冬氨酸、高丝氨酸、2-氨基丁酸等。叶含牡荆素木糖苷和5，4'-二羟基黄酮的糖苷。

【用法用量】内服：煎汤，10～15克（鲜品30～60克）；或入丸、散；或熬膏。外用：适量，煎水洗；或熬膏涂；或浸酒搽。

【验方参考】（1）壮筋骨，益精髓，变白发：黄精、苍术各四斤，枸杞根、柏叶各五斤，天门冬三斤。

煮汁一石，同曲十斤，糯米一石，如常酿酒饮。（《本草纲目》）

（2）补精气：枸杞子（冬采者佳）、黄精各等份，为细末。二味招和，捣成块，捏作饼子，干复捣为末，炼蜜为丸，如梧桐子大。每服五十丸，空心温水送下。（《奇效良方》枸杞丸）

（3）治眼，补肝气，明目：蔓菁子一斤（以水淘净），黄精二斤（和蔓菁子水蒸九次，曝干）。上药，捣细罗为散。每服，空心以粥饮调下二钱，日午晚食后，以温水再调服。（《太平圣惠方》蔓菁子散）

331. 玉竹 *Polygonatum odoratum*（Mill.）Druce

【别名】地管子、尾参、萎蕤、铃铛菜。

【形态特征】多年生草本。根状茎圆柱形，直径 5 ～ 14 毫米。茎高 20 ～ 50 厘米，具 7 ～ 12 叶。叶互生，椭圆形至卵状矩圆形，长 5 ～ 12 厘米，宽 3 ～ 16 厘米，先端尖，下面带灰白色，下面脉上平滑至呈乳头状粗糙。花序具 1 ～ 4 朵花（在栽培情况下，可多至 8 朵），总花梗（单花时为花梗）长 1 ～ 1.5 厘米，无苞片或有条状披针形苞片；花被黄绿色至白色，全长 13 ～ 20 毫米，花被筒较直，裂片长 3 ～ 4 毫米；花丝丝状，近平滑至具乳头状突起，花药长约 4 毫米；子房长 3 ～ 4 毫米，花柱长 10 ～ 14 毫米。浆果蓝黑色，直径 7 ～ 10 毫米，具 7 ～ 9 颗种子。花期 5—6 月，果期 7—9 月。

【产地、生长环境与分布】分布于湖北省十堰市茅箭区南部山区，生于海拔 200 ～ 700 米的灌丛、河边水湿地，多生于树下。

【药用部位】根。

【采集加工】秋季采挖，除去须根，洗净，晒至柔软后，反复揉搓、晾晒至无硬心；或蒸透后，揉至半透明，晒干。

【性味】味甘，性平。

【功能主治】滋阴润肺，养胃生津；主治燥咳，劳嗽，热病阴液耗伤之咽干口渴，内热消渴，阴虚外感证，头昏眩晕，筋脉挛痛。

【成分】根状茎含玉竹黏多糖，由 D- 果糖、D- 甘露糖、D- 葡萄糖及半乳糖醛酸所组成，玉竹果聚糖 A ～ D、氮杂环丁烷 -2- 羧酸，还含黄精螺甾醇、黄精螺甾醇苷、黄精呋甾醇苷等甾族化合物。

【用法用量】内服：煎汤，6～12克；或熬膏；或浸酒；或入丸、散。外用：适量，鲜品捣敷；或熬膏涂。阴虚有热宜生用，热不甚者宜制用。

【验方参考】（1）治发热口干，小便涩：萎蕤五两，煮汁饮之。（《外台秘要》）

（2）治秋燥伤胃阴：玉竹三钱，麦门冬三钱，沙参二钱，生甘草一钱。水五杯，煮取二杯，分二次服。（《温病条辨》玉竹麦门冬汤）

（3）治阳明温病，下后汗出，当复其阴：沙参三钱，麦门冬五钱，冰糖一钱，细生地五钱，玉竹一钱五分（炒香）。水五杯，煮取二杯，分二次服，渣再煮一杯服。（《温病条辨》益胃汤）

（4）治阴虚之体感冒风温，及冬温咳嗽，咽干痰结：生萎蕤二至三钱，生葱白二至三枚，桔梗一钱至钱半，东白薇五分至一钱，淡豆豉三至四钱，苏薄荷一钱至钱半，炙草五分，红枣两枚。煎服。（《通俗伤寒论》加减萎蕤汤）

（5）治赤眼涩痛：萎蕤、赤芍药、当归、黄连各等份，煎汤熏洗。（《卫生家宝方》）

（6）治眼见黑花，赤痛昏暗：萎蕤（焙）四两，为粗末，每服一钱匕，水一盏，入薄荷二叶，生姜一片，蜜少许，同煎至七分，去滓，食后临卧服。（《圣济总录》甘露汤）

332. 吉祥草 *Reineckea carnea*（Andrews）Kunth

【别名】紫衣草。

【形态特征】多年生草本，根状茎匍匐。叶3～8枚，簇生于根状茎顶端，条形或披针形，长10～38厘米，宽0.5～3.5厘米，先端渐尖，向下渐狭，深绿色。花葶短于叶，长5～15厘米，穗状花序长2～6.5厘米，多花；苞片卵状三角形，长5～7毫米，膜质，淡褐色或带紫色，花芳香，粉红色，花被片合生成短管状，上部6裂；裂片开花时反卷，矩圆形，长5～7毫米，稍肉质；雄蕊6，花丝丝状，花药近矩圆形，背部着生；子房瓶状。浆果球形，鲜红色。

【产地、生长环境与分布】分布于湖北省十堰市茅箭区南部山区，生于海拔200～500米的灌丛、河边水湿地，喜阴喜湿。

【药用部位】全草。

【采集加工】秋季采摘，洗净，晒干。

【性味】味甘，性凉。

【功能主治】清肺止咳，凉血止血，解毒利咽；主治肺热咳嗽，咯血，吐血，衄血，便血，咽喉肿痛，目赤翳障，疮疖痈肿。

【成分】从吉祥草中分离鉴定了6个化合物，分别是1α，3β-dihydroxy-β-pregn-16-en-20-one 3-O-β-D-glucopyranoside（1），syringaresinol-β-D-gluco-side（2），sophoraflavone B（3），stignast-5，22-dien-3-O-β-D-glucopyranoside（4），胡萝卜苷（5），α-D-glucose（6）。化合物1

为新化合物，化合物 2～6 为首次从该植物中分离得到。

【用法用量】内服：煎汤，2～3 钱（鲜品 0.5～1 两）；或捣汁；或浸酒。外用：适量，捣敷。

【验方参考】（1）治虚弱干呛咳嗽：吉祥草、土羌活各适量，煎水去渣，炖猪心、肺服。（《四川中药志》）

（2）治咳喘：吉祥草一两，炖猪肺或肉吃。（《贵阳民间药草》）

（3）治吐血，咯血：吉祥草一两，煨水服。（《贵州草药》）

（4）治黄疸：吉祥草一两，蒸淘米水吃。（《贵阳民间药草》）

333. 开口箭 *Tupistra chinensis* Baker

【别名】牛尾七、岩七、竹根七。

【形态特征】多年生草本。根状茎长圆柱形，直径 1～1.5 厘米，多节，绿色至黄色。叶基生，4～8（12）枚，近革质或纸质，倒披针形、条状披针形、条形或矩圆状披针形，长 15～65 厘米，宽 1.5～9.5 厘米，先端渐尖，基部渐狭；鞘叶 2 枚，披针形或矩圆形，长 2.5～10 厘米。穗状花序直立，少有弯曲，密生多花，长 2.5～9 厘米；总花梗短，长 1～6 厘米；苞片绿色，卵状披针形至披针形，除每花有 1 枚苞片外，另有几枚无花的苞片在花序顶端聚生成丛；花短钟状，长 5～7 毫米；花被筒长 2～2.5 毫米；裂片卵形，先端渐尖，长 3～5 毫米，宽 2～4 毫米，肉质，黄色或黄绿色；花丝基部扩大，其扩大部分有的贴生于花被片上，有的加厚，肉质，边缘不贴生于花被片上，有的彼此连合，花丝上部分离，长 1～2 毫米，内弯，花药卵形；子房近球形，直径 2.5 毫米，花柱不明显，柱头钝三棱形，顶端 3 裂。浆果球形，熟时紫红色，直径 8～10 毫米。花期 4—6 月，果期 9—11 月。

【产地、生长环境与分布】分布于湖北省十堰市茅箭区南部山区，生于海拔 200～500 米的树林下、水沟旁，喜阴喜湿。

【药用部位】根茎。

【采集加工】全年均可采收，除去叶及须根，洗净，鲜用或切片晒干。

【性味】味甘、微苦，性凉；有毒。

【功能主治】清热解毒，祛风除湿，散瘀止痛；主治白喉，咽喉肿痛，风湿痹痛，跌打损伤，胃痛，疮疖痈肿，毒蛇咬伤，狂犬咬伤。

【成分】从开口箭新鲜根茎中分离得到 8 个化合物，分别为开口箭皂苷 J（1）、（25S）–26-O–β–D– 吡喃葡萄糖基呋甾 –1β，3β，22α，26- 四羟基 –3-O–β–D– 吡喃葡萄糖苷（2）、洋地黄毒苷元 –3-O–α–L– 吡喃岩藻糖苷（3）、弯蕊皂苷元 B（4）、异罗斯考皂苷元（5）、罗斯考皂苷元（6）、香豌豆酚（7）及（+）– 儿茶素（8）。

【用法用量】内服：研末，2 ～ 3 分；或煎汤，0.5 ～ 1 钱。外用：适量，鲜品捣敷患处。

334. 长梗藜芦 *Veratrum oblongum* Loes.

【别名】葱苒、葱葵、山葱、丰芦、蕙葵、公苒、葱炎、藜卢、鹿白藜芦、鹿葱、憨葱、葱芦、旱葱、人头发、毒药草、七厘丹。

【形态特征】多年生草本。植株高约 1 米；茎较细，基部稍粗，直径 2 ～ 7 毫米，被棕褐色带网眼的纤维网。叶折扇状、长椭圆形或长矩圆状披针形，生于茎下部的较大，通常长 24 ～ 30 厘米，宽 3 ～ 6.5 厘米，背面脉上常有乳突状毛。圆锥花序长达 80 厘米，疏生多数长约 15 厘米的侧生总状花序，最下部的侧生总状花序有时再次分枝；总轴和枝轴被绵毛；花多数，疏列，紫色；花被片开展或反折，矩圆形，长 5 ～ 7（8）毫米，宽 2 ～ 3 毫米，先端钝，基部无柄，全缘，外花被片背面基部稍被短柔毛；花梗纤细，长约为花被片的 2 倍，在侧生花序上的花梗与主轴上的近等长；小苞片比花梗短得多，长 2 ～ 5 毫米；雄蕊长约为花被片的一半；子房无毛。

蒴果直立，长 1.5 ～ 2 厘米，宽约 7 毫米。花果期 8—9 月。

【产地、生长环境与分布】分布于湖北省十堰市茅箭区南部山区，生于低海拔、湿润的山谷、林缘。

【药用部位】根茎。

【采集加工】5—6 月未抽花葶前采挖，除去叶，晒干或烘干。

【性味】味苦、辛，性寒；有毒。

【功能主治】涌吐风痰，杀虫；主治中风痰壅，癫痫，疟疾，疥癣，恶疮。

【用法用量】内服：煎汤，0.3 ～ 0.6 克；或入丸、散。外用：适量，研末；或用油或水调涂。

335. 山麦冬 *Liriope spicata*（Thunb.）Lour.

【形态特征】多年生草本。植株有时丛生；根稍粗，近末端处常膨大成矩圆形、纺锤形小块根；根状茎短，具地下走茎。叶基生，禾叶状，长 20 ～ 45 厘米，宽 4 ～ 6 毫米；先端急尖或钝，具 5 条脉，边缘具细锯齿。花葶通常比叶长或近等长，长 20 ～ 50 厘米；总状花序长 6 ～ 10 厘米，具多数花，花 2 ～ 5 朵簇生于苞片腋内；总状花序在花后于苞片腋内长出叶簇或小苗；苞片小，披针形；花梗长约4毫米；花被片矩圆状披针形，紫色；花丝长约2毫米；花药长约2毫米；子房近球形，花柱长约2毫米；柱头不明显。种子近球形。花期5—7月，果期8—10月。

【产地、生长环境与分布】产于湖北省十堰市茅箭区，生于海拔50～1400米的山坡、山谷林下、路旁或湿地。

【药用部位】地下根茎。

【采集加工】夏初采挖，洗净，反复暴晒、堆置至近干，除去须根，干燥。

【性味】味甘、微苦，性微寒。

【功能主治】养阴生津，润肺清心；主治肺燥干咳，虚劳咳嗽，津伤口渴，心烦失眠，肠燥便秘。

【用法用量】内服：9～15克。

336. 天门冬 *Asparagus cochinchinensis*（Lour.）Merr.

【别名】三百棒、武竹、丝冬、天冬、老虎尾巴根、天冬草。

【形态特征】多年生草本攀缘植物。根在中部或近末端成纺锤状膨大，膨大部分长3～5厘米，粗1～2厘米。茎平滑，常弯曲或扭曲，长可达2米，分枝具棱或狭翅。叶状枝通常每3枚成簇，扁平或由于中脉龙骨状而略呈锐三棱形，稍镰刀状，长0.5～8厘米，宽1～2毫米；茎上的鳞片状叶基部延伸为长2.5～3.5毫米的硬刺，在分枝上的刺较短或不明显。花通常每2朵腋生，淡绿色；花梗长2～6毫米，关节一般位于中部，有时位置有变化；雄花花被长2.5～3毫米；花丝不贴生于花被片上；雌花大小和雄花相似。浆果直径6～7毫米，熟时红色，有1颗种子。花期5—6月，果期8—10月。

【产地、生长环境与分布】湖北省十堰市茅箭区南部山区有少量分布。

【药用部位】地下根块。

【采集加工】秋、冬季采挖，洗净，除去茎基和须根，置沸水中煮或蒸至透心，趁热除去外皮，洗净，干燥。

【性味】味甘、苦，性寒。

【功能主治】养阴润燥，清肺生津；主治肺燥干咳，咳嗽痰黏，咽干口渴，肠燥便秘。

【成分】本品含多种螺旋甾苷类化合物天冬苷Ⅳ～Ⅶ，天冬酰胺、瓜氨酸、丝氨酸等近20种氨基酸，以及低聚糖Ⅰ～Ⅶ，并含有5-甲氧基甲基糠醛。

【用法用量】内服：6～12克。

337. 萱草 *Hemerocallis fulva* (L.) L.

【别名】金针、忘忧草、宜男草、疗愁、鹿箭。

【形态特征】多年生宿根草本。根近肉质，中下部纺锤状膨大；叶一般较宽；花早上开晚上凋谢，无香味，橘红色至橘黄色，内花被裂片下部一般有"∧"形彩斑。这些特征可以区别于我国产的其他种。花果期5—7月。

【产地、生长环境与分布】分布于湖北省十堰市茅箭区道路边。全国各地常见栽培，秦岭以南各省区有野生种。

【药用部位】根。

【采集加工】夏、秋季采挖，除去残茎、须根，洗净泥土，晒干。

【性味】味甘，性凉。

【功能主治】清热利尿，凉血止血；主治腮腺炎，黄疸，膀胱炎，尿血，小便不利，乳汁缺乏，月经不调，衄血，便血，外用治乳腺炎。

【用法用量】内服：煎汤，2～4钱。外用：适量，捣敷患处。

【验方参考】（1）治痃淋，下水气，主酒疸黄色通身者，捣绞汁服。（《本草拾遗》）

（2）研汁一盏，生姜汁半盏相和，时时细呷，治大热衄血。（《本草衍义》）

（3）小便不通，煎水频饮甚良；遍身水肿亦效。（《本草从新》）

338. 麦冬 *Ophiopogon japonicus*（L. f.）Ker —Gawl.

【别名】麦门冬、沿阶草。

【形态特征】根较粗，中间或近末端常膨大成椭圆形或纺锤形的小块根；小块根长1～1.5厘米或更长，宽5～10毫米，淡褐黄色；地下走茎细长，直径1～2毫米，节上具膜质的鞘。茎很短，叶基生成丛，禾叶状，长10～50厘米，少数更长些，宽1.5～3.5毫米，具3～7条脉，边缘具细锯齿。花葶长6～15（27）厘米，通常比叶短得多，总状花序长2～5厘米，有时更长些，具几朵至十几朵花；花单生或成对着生于苞片腋内；苞片披针形，先端渐尖，最下面的长可达8毫米；花梗长3～4毫米，关节位于中部以上或近中部；花被片常稍下垂而不展开，披针形，长约5毫米，白色或淡紫色；花药三角状披针形，长2.5～3毫米；花柱长约4毫米，较粗，宽约1毫米，基部宽阔，向上渐狭。种子球形，直径7～8毫米。花期5—8月，果期8—9月。

【产地、生长环境与分布】产于湖北省十堰市茅箭区。

【药用部位】地下块根。

【采集加工】夏季采挖，洗净，反复暴晒、堆置至七八成干，除去须根，干燥。

【性味】味甘、微苦，性微寒。

【功能主治】养阴生津，润肺清心；主治肺燥干咳，虚劳咳嗽，津伤口渴，心烦失眠，内热消渴，肠燥便秘，咽白喉。

【用法用量】内服：煎汤，6～12克。

339. 七叶一枝花 *Paris polyphylla* Sm.

【别名】重楼、蚤休、重台根、整休、草河车、重台草、登台七。

【形态特征】植株高35～100厘米，无毛；根状茎粗厚，直径1～2.5厘米，外面棕褐色，密生多数环节和许多须根。茎通常带紫红色，直径1～1.5厘米，基部有灰白色干膜质的鞘1～3枚。叶7～10枚，矩圆形、椭圆形或倒卵状披针形，长7～15厘米，宽2.5～5厘米，先端短尖或渐尖，基部圆形或宽楔形；叶柄明显，长2～6厘米，带紫红色。花梗长5～16厘米；外轮花被片绿色，4～6枚，狭卵状披针形，长4.5～7厘米；内轮花被片狭条形，通常比外轮长；雄蕊8～12枚，花药短，长5～8毫米，与花丝近等长或稍长，药隔突出部分长0.5～1毫米；子房近球形，具棱，顶端具一盘状花柱基，花柱粗短，具4或5分枝。蒴果紫色，直径1.5～2.5厘米，3～6瓣裂开。种子多数，具鲜红色多浆汁的外种皮。

【产地、生长环境与分布】湖北省十堰市茅箭区赛武当保护区有野生植株，各乡镇有种植。

【药用部位】地下根茎。

【采集加工】秋季采挖，洗净，切片，晒干。

【性味】味苦，性寒；有小毒。

【功能主治】清热解毒，消肿止痛；主治流行性乙型脑炎，胃痛，阑尾炎，淋巴结结核，扁桃体炎，腮腺炎，乳腺炎，毒蛇、毒虫咬伤，疮疡肿毒。

【成分】根状茎含甾体皂苷，如蚤休苷及蚤休士宁苷，后者水解后生成薯蓣皂苷元。此外，还含生物碱和氨基酸。

【用法用量】内服：煎汤，1.5～3钱。外用：适量，磨水或研末调醋敷患处。

【验方参考】（1）治疖肿：鲜七叶一枝花根状茎、鱼腥草各1两，捣烂外敷患处，每日1次。

（2）治各种毒蛇咬伤：七叶一枝花（根状茎）、八角莲、金果榄、半边莲各2钱，徐长卿、紫花地丁各3钱，王瓜根4钱，鲜品捣烂外敷局部，或干品研细末调酒外敷局部。每日1～2次。

九十一、石蒜科

340. 葱莲 *Zephyranthes candida*（Lindl.）Herb.

【别名】肝风草、玉帘。

【形态特征】多年生草本。鳞茎卵形，直径约2.5厘米，具有明显的颈部，颈长2.5～5厘米。叶狭线形，肥厚，亮绿色，长20～30厘米，宽2～4毫米。花茎中空；花单生于花茎顶端，下有带褐红色的佛焰苞状总苞，总苞片顶端2裂；花梗长约1厘米；花白色，外面常带淡红色；几无花被管，花被片6，长3～5厘米，顶端钝或具短尖头，宽约1厘米，近喉部常有很小的鳞片；雄蕊6，长约为花被的1/2；花柱细长，柱头不明显3裂。蒴果近球形，直径约1.2厘米，3瓣开裂；种子黑色，扁平。花期秋季。

【产地、生长环境与分布】产于湖北省十堰市茅箭区南部乡镇，多作栽培观赏植物。

【药用部位】全草。

【采集加工】全年均可采收，洗净，多鲜用。

【性味】味甘，性平。

【功能主治】平肝熄风；主治小儿惊风，癫痫，破伤风。

【成分】全草含石蒜碱、多花水仙碱、网球花定碱、尼润碱等生物碱。花瓣中含芸香苷。

【用法用量】内服：煎汤，3～4株；或绞汁饮。外用：适量，捣敷。

【验方参考】治小儿癫痫：鲜肝风草三钱，水煎，调冰糖服。（《福建中草药》）

341. 韭莲 *Zephyranthes carinata* Herbert

【别名】风雨花。

【形态特征】多年生草本。鳞茎卵球形，直径2～3厘米。基生叶常数枚簇生，线形，扁平，长15～30厘米，宽6～8毫米。花单生于花茎顶端，下有佛焰苞状总苞，总苞片常带淡紫红色，长4～5厘米，下部合生成管；花梗长2～3厘米；花玫瑰红色或粉红色；花被管长1～2.5厘米，花被裂片6，裂片倒卵形，顶端略尖，长3～6厘米；雄蕊6，长为花被的2/3～4/5，花药"丁"字形着生；子房下位，3室，胚珠多数，花柱细长，柱头深3裂。蒴果近球形，种子黑色。花期夏、秋季。

【产地、生长环境与分布】原产于南美，分布于湖北省十堰市茅箭区。

【药用部位】全草。

【采集加工】夏、秋季采收，晒干。

【性味】味苦，性寒。

【功能主治】活血凉血，解毒消肿；主治吐血，便血，崩漏，跌伤红肿，疮痈红肿，毒蛇咬伤。

【成分】全草含烟胺和氨基酸。鲜茎含抗 P388 淋巴瘤的活性成分水鬼蕉碱，球茎含石蒜碱、雪花莲碱、网球花胺、漳州水仙碱、韭菜莲碱。

【用法用量】内服：煎汤，15～30克。外用：适量，捣敷。

342. 石蒜 *Lycoris radiata*（L′Her.）Herb.

【别名】螳螂花、龙爪花、乌蒜、老鸦蒜、蒜头草。

【形态特征】多年生草本。鳞茎近球形，直径1～3厘米。秋季出叶，叶狭带状，长约15厘米，宽约 0.5 厘米，顶端钝，深绿色，中间有粉绿色带。花茎高约 30 厘米；总苞片 2 枚，披针形，长约 35 厘米，宽约 0.5 厘米；伞形花序有花 4 ～ 7 朵，花鲜红色；花被裂片狭倒披针形，长约 3 厘米，宽约 0.5 厘米，强烈皱缩和反卷。

【产地、生长环境与分布】分布于山东、河南、安徽、江苏、浙江、江西、福建、湖北、湖南、广东、广西、陕西、四川、贵州、云南。野生于阴湿山坡和溪沟边，庭园也可栽培。湖北省十堰市茅箭区将其作观赏花种植。

【药用部位】鳞茎。

【采集加工】秋后采收，洗净，阴干。

【性味】味辛，性温；有毒。

【功能主治】祛痰，利尿，解毒，催吐；主治喉风，水肿腹水，痈疽肿毒，疔疮，瘰疬，食物中毒，痰涎壅塞，黄疸。

【用法用量】内服：煎汤，0.5 ～ 1 钱。外用：适量，捣敷；或煎汤熏洗。

九十二、薯蓣科

343. 粉背薯蓣 *Dioscorea collettii* var. *hypoglauca*（Palibin）C. T. Ting et al.

【形态特征】多年生藤本。根状茎横生，竹节状，长短不一，直径约 2 厘米，表面着生细长弯曲的须根，断面黄色。茎左旋，长圆柱形，无毛，有时密生黄色短毛。单叶互生，三角形或卵圆形，顶端渐尖，基部心形、宽心形或有时近截形，边缘波状或近全缘（有些植株叶片边缘呈半透明干膜质），干后黑色，有时背面灰褐色，有白色刺毛，沿叶脉较密。花单性，雌雄异株。雄花序单生或 2～3 个簇生于叶腋；雄花无梗，在花序基由 2～3 朵簇生，至顶部常单生；苞片卵状披针形，顶端渐尖，小苞片卵形，顶端有时 2 浅裂；花被碟形，顶端 6 裂，裂片新鲜时黄色，干后黑色，有时少数不变黑；雄蕊 3 枚，着生于花被管上，花丝较短，花药卵圆形，花开放后药隔变窄，常为花药的一半，呈短叉状，退化雄蕊有时只存有花丝，与 3 个发育雄蕊互生。雌花序穗状；退化雄蕊呈花丝状；子房长圆柱形，柱头 3 裂。蒴果两端平截，顶端与基部通常等宽，表面栗褐色，富有光泽，成熟后反曲下垂；种子 2 颗，着生于中轴中部，成熟时四周有薄膜状翅。花期 5～8 月，果期 6—10 月。

【产地、生长环境与分布】分布于河南南部、安徽南部、浙江、福建、江西、湖北、湖南、广东北部、广西东北部等地，湖北省十堰市茅箭区南部山区亦有分布。

【药用部位】根茎。

【采集加工】秋、冬季采挖，除去须根，洗净，切片，晒干。

【性味】味苦，性平。

【功能主治】除湿去浊，祛风除痹。

344. 高山薯蓣 *Dioscorea delavayi* Franchet

【形态特征】缠绕草质藤本。块茎长圆柱形，向基部变粗，垂直生长。茎有短柔毛，后变疏至近无毛。掌状复叶有 3～5 小叶；叶片倒卵形、宽椭圆形至长椭圆形，最外侧的小叶片常为斜卵形至斜卵状椭圆形，长 2.5～16 厘米，宽 1～10 厘米，顶端渐尖或锐尖，全缘，两面疏生贴伏柔毛或表面近无毛。雄花序为总状花序，单一或分枝，1 至数个着生于叶腋；花序轴、花梗有短柔毛；小苞片 2，宽卵形，顶端渐尖或突尖，边缘不整齐，外面疏生短柔毛或近无毛；雄花花被外面无毛；3 个雄蕊与 3 个不育雄蕊互生。雌花序为穗状花序，1～3 个着生于叶腋；花序轴、小苞片、子房、花被片外面均有短柔毛，子房尤密。蒴果三棱状倒卵形、长圆形或三棱状长圆形，长 1.2～2

厘米，宽 1 ～ 1.2 厘米，外面疏生柔毛；种子着生于每室中轴顶部，种翅向蒴果基部延伸。花期 6—8 月，果期 8—11 月。与毛芋头薯蓣 *D.kamoonensis* Kunth 的区别在于后者块茎常近卵圆形；小叶片较狭长，椭圆形至披针状长椭圆形或倒卵状长椭圆形，宽 1 ～ 5 厘米；花被片外面有毛。

【产地、生长环境与分布】产于湖北省十堰市茅箭区南部山区。分布于四川西部、贵州北部和云南，生于海拔 2000 ～ 3000 米的林边、山坡路旁或次生灌丛中。

【药用部位】茎。

【采集加工】秋季采收，除去茎叶及须根，洗净，鲜用或切片晒干。

【性味】味甘、微苦，性平。

【功能主治】补脾益肾，敛肺止咳，解毒消肿；主治脾虚便溏，肾虚阳痿，遗精，带下，虚劳久咳，缺乳，无名肿毒。

345. 黄山药 *Dioscorea panthaica* Prain et Burkill

【别名】黄姜、姜黄草、知母山药、小哨姜黄、老虎姜。

【形态特征】多年生缠绕草质藤本。根状茎横生，圆柱形，不规则分枝，表面着生稀疏须根。茎左旋，光滑无毛，草黄色，有时带紫色。单叶互生，叶片三角状心形，顶端渐尖，基部深心形或宽心形，全缘或边缘呈微波状，干后表面栗褐色或黑色，背面灰白色，两面近无毛。花单性，雌雄异株。雄花无梗，新鲜时黄绿色，单生或 2 ～ 3 朵簇生组成穗状花序，花序通常又分枝而呈圆锥花序，单生或 2 ～ 3 个簇生于叶腋；苞片舟形，小苞片与苞片同型而较小；花被碟形，顶端 6 裂，裂片卵圆形，内有黄褐色斑点，开放时平展；雄蕊 6 枚，着生于花被管的基部，花药背着。雌花序与雄花序基本相似；雌花花被 6 裂，具 6 枚退化雄蕊，花药不全或仅花丝存在。蒴果三棱形，顶端截形或微凹，基部狭圆，每棱翅状，半月形，表面棕黄色或栗褐色，有光泽，密生紫褐色斑点，成熟时果反曲下垂；种子每室通常 2 颗，着生于中轴的中部。花期 5—7 月，果期 7—9 月。

【产地、生长环境与分布】产于湖北省十堰市茅箭区，分布于湖北恩施、湖南西北部、四川西部、贵州西部、云南。

【药用部位】根茎。

【采集加工】秋季采收，洗净，晒干。

【性味】味甘、微辛，性平。

【功能主治】解毒消肿，止痛；主治胃痛，跌打损伤，淋巴结结核。

【用法用量】内服：煎汤，0.5～1两。外用：适量，研末调敷。

九十三、鸢尾科

346. 黄菖蒲 *Iris pseudacorus* L.

【别名】黄鸢尾。

【形态特征】多年生湿生或挺水宿根草本。植株基部围有少量老叶残留的纤维。根状茎粗壮，直径可达2.5厘米，斜伸，节明显，黄褐色；须根黄白色，有皱缩的横纹。基生叶灰绿色，宽剑形，长40～60厘米，宽1.5～3厘米，顶端渐尖，基部鞘状，色淡，中脉较明显。花茎粗壮，高60～70厘米，直径4～6毫米，有明显的纵棱，上部分枝，茎生叶比基生叶短而窄；苞片3～4枚，膜质，绿色，披针形，长6.5～8.5厘米，宽1.5～2厘米，顶端渐尖；花黄色，直径10～11厘米；花梗长5～5.5厘米；花被管长1.5厘米，外花被裂片卵圆形或倒卵形，长约7厘米，宽4.5～5厘米，爪部狭楔形，中央下陷呈沟状，有黑褐色的条纹，内花被裂片较小，倒披针形，直立，长2.7厘米，宽约5毫米；雄蕊长约3厘米，花丝黄白色，花药黑紫色；花柱分枝淡黄色，长约4.5厘米，宽约1.2厘米；顶端裂片半圆形，边缘有疏齿；子房绿色，三棱状柱形，长约2.5厘米，直径约5毫米。花期5月，果期6—8月。

【产地、生长环境与分布】原产于欧洲，中国各地常见栽培，湖北省十堰市茅箭区各乡村有分布。

【药用部位】根茎。

【采集加工】夏、秋季采收，洗净，晒干。

【性味】味苦，性凉。

【功能主治】缓解牙痛。

【用法用量】内服：根1～3钱。

347. 小花鸢尾 *Iris speculatrix* Hance

【别名】六棱麻、九节地菖蒲、九节箭菖蒲、山菖蒲。

【形态特征】多年生草本。植株基部围有棕褐色的老叶叶鞘纤维及披针形的鞘状叶。根状茎二歧状分枝，斜伸，棕褐色；根较粗壮，少分枝。叶略弯曲，暗绿色，有光泽，剑形或条形，长 15～30 厘米，宽 0.6～1.2 厘米，顶端渐尖，基部鞘状，有 3～5 条纵脉。花茎光滑，不分枝或偶有侧枝，高 20～25 厘米，有 1～2 枚茎生叶；苞片 2～3 枚，草质，绿色，狭披针形，长 5.5～7.5 厘米，顶端长渐尖，内包含有 1～2 朵花；花梗长 3～5.5 厘米，花凋谢后弯曲；花蓝紫色或淡蓝色，直径 5.6～6 厘米；花被管短而粗，长约 5 毫米；外花被裂片匙形，长约 3.5 厘米，宽约 9 毫米，有深紫色的环形斑纹；中脉上有鲜黄色的鸡冠状附属物，附属物表面平坦，似毡绒状；内花被裂片狭倒披针形，长约 3.7 厘米，宽约 9 毫米，直立；雄蕊长约 1.2 厘米，花药白色，较花丝长；花柱分枝扁平，长 2.5 厘米，宽约 7 毫米，与花被裂片同色；顶端裂片细长，狭三角形；子房纺锤形，绿色，长 1.6～2 厘米，直径约 5 毫米。蒴果椭圆形，长 5～5.5 厘米，直径约 2 厘米，顶端有细长而尖的喙，果梗于花

凋谢后弯曲成 90° 角，使果实呈水平状态；种子为多面体，棕褐色，旁附有小翅。花期 5 月，果期 7—8 月。

【产地、生长环境与分布】产于湖北省十堰市茅箭区，分布于安徽、浙江、福建、湖北、湖南、江西、广东、广西、四川、贵州等地。生于山地、路旁、林缘或疏林下。

【药用部位】根或根茎。

【采集加工】秋季采收，洗净，晒干。

【性味】味辛，性温；有小毒。

【功能主治】活血镇痛；主治跌打损伤，闪腰岔气等痛症，狂犬咬伤，风湿、风寒骨痛。

【用法用量】活血镇痛，跌打损伤，闪腰岔气等痛症：内服，泡酒服，1～3 钱。狂犬咬伤：内服，泡酒服，根状茎 3 钱，每日服 1 次，每次 1 小杯；外用，适量，煎水洗，或捣敷。风湿、风寒骨痛：外用，适量，煎水洗。

348. 鸢尾 *Iris tectorum* Maxim.

【别名】蓝蝴蝶、紫蝴蝶、扁竹花。

【形态特征】多年生草本。植株基部围有老叶残留的膜质叶鞘及纤维。根状茎粗壮，二歧分枝，直径约 1 厘米，斜伸；须根较细而短。叶基生，黄绿色，稍弯曲，中部略宽，宽剑形，长 15～50 厘米，宽 1.5～3.5 厘米，顶端渐尖或短渐尖，基部鞘状，有数条不明显的纵脉。花茎光滑，高 20～40 厘米，顶部常有 1～2 个短侧枝，中下部有 1～2 枚茎生叶；苞片 2～3 枚，绿色，草质，边缘膜质，色淡，

披针形或长卵圆形，长 5 ～ 7.5 厘米，宽 2 ～ 2.5 厘米，顶端渐尖或长渐尖，内包含有 1 ～ 2 朵花；花蓝紫色，直径约 10 厘米；花梗甚短；花被管细长，长约 3 厘米，上端膨大成喇叭形，外花被裂片圆形或宽卵形，长 5 ～ 6 厘米，宽约 4 厘米，顶端微凹，爪部狭楔形，中脉上有不规则的鸡冠状附属物，呈不整齐的繸状裂，内花被裂片椭圆形，长 4.5 ～ 5 厘米，宽约 3 厘米，花盛开时向外平展，爪部突然变细；雄蕊长约 2.5 厘米，花药鲜黄色，花丝细长，白色；花柱分枝扁平，淡蓝色，长约 3.5 厘米，顶端裂片近四方形，有疏齿，子房纺锤状圆柱形，长 1.8 ～ 2 厘米。蒴果长椭圆形或倒卵形，长 4.5 ～ 6 厘米，直径 2 ～ 2.5 厘米，有 6 条明显的肋，成熟时自上而下 3 瓣裂；种子黑褐色，梨形，无附属物。花期 4—5 月，果期 6—8 月。

【产地、生长环境与分布】产于湖北省十堰市茅箭区南部，分布于山西、安徽、江苏、浙江、福建、湖北、湖南、江西、广西、陕西、甘肃、四川、贵州、云南、西藏。生于向阳坡地、林缘及水边湿地。

【药用部位】全草。

【采集加工】夏、秋季采收，洗净，切碎，鲜用。

【性味】味辛、苦，性凉；有毒。

【功能主治】清热解毒，祛风利湿，消肿止痛；主治咽喉肿痛，肝炎，肝肿大，膀胱炎，风湿痛，跌打损伤，疮疖，皮肤瘙痒。

【用法用量】内服：煎汤，6 ～ 15 克；或绞汁；或研末。外用：适量，捣敷；或煎水洗。

九十四、灯心草科

349. 灯心草 *Juncus effusus* L.

【别名】虎须草、赤须、灯心、灯草、碧玉草、水灯心、铁灯心、虎酒草、曲屎草、秧草。

【形态特征】多年生草本。高 27 ～ 91 厘米，有时更高；根状茎粗壮横走，具黄褐色稍粗的须根。茎丛生，直立，圆柱形，淡绿色，具纵条纹，直径 1 ～ 4 毫米，茎内充满白色的髓心。叶全部为低出叶，呈鞘状或鳞片状，包围在茎的基部，长 1 ～ 22 厘米，基部红褐色至黑褐色；叶片退化为刺芒状。

聚伞花序假侧生，含多花，排列紧密或疏散；总苞片圆柱形，生于顶端，似茎的延伸，直立，长 5～28 厘米，顶端锐尖；小苞片 2 枚，宽卵形，膜质，顶端尖；花淡绿色；花被片线状披针形，长 2～12.7 毫米，宽约 0.8 毫米，顶端锐尖，背脊增厚突出，黄绿色，边缘膜质，外轮者稍长于内轮；雄蕊 3 枚（偶有 6 枚），长约为花被片的 2/3；花药长圆形，黄色，长约 0.7 毫米，稍短于花丝；雌蕊具 3 室子房；花柱极短，柱头 3 分叉，长约 1 毫米。蒴果长圆形或卵形，长约 2.8 毫米，顶端钝或微凹，黄褐色。种子卵状长圆形，长 0.5～0.6 毫米，黄褐色。染色体 $2n=40$ 或 42。花期 4—7 月，果期 6—9 月。

【产地、生长环境与分布】产于湖北省十堰市茅箭区，分布于黑龙江、吉林、辽宁、河北、陕西、甘肃、山东、江苏、安徽、浙江、江西、福建、河南、湖北、湖南、广东、广西、四川、贵州、云南、西藏等地。全世界温暖地区均有分布。生于海拔 1650～3400 米的河边、池旁、水沟、稻田旁、草地及沼泽湿处。

【药用部位】全草，茎髓。

【采集加工】全草：秋季采割，晒干。茎髓：秋季采割茎秆，顺茎划开皮部，剥出髓心，捆把晒干。

【性味】味甘、淡，性微寒。

【功能主治】利水通淋，清心降火；主治淋证，水肿，小便不利，湿热黄疸，心烦不寐，小儿夜啼，喉痹，口疮，创伤。

【用法用量】内服：煎汤，1～3 克（鲜品 15～30 克）；或入丸、散；或朱砂拌用，治心烦不眠。外用：适量，煅存性研末撒；或鲜品捣敷；或扎把外擦。

九十五、鸭跖草科

350. 杜若 *Pollia japonica* Thunb.

【别名】阿金够、白接骨丹、白叶菜、地藕、羊藿七、竹叶莲、竹叶知母。

【形态特征】多年生草本。根状茎长而横走。茎直立或上升，粗壮，不分枝，高 30～80 厘米，被短柔毛。叶鞘无毛；叶无柄或叶基渐狭，而延成带翅的柄；叶片长椭圆形，长 10～30 厘米，宽 3～7 厘米，基部楔形，顶端长渐尖，近无毛，上面粗糙。蝎尾状聚伞花序长 2～4 厘米，常多个成轮排列，形成数个疏离的轮，也有不成轮的，一般集成圆锥花序，花序总梗长 15～30 厘米，花序远远地伸出叶子，各级花序轴和花梗密被钩状毛；总苞片披针形，花梗长约 5 毫米；萼片 3 枚，长约 5 毫米，无毛，宿存；花瓣白色，倒卵状匙形，长约 3 毫米；雄蕊 6 枚全育，近相等，或有时 3 枚略小些，偶有 1～2 枚不育。果球状，果皮黑色，直径约 5 毫米，每室有种子数颗。种子灰色带紫色。花期 7—9 月，果期 9—10 月。

【产地、生长环境与分布】产于湖北省十堰市茅箭区赛武当自然保护区，生于海拔 1200 米以下的山谷林下，喜阴湿。

【药用部位】根茎。

【采集加工】秋季采收，洗净，晒干。

【性味】味辛，性微温。

【功能主治】主治蛇虫咬伤，腰痛。

【用法用量】内服：煎汤，1～3 钱。

351. 鸭跖草 *Commelina communis* L.

【别名】竹节菜、鸭鹊草、耳环草、蓝花菜、翠蝴蝶、三角菜、三荚菜、桂竹草、蓝花水竹草、淡竹叶。

【形态特征】一年生披散草本。茎匍匐生根，多分枝，长可达 1 米，下部无毛，上部被短毛。叶披针形至卵状披针形，长 3～9 厘米，宽 1.5～2 厘米。总苞片佛焰苞状，有长 1.5～4 厘米的柄，与叶对生，折叠状，展开后为心形，顶端短急尖，基部心形，长 1.2～2.5 厘米，边缘常有硬毛；聚伞花序，下面一枝仅有花 1 朵，具长 8 毫米的梗，不孕；上面一枝具花 3～4 朵，具短梗，几乎不伸出佛焰苞。花梗花期长仅 3 毫米，果期弯曲，长不超过 6 毫米；萼片膜质，长约 5 毫米，内面 2 枚常靠近或合生；花瓣深蓝色；内面 2 枚具爪，长近 1 厘米。蒴果椭圆形，长 5～7 毫米，2 室，2 片裂，有种子 4 颗。种子长 2～3 毫米，棕黄色，一端平截，腹面平，有不规则窝孔。

【产地、生长环境与分布】产于湖北省十堰市茅箭区，分布于云南、四川、甘肃以东的南北各省区。

【药用部位】全草。

【采集加工】6—7 月开花期采收，鲜用或阴干。

【性味】味甘、淡，性寒。

【功能主治】清热解毒，利水消肿；主治风湿感冒，咽喉肿痛，疮疖痈肿，水肿，小便热淋涩痛。

【用法用量】内服：煎汤，15～30 克（鲜品 60～90 克）；或捣汁。外用：适量，捣敷。

352. 紫露草 *Tradescantia ohiensis* Raf.

【形态特征】多年生草本，茎直立分节，壮硕，簇生；株丛高大，高度可达50厘米；叶互生，每株5～7片线形或披针形茎叶。花序顶生、伞形，花紫色，花瓣、萼片均3片，卵圆形萼片为绿色，广卵形花瓣为蓝紫色；雄蕊6枚，3枚退化，2枚可育，1枚短而纤细、无花药；雌蕊1枚，子房卵圆形，具3室，花柱细长，柱头锤状；蒴果近圆形，长5～7毫米，无毛；种子橄榄形，长3毫米。花期为6月至10月下旬。

【产地、生长环境与分布】产于湖北省十堰市茅箭区，原产于美洲热带地区，中国有引种栽培。

【药用部位】全草。

【采集加工】夏、秋季采收，晒干备用。

【性味】味淡、甘，性凉；有毒。归心、肝经。

【功能主治】活血，利水，消肿，散结，解毒；主治疮疖痈肿，瘰疬，淋证。

【用法用量】内服：煎汤，6～15克（鲜品1～2两）。外用：捣敷；或煎水洗。

九十六、禾本科

353. 白茅 *Imperata cylindrica*（L.）Beauv.

【形态特征】多年生草本植物，具粗壮的长根状茎。
秆直立，高30～80厘米，具1～3节，节无毛。叶鞘
聚集于秆基，甚长于其节间，质地较厚，老后破碎呈纤
维状；叶舌膜质，长约2毫米，紧贴其背部或鞘口，具
柔毛，分蘖叶片长约20厘米，宽约8毫米，扁平，质地
较薄；秆生叶片长1～3厘米，窄线形，通常内卷，顶
端渐尖呈刺状，下部渐窄或具柄，质硬，被白粉，基部
上面具柔毛。圆锥花序稠密，长20厘米，宽达3厘米，
小穗长4.5～5（6）毫米，基盘具长12～16毫米的丝
状柔毛；两颖草质及边缘膜质，近相等，具5～9脉，
顶端渐尖或稍钝，常具纤毛，脉间疏生长丝状毛，第一
外稃卵状披针形，长为颖片的2/3，透明膜质，无脉，顶
端尖或齿裂，第二外稃与其内稃近相等，长约为颖片的
1/2，卵圆形，顶端具齿裂及纤毛；雄蕊2枚，花药长3～4
毫米；花柱细长，基部多少连合，柱头2，紫黑色，羽状，
长约4毫米，自小穗顶端伸出。颖果椭圆形，长约1毫米，胚长为颖果的1/2。

【产地、生长环境与分布】产于湖北省十堰市茅箭区南部山区，分布于华南、华东、华中、西南等地。
多生于荒坡、旱地、田埂。

【药用部位】根状茎（白茅根）、初出土嫩芽（茅针）、花穗（白茅花）。

【采集加工】夏、秋季采收，晒干备用。

【性味】味甘，性寒。归肺、胃、膀胱经。

【功能主治】白茅花：止血，定痛；主治吐血，衄血，刀伤。茅针：止血，凉血；主治尿血，便血。白茅根：
凉血止血，消热利尿；主治热病烦渴，吐血，衄血，肺热喘急，胃热哕逆，淋证，小便不利，水肿，黄疸。

【用法用量】内服：煎汤，10～30克（鲜品30～60克）；或捣汁。外用：适量，鲜品捣汁涂。

354. 稗 *Ehinochloa crusgalli*（L.）Beauv.

【形态特征】一年生草本，秆直立或基部倾斜，光滑无毛，高50～150厘米。叶片线状披针形，
长15～30厘米，宽5～15毫米，无毛或近无毛，边缘稍粗糙；叶舌缺；中脉较宽，白色；叶鞘无毛。
圆锥花序较开展，直立而粗壮，长10～15厘米，主轴有角棱，粗糙；总状花序较紧密地排列于主轴的

一侧，长超过 2 厘米；小穗长 2.5 ～ 3 毫米，几无柄；第一颖三角形，基部包卷小穗，先端尖，有短硬毛，长约为小穗的 1/3；第二颖与第一外稃约等长，先端有芒尖，密被短硬毛和刺状疣毛；第一外稃先端有长 5 ～ 30 毫米的芒，芒较粗壮而粗糙；第一内稃与外稃等长。谷粒椭圆形，长约 4 毫米，平滑光亮。花果期夏、秋季。

【产地、生长环境与分布】产于湖北省十堰市茅箭区南部山区，生于沼泽地、沟边及水稻田中。

【药用部位】全草、根或嫩苗。

【采集加工】夏、秋季采收，晒干备用。

【性味】味甘、苦，性寒。

【功能主治】止血生肌；主治金疮，外伤出血。

【用法用量】外用：适量，鲜品捣敷患处。

355. 东瀛鹅观草 *Roegneria mayebarana*（Honda）Ohwi

【形态特征】多年生草本。秆单生或少数丛生，直立或基部稍膝曲。株高 40 ～ 80 厘米，叶前平。皮干时边缘内卷，长 8 ～ 20 厘米，宽 3 ～ 7 毫米，上面粗糙，下面粗糙或光滑；叶舌长 0.5 毫米，截平；有时基部的叶鞘边缘被纤毛。穗状花序直立，长 8 ～ 15 厘米；小穗长 1 ～ 2 厘米，含 5 ～ 10 朵小花；颖长圆状披针形，顶端尖，脉明显隆起，第一颖长 5 ～ 6 毫米，具 3 ～ 5 脉，第二颖长 7 ～ 9 毫米，具 5 ～ 7 脉；外稃长圆状披针形，边缘狭膜质，背部无毛，上部具明显的 5 脉，基部两侧及腹面被微小短毛，第一外稃长 8 ～ 10 毫米，先端具长 2 ～ 3 厘米的直芒；内稃约等长于外稃，2 脊无翼。花果期 6—8 月。

【产地、生长环境与分布】产于湖北省十堰市茅箭区南部山区，多生于海拔 800 ～ 1200 米的山坡、路旁。

【药用部位】全草。

【采集加工】夏、秋季采收，晒干备用。

【性味】味甘，性凉。

【功能主治】清热凉血，通络止痛；主治咳嗽痰中带血，荨麻疹，劳伤疼痛。

356. 狗尾草 *Setaria viridis*（L.）Beauv.

【形态特征】一年生草本。根为须状，高大植株具支持根。秆直立或基部膝曲。叶鞘松弛，无毛或疏具柔毛或疣毛；叶舌极短；叶片扁平，长三角状狭披针形或线状披针形。圆锥花序紧密呈圆柱状或基部稍疏离；小穗2～5个簇生于主轴上或更多的小穗着生于短小枝上，椭圆形，先端钝；第二颖几与小穗等长，椭圆形；第一外稃与小穗第长，先端钝，其内稃短小狭窄；第二外稃椭圆形，顶端钝，具细点状皱纹，边缘内卷，狭窄；鳞被楔形，顶端微凹；花柱基分离；叶上下表皮脉间均为微波纹的或无波纹的、壁较薄的长细胞。颖果灰白色。花果期5—10月。

【产地、生长环境与分布】产于湖北省十堰市茅箭区各乡镇，全世界温带和亚热带地区广布，多生于山坡、路边、田间、房前屋后。

【药用部位】全草。

【采集加工】夏、秋季采收，晒干备用。

【性味】味淡，性凉。

【功能主治】清热利尿，祛风明目；主治风热感冒，沙眼，目赤疼痛，黄疸型肝炎，小便不利，外用治颈淋巴结结核。

【成分】秆、全草约含粗脂肪2.60%、粗蛋白10.27%、无氮浸出物34.55%、粗纤维34.40%、粗灰分10.60%等。

【用法用量】内服：煎汤，15～30克。全草加水煮沸20分钟后，滤出液可杀菜虫。

357. 雀麦 *Bromus japonicus* Thunb. ex Murr.

【形态特征】一年生草本。秆直立，高40～90厘米。叶鞘闭合，被柔毛；叶舌先端近圆形，长

1～2.5毫米；叶片长12～30厘米，宽4～8毫米，两面被柔毛。圆锥花序舒展，长20～30厘米，宽5～10厘米，具2～8分枝，向下弯垂；分枝细，长5～10厘米，上部着生1～4枚小穗；小穗黄绿色，密生7～11小花，长12～20毫米，宽约5毫米；颖近等长，脊粗糙，边缘膜质，第一颖长5～7毫米，具3～5脉，第二颖长5～7.5毫米，具7～9脉；外稃椭圆形，草质，边缘膜质，长8～10毫米，一侧宽约2毫米，具9脉，微粗糙，顶端钝三角形，芒自先端下部伸出，长5～10毫米，基部稍扁平，成熟后外弯；内稃长7～8毫米，宽约1毫米，两脊疏生细纤毛；小穗轴短棒状，长约2毫米；花药长1毫米。颖果长7～8毫米。花果期5—7月。

【产地、生长环境与分布】产于湖北省十堰市茅箭区，分布于辽宁、内蒙古、河北、山西、山东、河南、陕西、甘肃、安徽、江苏、江西、湖南、湖北、新疆、西藏、四川、云南等地。生于山坡、林缘、荒野路旁、河漫滩湿地，海拔50～2500（3500）米。

【药用部位】全草。

【采集加工】4—6月采收，晒干。

【性味】味甘，性平。

【功能主治】止汗，催产；主治汗出不止，难产。

358. 箬竹 *Indocalamus tessellatus*（Munro）Keng. f.

【形态特征】竿高0.5～2米，直径0.4～0.8厘米，中部节长可达22厘米，中空直径极小，每节分枝1～2。笋期4—5月，有时冬季出笋；箨叶大小变化明显，窄长形，长可达5厘米，有小横脉。叶长披针形，长13～35厘米，有时可达45厘米，宽3～8厘米或更宽；先端渐尖，并延伸成细尖头，基部宽楔形，正面绿色，背面散生银灰色短柔毛，中脉隆起，沿脉侧生有一行毡毛，尤以叶片下半部为甚，次脉12～18对，有小横脉，叶沿两侧均有锐利小齿。

【产地、生长环境与分布】产于湖北省十堰市茅箭区竹溪县中低部乡镇。分布于广东、海南、浙江、福建、江西、重庆、贵州等地。喜生于土壤肥厚、较潮湿的地边、坎边。

【药用部位】叶（箬叶）、叶片带柄基部（箬蒂）。

【采集加工】夏、秋季采收，晒干备用。

【性味】味甘，性寒；无毒。

【功能主治】箬叶：清热止血；主治衄血，小便不利，喉痹痈肿等。箬蒂：主治胃热呃逆，烫火伤。

359. 小麦 *Triticum aestivum* L.

【形态特征】二年生或一年生草本，基部多分蘖成丛生状。秆高60～120厘米，中空，节光滑或疏被毛。叶长披针形，长20～120厘米，宽1～1.4厘米；叶舌短小，膜质；叶鞘光滑或略被短柔毛。穗状花序圆筒状，长4～10厘米，宽约1厘米；颖近革质，具5～9脉，顶端有短尖头，背有锐利的脊；外稃厚纸质，具5～9脉，顶端通常有芒，芒的长短变化很大；内稃与外稃等长，存有狭翼；颖果长圆形或卵形，腹面有深纵沟，顶端有毛，成熟时易与稃分离。花期3—4月，一年生则8—9月。

【产地、生长环境与分布】产于湖北省十堰市茅箭区各乡镇，为全县主要粮食作物之一。我国各地广为种植，以北方地区为主。全球温带、亚热带地区亦有种植。

【药用部位】麦苗、种子、麦芽、麦麸、麦奴（感染麦散黑粉菌所产生的菌瘿）、浮小麦（淘麦时漂浮水面的病变种子）。

【采集加工】麦苗：冬、春季采收，晒干备用。种子：夏初或秋季采收（春小麦）。旧麦草帽辫：随时采收。

【性味】麦苗：味辛，性寒；无毒。种子、麦芽：味甘，性凉。麦麸：味辛，性寒；无毒。麦奴：味甘，性温。旧麦草帽辫：味咸，性平。

【功能主治】麦苗：消肿散结；主治冻疮。种子、麦芽：止虚汗，养心安神；主治体虚多汗，脏躁。麦奴：解丹石、天行热毒；主治烦热，阳毒温毒，热极发狂，大渴及温疟。浮小麦：主治骨蒸劳热，自汗，盗汗。旧草帽辫：舒肠止痛，主治暑痧。

【用法用量】内服：小麦煎汤，1～2两；或煮粥；或小麦面冷水调服；或炒黄温水调服。外用：小麦炒黑研末调敷；或小麦面干撒或炒黄调敷。

360. 薏苡 *Coix lacryma-jobi* L.

【形态特征】一年生或多年生草本，秆高 1 ～ 1.5 米；叶片条状披针形，宽 1.5 ～ 3 厘米。总状花序成束腋生；小穗单性；雄小穗覆瓦状排列于总状花序上部，珐琅质，从呈球形或卵形的总苞中抽出，2 ～ 3 枚生于各节，1 枚无柄，其余 1 ～ 2 枚有柄，无柄小穗长 6 ～ 7 毫米。雌小穗位于总状花序的基部，包藏于总苞中，2 ～ 3 枚生于一节，只 1 枚结实。

【产地、生长环境与分布】产于湖北省十堰市茅箭区，有少量野生，主要分布于我国东南部。

【药用部位】根、种仁。

【采集加工】秋季采收，晒干备用。

【性味】味甘，性平。

【功能主治】健脾渗湿，除痹止泻，清热排脓；主治水肿，脚气，小便淋痛不利，湿痹拘挛，脾虚泄泻，肺痈，肠痈，扁平疣。

【成分】种仁含蛋白质 16.2%、脂肪 4.65%、糖类 79.17%，少量维生素 B_1（330 微克）。种子含氨基酸（亮氨酸、赖氨酸、精氨酸、酪氨酸等）、薏苡素、薏苡酯、三萜化合物等。

【用法用量】种子入汤剂，9 ～ 30 克。

九十七、棕榈科

361. 棕榈 *Trachycarpus fortunei*（Hook.）H. Wendl.

【形态特征】乔木，树干通直，少分叉，形成双头，高可达 15 米；茎有残存不易脱落的老叶柄基部。叶掌状深裂，直径 50 ～ 70 厘米；裂片多数，条形，宽 1.5 ～ 3 厘米，中有条坚硬的筋脉，叶两边沿中脉上折，顶端浅 2 裂，钝头，不下垂，有多数纤细的纵脉纹；叶柄细长，半圆形两棱锐尖，两侧有钝细齿；叶鞘纤维质，中间板状，两侧网状暗棕色，有粗毛。肉穗花序排成圆锥花序式，腋生，总苞多数，革质，被锈色茸毛；花小，黄白色，雌雄异株。核果肾状球形，直径约 1 厘米，成熟时黄色，干后黑色。

【产地、生长环境与分布】产于湖北省十堰市茅箭区各乡镇，分布于华东、中南、西南等地区。

【药用部位】根、茎髓、叶、叶鞘、花、果实（棕榈子）。

【采集加工】根、茎髓、叶、叶鞘全年均可采收；花于夏季采收，果实于秋、冬季采收，晒干备用。

【性味】根：味苦、涩，性平；无毒。叶：味微涩，性平；无毒。花：味苦、涩，性平。种子：味苦，性平。

【功能主治】根：利尿通淋，止血，消肿解毒；主治血崩淋证，小便不通。茎髓：主治心悸，头昏，崩漏。

【成分】种子含花白苷，棕毛及叶、花均富含鞣质。

【用法用量】3～9克，一般炮制后用。

九十八、天南星科

362. 半夏 *Pinellia ternata*（Thunb.）Breit.

【形态特征】多年生草本。块茎球形，直径1～1.5厘米。叶少数基生，当年生者单叶，心状箭形或椭圆状箭形，二年生或三年生者为3小叶或5小叶的复叶，小叶卵状椭圆形至倒卵状矩圆形，长5～10厘米，大者可达17厘米；叶柄长15～25厘米；中部有珠芽。花葶高可达30厘米；佛焰苞全长5～7厘米，下部筒状，长约2.5厘米；肉穗花序下部雌花部分长达1厘米，贴生于佛焰苞，雄花部分长约5毫米；二者之间有一段不育部分，顶端附属体长6～10厘米，细柱形；子房有短而明显的花柱；花药2室，药室直缝裂开。浆果球形，长4～5毫米。

【产地、生长环境与分布】产于湖北省十堰市茅箭区南部山区，生于海拔2500米以下，常见于草坡、荒地、玉米地、田边或疏林下。

【药用部位】块茎（半夏）。

【采集加工】秋季采挖，去掉表层粗皮后，晒干备用。

【性味】味辛，性温；有毒。归脾、胃经。

【功能主治】燥湿化痰，降逆止呕，消痞散结；主治痰多咳喘，痰饮眩悸，风痰眩晕，痰厥头痛，呕吐反胃，胸脘痞闷。生用外治痈肿痰核，全草鲜品捣敷可治疮疖痈肿。

【成分】本品主要成分为丁基乙烯基醚、3-甲基二十烷等。

【用法用量】根据炮制方法不同分为姜半夏、法半夏、清半夏，入汤剂3～9克，或入丸、散。外用：研末调敷。

363. 金钱蒲 *Acorus gramineus* Soland.

【形态特征】多年生草本，高20～30厘米，根状茎较短，长5～10米，横走或斜升，芳香，外皮淡黄色，节间长1～5毫米；根肉质，多数，长可达15厘米，须根密集。根状茎上部多分枝，呈丛生状，叶能对折，两侧膜质叶鞘棕色，下部宽2～3毫米，上延至叶片中部以下，渐狭，脱落。叶片质地较厚，线形，绿色，长20～30厘米，极狭，宽不足6毫米，先端长渐尖，无中肋，平行脉多数。花序柄长2.5～9（15）厘米。叶状佛焰苞短，长3～9（14）厘米，为肉穗花序长的1～2倍，稀比肉穗花序短，宽1～2毫米。肉穗花序黄绿色，圆柱形，长3～9.5厘米，粗3～5毫米，果序粗达1厘米，果黄绿色。花期5—6月，果期7—8月。

【产地、生长环境与分布】产于湖北省十堰市茅箭区南部山区乡镇，分布于香港、广东、广西、海南、江西、浙江、湖南、湖北、陕西、甘肃、贵州、云南、四川、西藏。多生于海拔1600米以下的山谷、溪边石缝中。

【药用部位】根状茎。

【采集加工】秋、冬季采收，晒干备用。

【性味】味辛，性温。

【功能主治】理气止痛，祛风消肿；主治慢性胃炎，胃溃疡，消化不良，胸腹胀闷，外用治关节扭伤，民间用全草煎水洗、泡治腿痛等。

364. 石菖蒲 *Acorus tatarinowii* Schott.

【形态特征】多年生草本。根茎横卧，芳香，粗5～8毫米，外皮黄褐色，节间长3～5毫米，根肉质，具多数须根，根茎上部分枝甚密，因而植株成丛生状，分枝常被纤维状宿存叶基。叶片薄，线形，长 20～30（50）厘米，基部对折，中部以上平展，宽 7～13 毫米，先端渐狭，基部两侧膜质，叶鞘宽可达 5 毫米，上延几达叶片中部，暗绿色，无中脉，平行脉多数，稍隆起。花序柄腋生，长 4～15 厘米，三棱形。叶状佛焰苞长 13～25 厘米，为肉穗花序长的 2～5 倍或更长，稀近等长；肉穗花序圆柱状，长 2.5～8.5 厘米，粗 4～7 毫米，上部渐尖，直立或稍弯。花白色。成熟果穗长 7～8 厘米，粗可达 1 厘米；幼果绿色，成熟时黄绿色或黄白色。花果期 2～6 月。

【产地、生长环境与分布】产于湖北省十堰市茅箭区南部山区乡镇，分布于黄河流域以南各省市。多生于阴冷的山溪、河流两岸及溪流中露出水面的岩石缝隙。

【药用部位】根状茎、叶、花。

【采集加工】秋、冬季采收，晒干备用。

【性味】味辛，性温。归心、肝、脾经。

【功能主治】根状茎：开窍，豁痰，益智，宽胸理气，活血，散风，祛湿，解毒；主治湿痰蒙窍，癫痫，热病神昏，神志不清，健忘，多梦，气闭耳聋，心胸烦闷，胃痛，腹痛，风寒湿痹，痈疽肿毒，跌打损伤。叶：洗疗，主治大风疮。花：调经行血。

【成分】根茎和叶中均含挥发油（0.11%～0.42%），其主要成分是 β-细辛醚（63.2%～81.2%），其次是石竹烯、α-葎草烯、石菖醚等，还含氨基酸、有机酸和糖类。

【用法用量】内服：煎汤，3～6 克，鲜品加倍；或入丸、散。外用：适量，煎水洗；或研末调敷。

365. 天南星 *Arisaema heterophyllum* Blume

【形态特征】块茎扁球形，直径 2～4 厘米，顶部扁平，有时有侧生基芽。鳞芽 4～5，膜质。叶常 2，有时 1，叶柄圆柱形，黑紫绿色，有红褐色和灰黑色斑点，长 20～50 厘米，下部 1/3～1/2 鞘筒状，鞘端斜截形；叶片鸟足状分裂，叶片 5～15，有时更少或更多，倒披针形或线状长圆形，基部楔形，先端短渐尖，全缘，暗绿色，背面常带紫黑色，中裂片无柄或具柄，长 10～30 厘米，宽 2～4.2 厘米，明显比侧裂片长；侧裂片自中向外逐渐变小，蝎尾状排列，靠近中裂片的最大侧裂片长 8～27 厘米，宽 2～4 厘米，顶端最小裂片长 2～3.5 厘米，宽 0.8～1 厘米，裂片间距 1～2.8 厘米。花序柄长 25～50 厘米，从叶柄鞘内抽出。佛焰苞管部圆柱形，长 3.5～9 厘米，粗 1.5～2 厘米或更粗，绿色，密生紫黑色斑点，内面绿白色，喉部截形，边缘外卷；檐部倒卵状披针形，长 4～9 厘米，宽 8 厘米，下弯成盔状，背面绿色，有紫黑色斑点，先端渐尖。肉穗花序两性，雄花序单性。两性花序，下部雌花序长 1～2.2 厘米，上部雄花序长 2～3 厘米，雄花稀疏，大部分不育，有的退化为钻形中性花。单性雄花序长 3～5 厘米，粗 3～5 毫米，基部小半球状，上面密生浅紫红色茸毛。各种花序附属器基部粗 5～8 毫米，淡紫黑色，有白色条棱，下部常有钻形中性花，向上变细长如铁丝，黑褐色，长 15～25 厘米，至佛焰苞处下垂。雌花球形，柱头明显；雄花具短柄或近无柄，花药 2～4 室，白色顶孔横裂。浆果黄红色，圆柱形或椭圆状球形，长约 6 毫米。花果期 4—5 月。

【产地、生长环境与分布】产于湖北省十堰市茅箭区南部山区，除西北、西藏外，全国大部分地区有分布。多生于海拔 900～1000 米的山谷林下阴湿处。

【药用部位】球茎。

【采集加工】秋、冬季采挖，晒干备用。

【性味】味苦、辛，性温；有毒。

【功能主治】祛风定惊，化痰散结；主治神经麻木，半身不遂，小儿惊风，破伤风，癫痫，外用治疗疮肿毒，毒蛇咬伤，灭蛆蝇。

【用法用量】一般炮制后用，3～9 克。外用：生品适量，研末以醋或酒调敷患处。

366. 一把伞南星 *Arisaema erubescens*（Wall.）Schott

【形态特征】多年生草本，块茎扁球形，直径 2～4 厘米，假茎高 20～40 厘米。叶 1，罕 2，小叶 7～23，辐射状排列，条形、披针形至椭圆状披针形，长 10～30 厘米，宽 1～4 厘米，顶端细丝状；叶柄长 10～50 厘米。雌雄异株；总花梗短于叶柄，佛焰苞通常绿色或上部带紫色，少有紫色而带白色条纹，下部长 4～6 厘米，上部约与下部等长，直立或稍弯曲，顶端细丝状；肉穗花序下部 2～3 厘米部分有花，附属体紧接在有花部分以上，近棍棒状，稍伸出佛焰苞口外；雄花花药 4～6 室，花药顶孔开裂。果序梗常下垂，浆果红色。

【产地、生长环境与分布】产于湖北省十堰市茅箭区南部山区，除东北三省、内蒙古、山东、新疆、江苏外，我国各省市均有分布。多生于海拔 800～1500 米的阴湿林下、沟边、路旁。

【药用部位】球茎（天南星）。

【采集加工】采挖后切段，晒干备用。本品有毒，内服需炮制。

【功能主治】燥湿化痰，祛风定惊，消肿散结；主治中风痰壅，口眼歪斜，半身不遂，癫痫，惊风，破伤风，风痰眩晕，喉痹，瘰疬，痈肿，跌打损伤，蛇虫咬伤。

【用法用量】内服：煎汤，3～6克；或入丸、散。

九十九、香蒲科

367. 水烛菖蒲 *Typha angustifolia* L.

【形态特征】多年生、水生或沼生草本。根状茎乳黄色、灰黄色。地上茎直立，粗壮，高可达3米。叶片上部扁平，中部以下腹面微凹，背面向下逐渐隆起成凸形，叶鞘抱茎。雄花序轴具褐色扁柔毛，单出，叶状苞片，花后脱落；雌花通常比叶片宽，花后脱落；花药长矩圆形，花粉粒单生，近球形、卵形或三角形，花丝短，细弱，雌花具小苞片；子房纺锤形，具褐色斑点，子房柄纤细，不孕雌花子房倒圆锥形，不育柱头短尖；白色丝状毛着生于子房柄基部；小坚果长椭圆形，具褐色斑点，纵裂。种子深褐色，花果期6—9月。

【产地、生长环境与分布】产于湖北省十堰市茅箭区，生于海拔50～2800米的地区，常生于湿地、静水中、河边浅水处、沟边草丛、积水洼地、湖中、沙漠、湖边

浅水中及沼泽地。

　　【药用部位】根状茎。

　　【采集加工】6—9 月采收，晒干碾碎，除去杂质。

　　【性味】味甘，性平。

　　【功能主治】主治吐血，衄血，咯血，崩漏，外伤出血，闭经，胸腹刺痛，跌打损伤，血淋涩痛。

一〇〇、莎草科

368. 球穗扁莎 *Pycreus globosus* Retz.

　　【形态特征】一年生草本，根须状，多数黑褐色；秆丛生、细弱，钝三棱形，一面具沟。叶基生，短于秆，宽 1 ～ 2 毫米；叶鞘长，下部红棕色。叶状苞片 2 ～ 4，线状，长于花序；长侧枝聚伞花序简单，辐射枝 1 ～ 6，最长达 6 厘米，或极短缩；小穗扁线状长圆形，长 7 ～ 20 毫米，宽 1.5 ～ 3 毫米，有 12 ～ 44 朵花，多朵小穗密集在辐射枝的上端成扁球形，辐射展开；小穗轴近四棱形；鳞片长圆状卵形，长约 2 毫米，顶端钝，背面龙骨状突起，绿色，具 3 脉，两侧黄褐色或紫褐色，有白色透明的狭边，排列较疏松；雄蕊 2，花药长圆形；花柱中等长，柱头 2，细长。小坚果倒卵形，褐色，双凸状，顶端有短尖，长约为鳞片的 1/3，表面有白色透明的细胞层和突起的细点。花果期 8—10 月。

　　【产地、生长环境与分布】产于湖北省十堰市茅箭区各乡镇，分布于东北、华北、华东、中南等地区。多生于海拔 800 米以下的河边、溪边、水田边、路旁等潮湿处。

　　【药用部位】全草。

　　【采集加工】夏、秋季采收，晒干备用。

　　【性味】味微苦，性微寒。

　　【功能主治】破血行气，止痛；主治小便不利，跌打损伤，吐血，风寒感冒，咳嗽，百日咳。

369.碎米莎草 *Cyperus iria* L.

【形态特征】一年生草本，根须状；秆丛生，纤细或稍粗，高8～85厘米，扁三棱形。叶基生，短于秆，宽2.5毫米；叶鞘红棕色。叶状苞片3～5枚，下面2～3枚较花序长，上面有光泽，中脉明显下陷；长侧枝聚伞花序复出，很少为简单的；辐射枝4～9根，最长达12厘米，每根辐射枝有5～10枚穗状花序；穗状花序长圆状卵形，长1～4厘米，有5～22枚小穗；小穗排列松散，近直立，长圆形，长4～10毫米，宽约2毫米，有6～22朵花；小穗轴近无翅；鳞片倒卵形，顶端微缺，有不突出鳞片顶端的短尖，背面有龙骨状突起，绿色，具3～5脉，两侧黄色，顶端有膜质边缘；雄蕊3；花柱短，柱头3。小坚果倒卵形或椭圆形，具3棱，与鳞片等长，褐色，密生微突起细点。花果期6—9月。

【产地、生长环境与分布】产于湖北省十堰市茅箭区各乡镇，我国各省市均有分布。俄罗斯、朝鲜、印度、日本、越南、伊朗、澳大利亚及非洲北部、美洲地区亦产。多生于海拔1800米以下的山坡、田边、沟边、溪边等潮湿处。

【药用部位】全草。

【采集加工】夏、秋季采收，晒干备用。

【性味】味辛，性平；无毒。

【功能主治】行气，破血，消积，止痛，通经络；主治慢性子宫炎，闭经，产后腹痛，消化不良，跌打损伤。

一〇一、兰科

370. 云南石仙桃 *Pholidota yunnanensis* Rolfe

【别名】滇石仙桃、石枣子（中药名）。

【形态特征】根状茎匍匐、分枝，粗 4～6 毫米，密被箨状鞘，通常相距 1～3 厘米生假鳞茎；假鳞茎近圆柱状，向顶端略收狭，长（1.5）2～5 厘米，宽 6～8 毫米，幼嫩时为箨状鞘所包，顶端生 2 叶。叶披针形，坚纸质，长 6～15 厘米，宽 7～18（25）毫米，具折扇状脉，先端略钝，基部渐狭成短柄。花葶生于幼嫩假鳞茎顶端，连同幼叶从靠近老假鳞茎基部的根状茎上发出，长 7～9（12）厘米；总状花序具 15～20 朵花；花序轴有时在近基部处略左右曲折；花苞片在花期逐渐脱落，卵状菱形，长 6～8 毫米，宽 4.5～5.5 毫米；花梗和子房长 3.5～5 毫米；花白色或浅肉色，直径 3～4 毫米；中萼片宽卵状椭圆形或卵状长圆形，长 3.2～3.8 毫米，宽 2～2.5 毫米，稍凹陷，背面略有龙骨状突起；侧萼片宽卵状披针形，略狭于中萼片，凹陷成舟状，背面有明显龙骨状突起；花瓣与中萼片相似，但不凹陷，背面无龙骨状突起；唇瓣轮廓为长圆状倒卵形，略长于萼片，宽约 3 毫米，先端近截形或钝，并常有不明显的凹缺，

近基部稍缢缩并凹陷成一个杯状或半球形的囊，无附属物；蕊柱长 2～2.5 毫米，顶端有围绕药床的翅，翅的两端各有 1 个不甚明显的小齿；蕊喙宽舌状。蒴果倒卵状椭圆形，长约 1 厘米，宽约 6 毫米，有 3 棱；果梗长 2～4 毫米。花期 5 月，果期 9—10 月。

【产地、生长环境与分布】产于湖北省十堰市茅箭区。

【药用部位】假鳞茎或全草。

【采集加工】全年均可采收，鲜用或切片，晒干。

【性味】味甘、淡，性凉。归肺、肝经。

【功能主治】润肺止咳，散瘀止痛，清热利湿；主治肺痨咯血，肺热咳嗽，胸胁痛，胃腹痛，风湿疼痛，疮疡肿毒。

【用法用量】内服：煎汤，15～30 克。外用：适量，鲜品捣敷。

【验方参考】（1）治肺结核：云南石仙桃全草 500 克，夏枯草 1000 克。水煎 2 次，浓缩为流浸膏，加红糖 180 克。每次服 15 毫升，每日 2 次。（《湖南药物志》）

（2）治急、慢性气管炎：云南石仙桃全草 15 克，前胡 9 克，枇杷叶、土贝母各 15 克，矮地茶 30 克，鱼腥草 60 克，水煎服。（《湖南药物志》）

（3）治疮疖肿毒：云南石仙桃鲜假鳞茎捣烂敷。（《湖南药物志》）

371. 白及 *Bletilla striata*（Thunb. ex Murray）Rchb. F.

【形态特征】多年生草本，株高 15～50 厘米。假鳞茎扁球形，形似鸭脚掌，上面有荸荠样环带，富黏性。茎粗壮，劲直。叶 4～5，狭矩圆形或披针形，长 8～29 厘米，宽 1.5～4 厘米。花序有 3～8

朵花，花苞片开花时常凋落；花大，紫色或淡红色，萼片和瓣近等长，狭矩圆形，急尖，长 28～30 毫米，花瓣较萼片阔，唇瓣较萼片和花瓣稍短，长 23～28 毫米，白色带紫红色，在中部以上 3 裂，侧裂片直立，合抱蕊柱，顶端钝，有细齿，稍伸向中裂片，但不及中裂片的一半，平展，中裂片边缘有波状齿，顶端中部凹缺，唇盘上有 5 条纵褶片。蒴果圆柱形，有 6 条纵横。

【产地、生长环境与分布】产于湖北省十堰市茅箭区大川镇、茅塔乡及赛武当管理局。分布于香港、广东、福建、江西、浙江、安徽、江苏、湖南、湖北、陕西、甘肃、广西、贵州和四川，朝鲜半岛、日本亦产，多生于草坡、林下。

【药用部位】块茎（白及）。

【采集加工】秋季采挖，晒干备用。

【性味】味苦、甘，性凉。

【功能主治】补肺止血，收敛生肌，消肿止痛；主治肺伤咯血，衄血，尿血，便血，痈疽肿毒，溃疡疼痛出血，外用治烫火伤，刀创伤，手足皲裂。

【成分】从白及中分离得到 18 个化合物，分别为 5- 羟基 -2-（对羟基苄基）-3- 甲氧基联苄（1）、shancigusin B（2）、shanciguol（3）、arundinan（4）、3′, 5- 二羟基 -2, 4- 二（对 - 羟基苄基）-3- 甲氧基联苄（5）、arundin（6）、3, 3′- 二羟基 -2-（4- 羟基苄基）-5- 甲氧基联苄（7）、3, 3′- 二羟基 -2′, 6′- 二（对羟苄基）-5- 甲氧基联苄（8）、7- 羟基 -2, 4- 二甲氧基菲（9）、bleformin B（10）、nudol（11）、3, 7- 二羟基 -2, 4- 二甲氧基菲（12）、2, 7- 二羟基 -4- 甲氧基 -9, 10- 二氢菲（13）、bleformin D（14）、4, 4′- 二甲氧基 -9, 10- 二氢 -[6, 1′- 联菲]-2, 2′, 7, 7′- 四醇（15）、gymconopin C（16）、（2, 3- 反式）-2-（4- 羟基 -3- 甲氧基苯基）3- 羟甲基 -10- 甲氧基 -2, 3, 4, 5- 四氢菲 [2, 1-b] 呋喃 -7- 醇（17）、shanciol（18）。其中化合物 1 为新的联苄类化合物，化合物 2～6、9、15～18 为首次从该属植物中分离得到。

372. 杜鹃兰 *Cremastra appendiculata*（D. Don）Makino

【形态特征】多年生草本，假鳞茎卵状椭圆形，通常中部有一环纹呈 2 节状；假鳞茎旁常保存 1～2 枝往年生老鳞茎，老鳞茎无叶。叶常 1 枚生于假鳞茎顶部，少为 2 枚叶。叶长椭圆形或长圆形，长 14～30 厘米，宽 3～6 厘米，先端急尖，叶脉呈浅皱褶状，基部收狭为柄，叶柄长 10～15 厘米。花葶侧生于假鳞茎顶端，直立，粗壮，长 15～28 厘米，疏生 2 枚筒状鞘；总状花序常疏生花数朵至 10 余朵；花偏向一侧，紫红色；苞片披针形，等长于或短于花梗和子房；花被片呈筒状，顶端略展开；萼片和花瓣近相等，倒披针形，长约 3.5 厘米，宽约 4 毫米，先端急尖；唇瓣近匙形，与萼片近等长，基部浅囊状，两侧边缘向上反折，前端扩大并为 3 裂，侧裂片狭小，中裂片长圆形，基部有 1 枚紧贴或多少分离的附属物；

合蕊柱纤细，略短于萼片。花期 5—6 月。

【产地、生长环境与分布】产于湖北省十堰市茅箭
区南部山区，分布于甘肃、陕西、山西及长江流域及以
南各省区。多生于海拔 500 ～ 2000 米的较阴湿的林下草
地、沟边、山谷。

【药用部位】假鳞茎、叶、花。

【采集加工】叶、花：夏季采收，鲜用或晒干。假
鳞茎：秋、冬季采挖，晒干备用。

【性味】味甘、微辛，性寒；有小毒。

【功能主治】叶：除乳痈、便毒。花：主治小便淋
痛。假鳞茎：清热解毒，消肿散结；主治痈疽疔肿，瘰疬，
喉痹肿痛及毒蛇、虫、狂犬咬伤等。

【成分】根茎含黏液及葡甘露聚糖。

【用法用量】内服：煎汤，5 ～ 10 克；或入丸、散。
外用：鲜品适量，捣敷患处。

373. 蕙兰 *Cymbidium faberi* Rolfe

【形态特征】多年生草本，叶长 25 ～ 80 厘米，有的可达 1 米以上；叶丛生 7 ～ 9，直立性强，中
下部常略对折，顶端渐尖，基部关节不明显，边缘有细锯齿，脉明显透明。花葶直立，高 30 ～ 80 厘米，
绿白色或紫褐色，被数枚长鞘；总状花序有花 6 ～ 12 朵
或更多；花苞片通常比子房连花梗短，最下面 1 枚较长，
长达 3 厘米，宽 6 ～ 8 毫米，顶端锐尖；花瓣略小于萼片；
唇瓣不明显 3 裂，短于萼片，侧裂片直立，有紫色斑点，
中裂片椭圆形，上面有透明乳突状毛，边缘有缘毛，有
白色带紫红色斑点，唇盘从基部至中部有 2 条稍弧曲的
褶片；合蕊半圆柱形，长约 1.2 厘米。花期 4—5 月。

【产地、生长环境与分布】产于湖北省十堰市茅箭
区各乡镇。分布于我国福建、广东、广西、江西、安徽、
浙江、湖南、湖北、河南、陕西、甘肃、云南、四川、贵州、
重庆、西藏等地，尼泊尔、印度亦产，多生于海拔 1200
米以下的杂木林中。

【药用部位】花、根。

【采集加工】花于春、夏季采收，根于夏、秋季采收，
晒干备用。

【性味】味苦、甘，性温；有小毒。

【功能主治】花：调气和中，止咳明目；主治胸闷，

腹泻，久咳，青盲。根：润肺止咳，杀虫；主治咳嗽，蛔虫病，头虱。民间用其熬水煮鸡蛋食用治疗头晕。

【用法用量】内服：煎汤，花3～9克，根10～20克。

374. 毛萼山珊瑚 *Galeola lindleyana*（Hook. f. et Thoms.）Rchb. F.

【形态特征】高大腐生植物，半灌木状。根状茎粗厚，直径可达3厘米，疏被卵形鳞片，常曲折。茎直立，红褐色，基部多少木质化，高60～300厘米，多少被毛或老时变光秃，无叶，仅节上有宽卵形鳞片。圆锥花序由顶生与侧生总状花序组成；侧生总状花序一般较短，长2～5（10）厘米，具数朵至10余朵花，常有很短的总花梗；总状花序基部的不育苞片卵状披针形，长1.5～2.5厘米，近无毛；花苞片卵形，长5～6毫米，背面密被锈色短茸毛；花梗和子房长1.5～2厘米，常多少弯曲，密被锈色短柔毛；花黄色，开放后直径可达3.5厘米；萼片椭圆形至卵状椭圆形，长1.6～2厘米，宽9～11毫米，背面密被锈色短茸毛并具龙骨状突起；侧萼片通常比中萼片略长；花瓣宽卵形至近圆形，略短于中萼片，宽12～14毫米，无毛；唇瓣凹陷成杯形，近半球形，不裂，直径约1.3厘米，边缘有短流苏，内面被乳突状毛，近基部处有1个平滑的胼胝体；蕊柱棒状，长约7毫米，药帽上有乳突状小刺。果实近长圆形，

外形似厚的荚果，淡棕色，长8～12（20）厘米，宽1.7～2.4厘米；果梗长1～1.5厘米。种子周围有宽翅，连翅宽达1～1.3毫米。花期5—8月，果期8—9月。

【产地、生长环境与分布】产于湖北省十堰市茅箭区赛武当保护区等地。分布于陕西南部、安徽、河南、湖南、广东西部、广西中北部、重庆、四川、贵州、云南和西藏东南部，印度亦产，见于海拔1500～2000米腐殖质丰富的疏林下、灌丛中或林下腐朽的树兜旁。

【药用部位】全草。

【采集加工】夏季采收，晒干备用。

【性味】味辛、苦，性凉。

【功能主治】祛风，通络，利水消肿；主治风湿性关节炎，中风手足不遂，偏正头痛，肾炎。

375. 天麻 *Gastrodia elata* Bl.

【形态特征】多年生寄生草本，茎高50～100厘米，黄棕色或紫红色，独秆直立，全株无叶绿素。叶互生，棕黄色鳞片状，尖三角形，疏生于茎。地下块茎长椭圆形或扁圆柱形，表面光滑，有环状节纹，无根，先端有紫红色茎芽。总状花序长5～20厘米，花苞片膜质，披针形，长约1厘米，花淡黄绿色或肉黄色，萼片与花瓣合生成斜歪筒，长约1厘米，直径6～7毫米，顶端5裂，裂片三角形，钝头；

唇瓣白色，3 裂，长约 5 毫米，中裂片舌状，有乳头，边缘不整齐，上部反折，基部贴生于花被筒内壁之上。蒴果长圆形，种子细小。花期 6—7 月。

【产地、生长环境与分布】产于湖北省十堰市茅箭区南部山区，分布于陕西、甘肃、江西、安徽、广西等地。多生长于栗类林下较湿润的腐木树蔸下。

【药用部位】块茎（天麻）、茎秆（定风草）、种子（天麻子）。

【采集加工】野生种采收在春末夏初茎秆刚出土时为宜（秋冬、早春如可采挖最好），人工栽培种可在秋冬或早春进行采收，采收后剩下的小天麻（米麻）可继续作种用。天麻采回后洗净（保留顶芽），蒸熟，晒干即可。

【性味】味甘、微苦，性平；无毒。归肝经。

【功能主治】块茎：熄风镇痛，定惊；主治头晕眼黑，头风头痛，肢体麻木，半身不遂，语言謇涩，高血压等。茎秆：定惊；主治小儿惊风。种子：去热气，定风补虚。

【成分】块茎含香荚兰醇、香草醛、维生素 A 类物质及微量生物碱、黏液质。

【用法用量】内服：煎汤，3～9 克；或入丸、散。

一〇二、卷柏科

376. 江南卷柏 *Selaginella moellendorffii* Hieron.

【形态特征】株高 30～40 厘米，主茎直立，禾秆色或带紫红色，下部不分枝，有卵状三角形的叶螺旋状疏生，上部三至四回分枝。复叶状，呈卵状三角形，分枝上的营养叶二型，背腹各 2 列，腹叶（中叶）疏生，斜卵圆形，锐尖头，基部心形，有膜质白边和微齿，背叶斜展，覆瓦状，卵圆状三角形，短尖头，有齿或下侧全缘。孢子囊穗短，四棱形，生于小枝顶端；孢子叶卵状三角形，龙骨状，锐尖头，边缘有齿，孢子2裂，囊近圆形。

【产地、生长环境与分布】产于湖北省十堰市茅箭区南部山区，分布于我国广东、广西、江西、福建、湖南、重庆、四川及湖北等地，越南亦产。多生于海拔200米以下的林下、路边、沟边或溪边岩坡上。

【药用部位】全草。

【采集加工】夏、秋季采收，洗净泥土，切段，晒干备用。

【性味】味甘、辛，性平。

【功能主治】清热解毒，利尿消肿，止血，利湿。主治急性黄疸型肝炎，全身水肿，吐血，痔血，便血，血崩，创伤出血，淋证，小儿惊风。

【成分】全草可能含酚性物质，并初步认为主要含两种醛类衍生物，一种熔点为197～198℃，另一种熔点为204～207℃。

【用法用量】内服：煎汤，15～60克。外用：适量，捣敷。

377. 卷柏 *Selaginella tamariscina*（P. Beauv.）Spring

【形态特征】土生或石生蕨类植物，多晴或天旱时茎叶向内强烈卷缩，根托只生在茎的基部，长0.5～5厘米，直径0.3～1.8毫米，多分叉，密被毛，和茎及分枝密集形成树干状，高10～25厘米，有时高达数十厘米。主茎自中部开始羽状分枝或不等二叉分枝，不呈"之"字形，无关节，灰绿色、禾秆色或棕色，不分枝的主茎高10～20（35）厘米，茎卵圆柱状，无沟槽，维管束1条；侧枝2～5对，二至三回羽状分枝，小枝稀疏，规则，分枝无毛，背腹压扁，末回分枝连叶宽1.4～3.3毫米。叶全部交互排列，二型，叶质厚，表面光滑，边缘不为全缘，具白边，主茎上的叶较小枝上的略大，覆瓦状排列，绿色或棕色，边缘有细齿。分枝上的腋叶对称，卵形、卵状三角形或椭圆形，长0.8～2.6毫米，宽0.4～1.3毫米，边缘有细齿，黑褐色。中叶不对称，小枝上的椭圆形，长1.5～2.5毫米，宽0.3～0.9毫米，覆瓦状排列，背部不呈龙骨状，先端具芒，外展或与轴平行，基部平截，边缘有细齿，基部有短毛，不外卷，不内卷。侧叶不对称，

小枝上的侧叶卵形至三角形或矩圆状卵形，略斜升，相互重叠，长 1.5～2.5 毫米，宽 0.5～1.2 毫米，先端具芒，基部上侧扩大，加宽，覆盖小枝，基部上侧边缘不为全缘，呈撕裂状或具细齿，下侧边近全缘；基部有细齿或毛，反卷。孢子叶穗紧密，四棱柱形，单生于小枝末端，长 12～15 毫米，直径 1.2～2.6 毫米；孢子叶一型，卵状三角形，边缘有细齿，具膜质透明的白边，先端有尖头或其芒；大孢子叶在孢子叶穗上下两面不规则排列。大孢子浅黄色，小孢子橘黄色。

【产地、生长环境与分布】产于湖北省十堰市茅箭区南部山区，分布于我国安徽、北京、重庆、福建、贵州、广西、广东、海南、湖南、河北、河南、江苏、吉林、辽宁、内蒙古、青海、陕西、山东、云南、浙江和湖北（鹤峰、丹江口）等地，俄罗斯、朝鲜半岛、日本、印度、菲律宾亦产。生于路边石崖上或岩石山坡上。

【药用部位】全草。

【采集加工】夏、秋季采收，洗净泥土，晒干备用。

【性味】味辛，性平。

【功能主治】活血通经，炒炭止血；主治闭经，子宫出血，便血，脱肛。

【成分】全草含苏铁双黄酮、穗花杉双黄酮、扁柏双黄酮、异柳杉双黄酮、柳杉双黄酮 B、芹菜素和海藻糖等。

【用法用量】内服：煎汤，4.5～10 克。外用：适量，研末敷。

一〇三、木贼科

378. 节节草 *Equisetum ramosissimum* Desf.

【形态特征】根状茎横走，黑色。地上茎高 18～100 厘米，直立，基部有枝，各分枝中空，有脊 6～20 条，粗糙。叶退化，下部连合成鞘，鞘片背上无棱脊，鞘齿短三角形，黑色，有易落的膜质尖尾，每节有小枝 2～5 个，少不生枝或仅 1 枝。孢子囊穗生于分枝顶端或小枝顶端，长 0.5～2 厘米，矩圆形，有小尖头，无柄，孢子叶六角形，中央凹入，盾状着生，排列紧密，边缘生长形的孢子囊，孢子一型。

【产地、生长环境与分布】产于湖北省十堰市茅箭区，多生于潮湿的路边、田坎、溪边、林缘。

【药用部位】地下茎及全草。

【采集加工】夏、秋季采收，切段，晒干备用。

【性味】味甘、微苦，性平。

【功能主治】明目退翳，清风热，利小便；主治目赤肿痛，角膜云翳，肝炎，咳嗽，支气管炎，尿路感染。

【用法用量】内服：煎汤，9～15 克；或入丸、散。

一〇四、阴地蕨科

379. 阴地蕨 *Botrychium ternatum*（Thunb.）Sw.

【形态特征】地下根肉质，常有 3 ～ 5 分叉，根黄白色。茎单一，高 30 ～ 45 厘米，有的只有 10 ～ 15 厘米。叶二型。孢子叶生于茎顶端，无毛，二至三回羽状分裂，复圆锥形，高 4 ～ 15 厘米，孢子成熟后孢子叶便枯死。不育叶 1 片，草质，总柄长 20 ～ 30 厘米，不育叶从总柄近基部或下部生出，无毛，阔三角形，长 8 ～ 10 厘米，宽 10 ～ 15 厘米，有 3 ～ 8 厘米长的柄，三回羽裂，基部 1 对羽片最大，阔三角形，长、宽均约 5 厘米，末回小羽片或裂片边缘有不整齐的细尖锯齿。

【产地、生长环境与分布】产于湖北省十堰市茅箭区南部山区，分布于我国广西、云南、四川、贵州、重庆、江西、江苏、福建、湖南、安徽、浙江、湖北等地，日本、朝鲜、越南及喜马拉雅山亦产。多生于海拔 600 ～ 1800 米的阴湿林下。

【药用部位】全草。

【采集加工】夏、秋季采收，洗净，切段，晒干备用。

【性味】味甘、苦，性微寒。

【功能主治】平肝，清热，镇咳；主治头晕，头痛，咯血，火眼，目翳，疮疡肿毒等，外用治疮毒。

【成分】本品含阴地蕨素等。叶的浸出成分水解后得木犀草素等。

【用法用量】内服：煎汤，6～12克（鲜品15～30克）。外用：适量，捣敷。

一〇五、海金沙科

380. 海金沙 *Lygodium japonicm*（Thunb.）Sw.

【形态特征】根状茎细长或呈疙瘩状弯曲，质硬；茎细长，匍匐或攀缘，质较硬，绿色或紫红色，无毛，有时可达4米，有分枝。叶多数，对生，二至三回羽状复叶，小叶卵圆状披针形，边缘有不规则浅裂或不整齐的浅钝齿。孢子叶卵状三角形，长、宽均10～20厘米，孢子囊生于小羽片边缘，流苏状，暗褐色。

【产地、生长环境与分布】产于湖北省十堰市茅箭区，常生于土坎或石坎缝内。分布于海南、广东、广西、云南、四川、贵州、湖南、江西、福建、安徽、陕西、甘肃，日本、菲律宾、马来西亚、印度、澳大利亚亦产。

【药用部位】根、孢子（海金沙）、全草（洗肝草）。

【采集加工】立秋后打下孢子，割下全草，晒干备用。

【性味】味甘，性寒。归小肠、膀胱经。

【功能主治】清热解毒，利水通淋；主治尿路感染，尿路结石，白浊，带下，肝炎，肾炎，水肿，咽喉肿痛，疠腮，肠炎，痢疾，皮肤湿疹，带状疱疹等。

【成分】孢子含脂肪油，另含一种水溶性成分海金沙素。藤含氨基酸、糖类、黄酮苷和酚类。叶含黄酮类。

【用法用量】内服：6～15克，入煎剂宜包煎。

一〇六、中国蕨科

381. 野雉尾金粉蕨 *Onychium japonicum*（Thunb.）Kze.

【形态特征】株高 30 ～ 60 厘米，根状茎横走，疏生棕色披针形鳞片。叶通常二型，厚革质，无毛；叶柄禾秆色；不育叶和能育叶同型，但裂片较短而狭，尖头，密接，每裂片仅有主脉 1 条。能育叶片卵状披针形，长 20 ～ 30 厘米，四至五回羽状深裂；小羽片上先出；末回裂片长 5 ～ 7 毫米，顶部不育，侧脉分离，其顶端有横脉连接。孢子期 9—10 月，孢子囊群生于横脉上；囊群盖膜质，全缘。

【产地、生长环境与分布】产于湖北省十堰市茅箭区南部山区，多生于海拔 1800 米以下的林下、沟边或灌丛阴湿处。分布于华东、华中、华南及西南等地区。

【药用部位】全草。

【采集加工】夏、秋季采收，切段，晒干备用。

【性味】味苦，性寒。

【功能主治】清热解毒，利尿，止血；主治感冒高热，肠炎，痢疾，小便不利，解山薯、木薯、砷中毒，外用治烧、烫伤，外伤出血。

【用法用量】内服：煎汤，15 ～ 30 克。外用：适量，捣敷。

一〇七、鳞毛蕨科

382. 贯众 *Cyrtomium fortunei* J. Sm.

【形态特征】根状茎短粗，直立或斜升，叶柄至基部有密的阔卵状披针形褐色鳞片。叶簇生，叶柄长 15 ～ 25 厘米，禾秆色，有稀疏鳞片；叶片阔披针形或矩圆状披针形，纸质，长 25 ～ 45 厘米，宽

10～15厘米，沿叶轴和羽柄有少数纤维状鳞片，单数一回羽状，羽片镰状披针形。基部上侧稍耳状突起，下侧圆楔形，边缘有缺刻状细锯齿。叶脉网状，有内藏小脉1～2条。孢子囊生于叶背面，内藏小脉顶端，在主脉两侧排成不整齐的3～7行。囊群盖大，圆形，铁锈色。

【产地、生长环境与分布】产于湖北省十堰市茅箭区南部山区，分布于长江以南各地，朝鲜、日本、越南亦产。多生于较潮湿的山坡、林边或土石坎上。

【药用部位】带叶柄残基的根状茎。

【采集加工】夏、秋季采收，去掉枯朽的叶柄残基，切片，晒干备用。

【性味】味苦，性微寒；有小毒。

【功能主治】清热解毒，凉血，止血，并有杀蛔虫、绦虫、蛲虫的作用；主治风热感冒，温热斑疹，吐血，衄血，肠风便血，血痢，血崩，带下。

【成分】根状茎含鞣质、挥发油、树胶、糖类、氨基酸以及黄芪苷、异槲皮苷等。

【用法用量】内服：煎汤，9～30克。

一〇八、水龙骨科

383. 抱石莲 *Lepidogrammitis drymoglossoides*（Baker）Ching

【形态特征】根状茎细长，横走，淡绿色，疏生鳞片，鳞片顶部长钻形，下部近圆形。叶较稀，二型，革质，不育，叶短小，矩圆形、近圆形或倒卵形，长1.5～3厘米，宽1～1.5厘米，能育叶为长倒披针形或舌形，有短柄或无柄，比不育叶长，有时与不育叶几同型。孢子囊群生于主脉两侧，通常分离，偶有略相连，幼时有盾状隔丝覆盖。

【产地、生长环境与分布】产于湖北省十堰市茅箭区南部山区，分布于长江以南各省区。常生于阴湿的岩石或树干上。

【药用部位】全草。

【采集加工】全年均可采收，切段，晒干备用。

【性味】味甘、苦，性寒。

【功能主治】清热解毒，祛风化痰，利湿消瘀；主治小儿高热，痄腮，咽喉肿痛，胆囊炎，痞块膨胀，虚劳咯血，瘰疬，淋浊，尿血，痈疮，疔肿，跌打损伤。

【用法用量】内服：0.5～1两。外用：鲜草适量，捣烂敷患处。

384. 石蕨 *Saxiglossum angustissimum*（Gies.）Ching

【形态特征】植株高3～9厘米。根状茎细长，沿岩石或树皮表面横走，密生鳞片，鳞片阔披针形，长渐尖头，边缘有细齿，基部盾状着生。叶一型，间距0.4～2厘米（多在1厘米左右），革质，长2～9厘米，宽2～4毫米，条形，钝尖头，边缘向下强烈反卷，两面有被毛，上面通常早落；主脉下陷，下面隆起，侧脉网状，有和下面隆起的主脉平行的狭长网眼2～3行，无内藏小脉，网眼外有少数分离的小脉；叶片有短柄，柄长3～4毫米，有卵圆形或阔披针形鳞片，并以关节着生于根状茎上。孢子囊群条形，靠主脉两侧各形成1行，初时被反卷的叶边覆盖，成熟时张开，露出囊群。

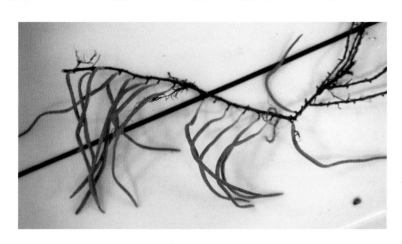

【产地、生长环境与分布】产于湖北省十堰市茅箭区南部山区，湖北神农架林区、西部地区亦产。分布于我国浙江、福建、广东、广西、贵州、四川、重庆、江西、安徽、河南、陕西、山西、甘肃等地，日本亦产。多生于海拔1000～2000米的山地岩石或树干上。

【药用部位】全草。

【采集加工】全年均可采收，除去杂质，切段，晒干备用。

【性味】味甘、苦，性凉。

【功能主治】清热解毒，活血调经；主治疝气肿痛，跌打损伤，妇女月经不调，创伤溃烂，感冒，小儿急惊风，还治耕牛鼓胀。

【用法用量】内服：0.5～1两。

385. 有柄石韦 *Pyrrosia petiolosa*（Christ）Ching

【形态特征】多年生蕨类植物，根状茎粗而横走，密生鳞片，鳞片卵状披针形，边缘有锯齿，株高5～20厘米。叶二型，厚革质，上面无毛，有排列整齐的小突点，下面密生灰棕色毛，干后通常叶边向上翻卷成筒状；不育叶长为能育叶的1/2～2/3，有短柄，柄几与叶片等长，能育叶柄远长于叶片，叶片矩圆形或卵状矩圆形，顶部锐尖或钝头，基部略下延，叶脉不明显。孢子囊群成熟时满布叶片下面，铁锈色。

【产地、生长环境与分布】产于湖北省十堰市茅箭区南部山区各地，分布于我国东北、华北、西北、西南等地区，朝鲜、俄罗斯亦产。多生于干旱坡地、岩石、树干墙头、老泥瓦房檐头。

【药用部位】全草。

【采集加工】夏、秋季采收，切片，晒干备用。

【性味】味甘，性凉。

【功能主治】凉血止血，利水通淋，祛痰止咳；主治小便短赤，淋漓涩痛，水肿，肺热咳嗽，咯血，衄血，血淋，崩漏及外伤出血。

【用法用量】内服：3～15克。

386. 水龙骨 *Polypodiodes nipponica*（Mett.）Ching

【形态特征】根状茎横走，黑褐色，通常光秃而有白粉，但顶部有鳞片，鳞片卵圆状披针形，长渐尖，边缘有细锯齿，以基部盾状着生。叶远生，薄纸质，两面密生灰白色短柔毛；叶连同叶柄长15～40厘米，其中叶柄长5～20厘米，有关节和根状茎相连；叶长10～20厘米，宽4～8厘米，矩圆状披针形，向顶部短渐尖，常有短尾头，羽状深裂几达叶轴；裂片长2～3.5厘米，钝头或短尖头，全缘。叶脉网状，沿主脉两侧各成1行网眼，有内藏小脉1条，网眼外的小脉分离。孢子囊群生于内藏小脉顶端，在主脉两侧各排成整齐的1行，无盖。

【产地、生长环境与分布】产于湖北省十堰市茅箭区南部山区，分布于长江流域以南各省市及山西。越南、老挝、泰国、缅甸、印度、尼泊尔、不丹亦产。多生于阴湿的山谷两岸岩石上。

【药用部位】根状茎。

【采集加工】夏、秋、冬季均可采收，去掉须根，切段，晒干备用。

【性味】味苦，性凉。

【功能主治】化湿，清热，祛风，通络；主治痧秽，泄泻，痢疾，淋证，白浊，风痹，腰痛，火眼，疮肿。

【用法用量】内服：煎汤，15～30克。外用：适量，捣敷；或煎水洗。

387. 江南星蕨 *Microsorum fortunei*（T. Moore）Ching

【形态特征】根状茎长而横走，淡绿色，顶部有鳞片，鳞片卵圆状披针形，有疏齿。叶较稀，一型，厚纸质；叶柄长2～15厘米，基部疏生鳞片；叶片带状披针形，顶部渐尖，基部渐狭，下延，长20～70厘米，宽1.5～5厘米，全缘，有软骨质边，无明显侧脉。孢子囊群大，在主脉两边各排成整齐或不整齐的行，无盖，铁锈色。

【产地、生长环境与分布】产于湖北省十堰市茅箭区南部山区，分布于长江流域以南各省市。缅甸、不丹、越南、马来西亚亦产。多生于峡谷内及峡谷两面的岩石或树干上。

【药用部位】全草。

【采集加工】夏、秋季采收，切段，晒干备用。

【性味】味甘、淡、微苦，性凉。

【功能主治】清热利湿，止血，解毒，利尿；主治黄疸，痢疾，尿路感染，瘰疬，带下，风湿性关节炎，咯血，吐血，便血，衄血，跌打损伤，骨折，毒蛇咬伤，疔疮肿毒。

【用法用量】内服：煎汤，15～30克。外用：适量，鲜草捣敷患处。

一〇九、银杏科

388. 银杏 *Ginkgo biloba* L.

【形态特征】高10～15米，有的可达20米以上。枝长短不一，长枝上叶呈螺旋状散生，在短枝上则簇生。叶片扇形，有长柄，半革质，有多数2叉状并列的细脉；上缘宽5～8厘米，线波状，有时中央有浅裂，秋时叶落前变为金黄色。雌雄异株，稀同株；球花生于短枝叶腋或苞腋；雄花呈柔荑花序状，雄蕊多数，各有2花药；雌花有长梗，梗端为2叉，少见不分叉或3～5叉，叉端生1珠座，每珠座生1胚珠，仅1个发育成种子。核果球形或椭圆形，果皮黄色，果肉成熟时如熟柿状，有强烈臭气，味甜。果核长扁形，核壳质较硬。种仁乳白色，有膜质种皮。

【产地、生长环境与分布】产于湖北省十堰市茅箭区，全国各地广为栽培，浙江天目山有野生种分布。日本及欧洲、美洲各国庭园有栽培。多散生于山坡或房前屋后，野生种少见。

【药用部位】根、树皮、叶、种子。

【采集加工】夏、秋季采叶，初冬采种子，晒干备用。

【性味】根皮：味甘，性温、平；无毒。叶：味微苦，性平。种子：味甘、苦、微涩，性平；有小毒。归肺、肾经。

【功能主治】根：益气补虚；主治带下，遗精，虚弱劳伤。叶：益心敛肺，化湿，止泻，降血压，降血脂，防治心脑血管疾病；主治胸闷，心痛，心悸怔忡，痰喘咳嗽，泄泻，带下，象皮肿等，还可作保健茶饮用。种子：敛肺气，定喘嗽，止带浊；主治哮喘，咳嗽，带下，白浊，遗精，淋证，小便频数。

一一〇、松科

389. 马尾松 *Pinus massoniana* Lamb.

【形态特征】树形高大，主干皮厚，红褐色，呈纵裂或片状龟裂。一年生枝淡黄褐色，无毛；冬芽褐色。针叶2针1束，细柔，长12～20厘米，一侧纵沟或平；树脂道4～7个，边生；叶鞘宿存。球果卵圆形或圆锥状卵形，长4～7厘米，直径2.5～4厘米，成熟后栗褐色；种鳞的鳞盾平或微肥厚，微具横脊；鳞脐微凹，无刺尖；种子长卵圆形，长4～6毫米，种翅长1.6～2厘米。

【产地、生长环境与分布】产于湖北省十堰市茅箭区，有天然林和人工林。分布于秦岭、淮河以南，西至四川、贵州中部和云南东南部。

【药用部位】根、嫩枝梢（松笔头）、叶、树皮、树枝结节（松节）、花粉、果实、油脂。

【采集加工】叶、嫩枝梢全年均可采收，夏、秋季采收松节、树脂。

【性味】松根、松球：味苦，性温；无毒。松叶：味微涩、苦，性温。松节、松节油：味苦、甘，性温。归心、肺经。松香、松花粉：味苦、甘，性温。归肝、脾经。

【功能主治】松根：主治筋骨痛，伤损吐血。松皮：祛风胜湿，祛瘀，敛疮；主治风湿骨痛，跌打损伤，肠风下血，远年久痢，痛疽不收口，烫伤。松笔头：活血止痛；主治跌打损伤，小便淋漓。松节：祛风燥湿，舒筋通络；主治历节风痛，筋脉挛急，脚气痿软，鹤膝风，跌打损伤等。松叶：祛风燥湿，杀虫止痒；主治风湿痿痹，跌打损伤，失眠，浮肿，湿疮，疥癣，钩虫病，并能防治流脑、流感。松节油：主治疥疮久远不愈。松香：祛风燥湿，排脓拔毒，生肌，止痛；主治痈疽，疔毒，痔疮，恶疮，疥癣，白秃，金疮，扭伤，风湿痹痛，瘙痒等。松花粉：祛风益气，收湿，止血；主治眩晕，胃痛，久痢，诸疮湿烂，创伤出血。松球：主治风痹，肠燥便难，痔疮。

【成分】松节主要含纤维素、木质素、树脂和少量挥发油（松节油），挥发油含 a‑蒎烯、β‑蒎烯90%以上，另有少量莰烯。叶含挥发油、黄酮类（槲皮素、山柰酚等）树脂。松香含松香酸酐及松香酸约80%、树脂烃5%～6%、挥发油约0.5%及微量苦味物质。花粉含油脂及色素等。

一一一、柏科

390. 侧柏 *Platycladus orientalis*（L.）Franco

【形态特征】小枝扁平，排成一平面，直展。鳞形叶交互对生，长1～3毫米，位于小枝上下两面之叶的露出部分，倒卵状菱形或斜方形，两侧的叶折覆着上下之叶的基部两侧，叶背中部均有腺槽。雌雄同株，球花单生于短枝顶，球果当年成熟，卵圆形，长1.5～2厘米，熟前肉质，蓝绿色。种鳞4对，扁平。中部种鳞各有种子1～2颗；种子卵圆形或长卵形，无翅或有棱脊。

【产地、生长环境与分布】产于湖北省十堰市茅箭区，野生或栽培。除西藏、青海、新疆、黑龙江外，我国广布，朝鲜、俄罗斯亦产。

【药用部位】根皮、枝节、嫩枝叶（侧柏叶）、树脂（柏树油）、树脂汁（柏脂）、种仁（柏子仁）、果壳。

【采集加工】夏、秋季采叶，秋、冬季采收果壳，全年可采根皮，晒干；树木或树枝砍断后渗出的油脂凝结后收取备用，树干或树枝烧烤流出的汁液接取备用。

【功能主治】根白皮：主治烫伤。果壳：清热凉血，止血；主治慢性气管炎。柏子仁：补脾润肺，滑肠，养心安神；主治失眠遗精，心悸出汗，神经衰弱，便秘咳嗽。侧柏叶：主治吐血，衄血，尿血，赤白带下，子宫出血，紫斑。根皮：主治急性黄疸型肝炎。柏树油：祛风，解毒，生肌；主治风热头痛，带下，淋证，疮痈肿毒，刀伤出血。柏脂：主治疥癣，癞疮，秃疮，黄水疮，丹毒。

【用法用量】侧柏叶：煎服，15～20克，或入丸、散；外用适量，煎水洗，或捣敷，或研末调敷。柏树油：煎服，5～15克；外用适量，研末撒。果仁：15～25克，水煎，或研末服。柏子仁：煎服，5～15克，或入丸、散；外用适量，炒研取油涂。

一一二、红豆杉科

391. 红豆杉 *Taxus wallichiana* var. *chinensis*（Pilger）Florin

【形态特征】主干粗1米以上，高可达15米以上，树皮紫红色，有片状浅纵裂，小枝互生。叶螺旋状着生，基部扭转排成2列，条形，通常微弯，长1～2.5厘米，宽2～2.5毫米，边缘微反曲，先端渐尖或微尖，不刺手，下面沿中脉两侧有2条黄绿色或灰绿色气孔带，绿色边带极窄，中脉带上有密生均匀的微小乳头点。雌雄异株；球花单生于叶腋；雌球花的胚珠单生于花轴上部侧生短轴的顶端，基部托以圆盘状假种皮。种子扁卵圆形，生于红色肉质的杯状假种皮中，长约5毫米，先端微有2脊，种脐卵圆形。花期3—4月，果期9—10月。

【产地、生长环境与分布】产于湖北省十堰市茅箭区南部山区，多生于海拔1100～2000米的石灰岩山地或悬

崖上。分布于西南、华中及陕西、甘肃等地。

【药用部位】树皮、叶、种子。

【采集加工】树皮、叶全年均可采收，种子于秋季采收，晒干备用。

【性味】味微苦、辛，性温；有小毒。

【功能主治】种子：消积食，驱蛔虫。叶：杀虫，止痒。树皮可提取抗癌物质紫杉醇。

【用法用量】内服：炒热，煎汤，15～30克。

中文名索引

拉丁名索引

参 考 文 献

[1] 国家药典委员会 . 中华人民共和国药典 [M]. 北京：中国医药科技出版社，2015.

[2] 中国科学院中国植物志编辑委员会 . 中国植物志 [M]. 北京：科学出版社，1999.

[3] 傅书遐 . 湖北植物志 [M]. 武汉：湖北科学技术出版社，2002.

[4] 国家中医药管理局《中华本草》编委会 . 中华本草 [M]. 上海：上海科学技术出版社，1999.

[5] 谢宗万，余友芩 . 全国中草药名鉴 [M]. 北京：人民卫生出版社，1996.

[6] 中国药材公司 . 中国中药资源志要 [M]. 北京：科学出版社，1994.

[7] 郭普东，刘德盛，俞邦友 . 湖北利川药用植物志 [M]. 武汉：湖北科学技术出版社，2016.

[8]《全国中草药汇编》编写组 . 全国中草药汇编 [M]. 北京：人民卫生出版社，1978.